从零开始学

万用表
检测、应用与维修

张校珩　主　编

倪奋斌　谢永昌　副主编

化学工业出版社

·北京·

本书采用彩色印刷，全面介绍了指针万用表、数字万用表的使用方法及各类电子器件、电路板及家电、电动机等的检测技巧，全书内容介绍以实际步骤操作为序，图例与视频相结合，重点介绍了万用表检测基本电子元器件、半导体器件、光电与显示器件、电声器件、集成电路、555时基电路、智能传感器、家电器件、电动机、电子电路板及工业芯片电路板的步骤与技巧，并对万用表常见故障及维修技巧进行了实用性说明。全书图文并茂，结合二维码扫码看视频，所介绍的使用方法及测量技巧均经过实践验证，视频均是作者团队倾心准备和录制，便于读者轻松掌握并解决工作中的实际问题。

本书可供电工、电子技术人员、初学者、电子爱好者以及电气维修人员阅读，也可供相关专业的院校师生参考。

图书在版编目（CIP）数据

从零开始学万用表检测、应用与维修 / 张校珩主编.
— 北京：化学工业出版社，2018.6（2024.1重印）
ISBN 978-7-122-32026-1

Ⅰ.①从… Ⅱ.①张… Ⅲ.①复用电表-检修
Ⅳ.①TM938.107

中国版本图书馆CIP数据核字（2018）第080944号

责任编辑：刘丽宏　　　　　　　　　　　装帧设计：刘丽华
责任校对：王　静

出版发行：化学工业出版社（北京市东城区青年湖南街13号　邮政编码100011）
印　　装：天津图文方嘉印刷有限公司
710mm×1000mm　1/16　印张19¼　字数431千字　2024年1月北京第1版第9次印刷

购书咨询：010-64518888　　　　　　　　售后服务：010-64518899
网　　址：http://www.cip.com.cn
凡购买本书，如有缺损质量问题，本社销售中心负责调换。

定　　价：78.00元　　　　　　　　　　　　　　　版权所有　违者必究

前 言

万用表是广大电工与电子技术人员工作时必不可少的检测工具，电子元器件是构成电路、电子信息产品和设备的基础。随着电子信息化的不断发展，掌握万用表使用、电子元器件的结构性能及检测应用技能，已成为广大电工和电子技术人员必备的岗位技能。为帮助更多的人步入电工/电子技术之门，轻松学会各项知识与技能，编写了本书。

书中将万用表检测与元器件电路、电路板检修等结合进行编写，并配套视频讲解，具有如下内容特点：

● 扫码看视频：视频讲解指针万用表、数字万用表以及各类电子器件、电路板从原理到检测、维修的全过程，读者用手机扫描书中二维码即可通过视频学习，掌握各项技能，如同老师亲临现场指导。

● 内容全覆盖：全面介绍各类电子元器件、集成电路、家电器件、智能传感器、LED等显示器件电子线路板及其工作电路与检测技能。

● 全程问题解答：在阅读本书时，尽可能先多看几遍视频，这样应能达到事半功倍的效果。如有什么疑问，请发邮件到bh268@163.com或关注下方二维码咨询，会尽快回复。

全书内容深入浅出，图文并茂，便于初学者和电工、电子技术人员理解和掌握。

本书由张校珩任主编，倪奋斌、谢永昌任副主编。参加本书编写的人员还有曹振华、赵书芬、王桂英、张伯龙、曹祥、焦凤敏、张校铭、张胤涵、曹振宇、王俊华、曹铮、孔凡桂、孔祥涛、张书敏、赵发、张振文、蔺书兰、王占龙等，全书由张伯虎统稿。在此成书之际，对本书编写和出版提供帮助的所有人员一并表示衷心感谢！

限于时间仓促，书中不足之处难免，恳请读者批评指正。

编者

◆ 二维码（视频）讲解清单

目 录

视频
页码

3,7,9,
16,18,
23,25,
42

视频
页码

52,59
62,81
84,90
92

视频
页码

168,180
183,186
203,207
213

视频
页码

234,236
237,238
247,249
251,254
258

视频
页码

278,280
297

第1章

万用表使用入门及电路识图基础

1.1 万用表的分类

万用表主要分为指针型（机械型）、数字、台式万用表三大类。

指针型万用表又可分为单旋钮型万用表和双旋钮型万用表两类，常见的指针型万用表有 MF47、MF500 等，如图 1-1 所示。在实际使用中建议使用单选钮多量程指针表。

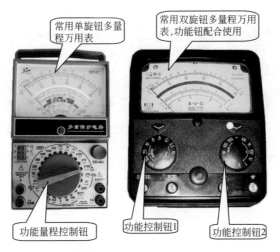

常用单旋钮多量程万用表

常用双旋钮多量程万用表，功能钮配合使用

功能量程控制钮

功能控制钮1

功能控制钮2

图1-1 常见的指针型万用表

数字万用表又分为多量程万用表和自动量程识别万用表，多量程万用表常见的有 DT9205、DT9208 型万用表等，如图 1-2 所示。需要测量时，旋转到相应功能的适当量程即可测量。

数字万用表中还有一种高精度多功能台式万用表，主要用于高精度电子电路的测量，常见有福禄克及安捷伦台式万用表。台式万用表如图 1-3 所示。

提示： 由于万用表测量值和精度有误差，如果测量时无论怎样调试都达不到标准电压值（尤其是伏或毫伏级电压），应更换不同品牌（型号）万用表进行测试。特别是检测谐振电路或高频电路时，应使用高精度万用表测量。

图1-2 多量程万用表

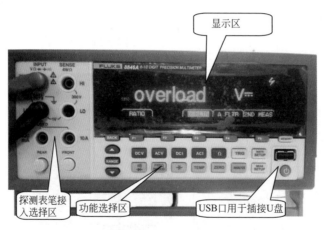

图1-3 台式万用表

1.2 指针型万用表的使用

指针型万用表多使用 MF47 型万用表，其外形如图 1-4 所示。指针型万用表由表头、测量选择开关、欧姆调零旋钮、表笔插孔、三极管插孔等部分构成。

（1）转换开关的使用

① 测量电阻时转换开关拨至 R×1 ～ R×10k 挡位。

② 测交流电压时转换开关拨至 10 ～ 1000V 挡位。

③ 测直流电压时转换开关拨至 0.25 ～ 1000V 挡位。若测高电压，则将表笔插入 2500V 插孔即可。

④ 测直流电流时转换开关拨至 0.25 ～ 247mA 挡位。若测量大的电流，应把"正"（红）表笔插入"+5A"孔内，此时负（黑）表笔还应插在原来的位置。

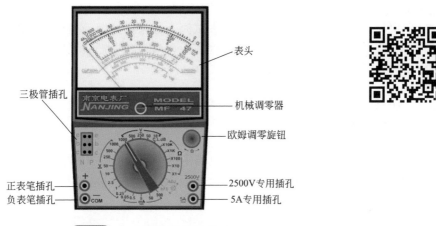

图1-4　MF47型万用表的外形

⑤ 测三极管放大倍数时转换开关先拨至 ADJ 挡调零，使指针指向右边零位，再将转换开关拨至 hFE 挡，将三极管插入 NPN 或 PNP 插孔，读第五条线的数值，即为三极管放大倍数值。

⑥ 测负载电流 I 和负载电压 V，使用电阻挡的任何一个挡位均可。

⑦ 测音频电平 dB 时应使用交流电压挡。

（2）指针型万用表的使用（可扫上方二维码学习）

① 使用万用表之前，应先注意指针是否指在"∞（无穷大）"的位置。如果指针不正对此位置，应用螺丝刀调整机械调零钮，使指针正好处在无穷大的位置。

注意： 此调零钮只能调半圈，否则有可能会损坏，以致无法调整。

② 在测量前，应首先明确测试的物理量，并将转换开关拨至相应的挡位上，同时还要考虑好表笔的接法；然后进行测试，以免因误操作而造成万用表的损坏。

③ 将红表笔插入"＋"孔内，黑表笔插入"－"或"＊"孔内。如需测大电流、高电压，可以将红表笔分别插入 2500V 或 5A 插孔。

④ 测电阻之前，都应先将红黑表笔对接，调整"调零电位器 Ω"，使指针正好指在零位，而后进行测量，否则测得的阻值误差太大。

注意： 每换一次挡，都要先进行一次调零，再将表笔接在被测物的两端测量电阻值。

电阻值的读法： 将开关所指的数值与表盘上的读数相乘，就是被测电阻的阻值。例如，用 R×100 挡测量一只电阻，指针指在"10"的位置，那么这只电阻的阻值是 $10 \times 100\Omega = 1000\Omega = 1k\Omega$；如果指针指在"1"的位置，其电阻值为 100Ω；若指针指在"100"的位置，则电阻值为 $10k\Omega$，以此类推。

⑤ 测电压时，应将万用表调到电压挡并将两表笔并联在电路中进行测量。测量交流电压时，表笔可以不分正负极；测量直流电压时，红表笔接电源的正极，黑表

笔接电源的负极（如果接反，表笔会向相反的方向摆动）。如果测量前不能估测出被测电路电压的大小，应用较大的量程去试测，如果指针摆动很小，再将转换开关拨到较小量程的位置；如果指针迅速摆到零位，应该马上把表笔从电路中移开，加大量程后再去测量。

注意： 测量电压时，应一边观察指针的摆动情况，一边用表笔试着进行测量，以防电压太高把指针打弯或把万用表烧毁。

⑥ 测直流电流时，将表笔串联在电路中进行测量（将电路断开）。红表笔接电路的正极，黑表笔接电路中的负极。测量时应该先用高挡位，如果指针摆动很小，再换低挡位。如需测量大电流，应该用扩展挡。

注意： 万用表的电流挡是最容易被烧毁的，在测量时千万注意。

⑦ 测三极管放大倍数（h_{FE}）时先把转换开关转到 ADJ 挡（没有 ADJ 挡位时，其他型号表面可用 R×1k 挡）调零，再把转换开关转到 hFE 挡进行测量。将三极管的 b、c、e 三个极分别插入万用表上的 b、c、e 三个插孔内，PNP 型三极管插入 PNP 位置，读第四条刻度线上的数值；NPN 型三极管插入 NPN 位置，读第五条刻度线的数值（均按实数读）。

⑧ 测穿透电流时按照三极管放大倍数（h_{FE}）的测量方法将三极管插入对应的插孔内，但三极管的 b 极不插入，这时指针将有一个很小的摆动，根据指针摆动的大小来估测穿透电流的大小。指针摆动幅度越大，说明穿透电流越大，否则就小。

由于万用表 CUF、LUH 刻度线及 dB 刻度线应用得很少，在此不再赘述，可参见使用说明。

（3）指针型万用表使用注意事项

① 不能在红黑表笔对接时或测量时旋转转换开关，以免旋转到 hFE 挡位时指针迅速摆动，将指针打弯，并且有可能烧坏万用表。

② 在测量电压、电流时，应先选用大量程的挡位测量一下，再选择合适的量程去测量。

③ 不能在通电的状态下测量电阻，否则会烧坏万用表。测量电阻时，应断开电阻的一端进行测试（准确度高），测完后再焊好。

④ 每次使用完万用表，都应该将转换开关调到交流最高挡位，以防止由于第二次使用不注意或外行人乱动烧坏万用表。

⑤ 在每次测量之前，应先看转换开关的挡位。严禁不看挡位就进行测量，这样有可能损坏万用表，这是一个从初学时就应养成的良好习惯。

⑥ 万用表不能受到剧烈振动，否则会使万用表的灵敏度下降。

⑦ 使用万用表时应远离磁场，以免影响表的性能。

⑧ 万用表长期不用时，应该把表内的电池取出，以免腐蚀表内的元器件。

（4）指针型万用表常见故障的检修 以 MF47 型万用表为例，介绍机械式万用表常见故障的检修。

① 磁电式表头故障。

a. 摆动表头，指针摆幅很大且没有阻尼作用。此故障原因为可动线圈断路、游丝脱焊。

b. 指示不稳定。此故障原因为表头接线端松动或动圈引出线、游丝、分流电阻等脱焊或接触不良。

c. 零点变化大，通电检查误差大。此故障原因可能是轴承与轴承配合不妥当，轴尖磨损比较严重，致使摩擦误差增加；游丝严重变形，游丝太脏而粘圈；游丝弹性疲劳；磁间隙中有异物等。

② 直流电流挡故障。

a. 测量时，指针没有偏转。此故障原因多为：表头回路断路，使电流等于零；表头分流电阻短路，从而使绝大部分电流流不过表头；接线端脱焊，从而使表头中没有电流流过。

b. 部分量程不通或误差大。此故障原因是分流电阻断路、短路或变值。常见为 $R \times 10\Omega$ 挡。

c. 测量误差大。此故障原因是分流电阻变值（阻值变化大，导致正误差超差；阻值变小，导致负误差）。

d. 指示没有规律，量程难以控制。此故障原因多为转换开关位置窜动（调整位置，安装正确后即可解决）。

③ 直流电压挡故障。

a. 指针不偏转，示值始终为零。此故障原因为分压附加电阻断线或表笔断线。

b. 误差大。此故障原因是附加电阻的阻值增加引起示值的正误差，阻值减小引起示值的负误差。

c. 正误差超差并随着电压量程变大而严重。此故障原因为表内电压电路元件受潮而漏电，电路元件或其他元件漏电，印制电路板受污、受潮、击穿、电击炭化等引起漏电。修理时，刮去烧焦的纤维板，清除粉尘，用酒精清洗电路后烘干处理。严重时，应用小刀割铜箔与铜箔之间电路板，从而使绝缘良好。

d. 不通电时指针有偏转，小量程时更为明显。此故障原因是由于受潮和污染严重，使电压测量电路与内置电池形成漏电回路。处理方法同上。

④ 交流电压、电流挡故障。

a. 在交流挡时指针不偏转、示值为零或很小。此故障原因多为整流元件短路或断路，或引脚脱焊。检查整流元件，如有损坏应更换，有虚焊时应重焊。

b. 在交流挡时示值减少一半。此故障是由整流电路故障引起的，即全波整流电路局部失效而变成半波整流电路，使输出电压降低。更换整流元件，故障即可排除。

c. 在交流电压挡时指示值超差。此故障是串联电阻阻值变化超过元件允许误差而引起的。当串联电阻阻值降低、绝缘电阻降低、转换开关漏电时，将导致指示值偏高。相反，当串联电阻阻值变大时，将使指示值偏低而超差。应采用更换元件、烘干和修复转换开关的办法排除故障。

d. 在交流电流挡时指示值超差。此故障原因为分流电阻阻值变化或电流互感器发生匝间短路。更换元器件或调整修复元器件排除故障。

e. 在交流挡时指针抖动。此故障原因为表头的轴尖配合太松，修理时指针安装不紧，转动部分质量改变等，由于其固有频率刚好与外加交流电频率相同，从而引起共振。尤其是当电路中的旁路电容变质失效而没有滤波作用时更为明显。排除故障的办法是修复表头或更换旁路电容。

⑤ 电阻挡故障。

a. 电阻常见故障是各挡位电阻损坏（原因多为使用不当，用电阻挡误测电压造成）。使用前，用手捏两表笔，如指针摆动则说明对应挡电阻烧坏，应予以更换。

b. R×1 挡两表笔短接之后，调节调零电位器不能使指针偏转到零位。此故障多是由于万用表内置电池电压不足，或电极触簧受电池漏液腐蚀生锈，从而造成接触不良。此类故障在仪表长期不更换电池情况下出现最多。如果电池电压正常，接触良好，调节调零电位器后指针偏转不稳定，没有办法调到欧姆零位，则多是调零电位器损坏。

c. 在 R×1 挡可以调零，其他量程挡调不到零，或只是 R×10k、R×100k 挡调不到零。此故障的原因是由于分流电阻阻值变小，或者高阻量程的内置电池电压不足。更换电阻元件或叠层电池，故障就可排除。

d. 在 R×1、R×10、R×100 挡测量误差大。在 R×100 挡调零不顺利，即使调到零，但经几次测量后零位调节又变为不正常。出现这种故障是由于转换开关触点上有黑色污垢，使接触电阻增加且不稳定，通过各挡开关触点直至露出银白色为止，保证其接触良好，可排除故障。

e. 表笔短路，表头指示不稳定。此故障原因多是由于线路中有假焊点，电池接触不良或表笔引线内部断线。修复时应从最容易排除的故障做起，即先保证电池接触良好，表笔正常；如果表头指示仍然不稳定，就需要寻找线路中假焊点加以修复。

f. 在某一量程挡测量电阻时严重失准，而其余各挡正常。此故障往往是由于转换开关所指的表箱内对应电阻已经烧毁或断线所致。

g. 指针不偏转，电阻示值总是无穷大。此故障原因大多是由于表笔断线，转换开关接触不良，电池电极与引出簧片之间接触不良，电池日久失效已没有电压，调零电位器断路。找到具体故障原因之后作针对性的修复，或更换内置电池，故障即可排除。

（5）指针型万用表的选用　万用表的型号很多，而不同型号之间功能也存在差异。因此在选购万用表时，通常要注意以下几个方面。

① 若用于检修无线电等弱电子设备，在选用万用表时一定要注意以下三个方面：

a. 万用表的灵敏度不能低于 $20k\Omega/V$，否则在测试直流电压时，万用表对电路的影响太大，而且测试数据也不准。

b. 对于装修电工，应选外形稍小的万用表，如 50 型 U201 等即可满足要求。如需要选择好一点的表，可选择 MF47 或 MF50 型万用表。

c. 频率特性选择（俗称是否抗峰值）方法是：用直流电压挡测高频电路（如彩色电视机的行输出电路电压）看是否显示标称值，如是则说明频率特性高，如指示值偏高则说明频率特性差（不抗峰值），则此表不能用于高频电路的检测（最好不要选择此种类）。此项对于装修电工来说，选择时不是太重要，因为装修电工测试的多为 50Hz 交流电。

② 检修电力设备（如电动机、空调、冰箱等）时，选用的万用表一定要有交流

电流测试挡。

③ 检查表头的阻尼平衡。首先进行机械调零，将表在水平、垂直方向来回晃动，指针不应该有明显的摆动；将表水平旋转和竖直放置时，指针偏转不应该超过一小格；将表旋转360°时，指针应该始终在零附近均匀摆动。如果达到了上述要求，就说明表头在平衡和阻尼方面达到了标准。

1.3 数字式万用表的使用

数字式万用表（见图1-5）是利用模拟/数字转换原理，将被测量模拟电量参数转换成数字电量参数，并以数字形式显示的仪表。它比指针式万用表具有精度高、速度快、输入阻抗高、对电路的影响小、读数方便准确等优点。数字式万用表的使用可扫二维码学习。

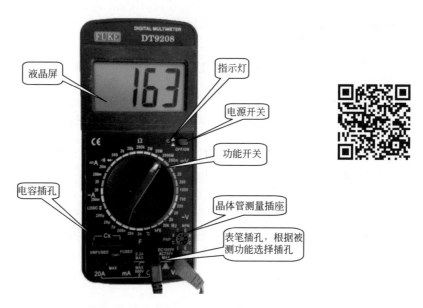

图1-5　DT9208型数字式万用表

（1）**数字式万用表的使用**　首先打开电源，将黑表笔插入"COM"插孔，红表笔插入"V·Ω"插孔。

① 电阻测量。将转换开关调节到 Ω 挡，将表笔测量端接于电阻两端，即可显示相应示值。如显示最大值"1"（溢出符号），必须向高电阻值挡位调整，直到显示为有效值为止。

为了保证测量准确性，在路测量电阻时，最好断开电阻的一端，以免在测量电阻时会在电路中形成回路，影响测量结果。

注意：不允许在通电的情况下进行在线测量，测量前必须先切断电源，并将大容量电容放电。

② "DCV"——直流电压测量。表笔测试端必须与测试端可靠接触（并联测量）。原则上由高电压挡位逐渐往低电压挡位调节测量，直到该挡位示值的 1/3 ～ 2/3 为止，此时的示值才是一个比较准确的值。

注意： 严禁以小电压挡位测量大电压。不允许在通电状态下调整转换开关。

③ "ACV"——交流电压测量。表笔测试端必须与测试端可靠接触（并联测量）。原则上由高电压挡位逐渐往低电压挡位调节测量，直到该挡位示值的 1/3 ～ 2/3 为止，此时的示值才是一个比较准确的值。

注意： 严禁以小电压挡位测量大电压。不允许在通电状态下调整转换开关。

④ 二极管测量。将转换开关调至二极管挡位，黑表笔接二极管负极，红表笔接二极管正极，即可测量出正向压降值。

⑤ 晶体管电流放大系数 h_{FE} 的测量。将转换开关调至 hFE 挡，根据被测晶体管选择 "PNP" 或 "NPN" 位置，将晶体管正确地插入测试插座即可测量到晶体管的 h_{FE} 值。

⑥ 开路检测。将转换开关调至有蜂鸣器符号的挡位，表笔测试端可靠的接触测试点，若两者在（20±10）Ω，蜂鸣器就会响起来，表示该线路是通的，不响则该线路不通。

注意： 不允许在被测量电路通电的情况下进行检测。

⑦ "DCA"——直流电流测量。小于 200mA 时红表笔插入 mA 插孔，大于 200mA 时红表笔插入 A 插孔，表笔测试端必须与测试端可靠接触（串联测量）。原则上由高电流挡位逐渐往低电流挡位调节测量，直到该挡位示值的 1/3 ～ 2/3 为止，此时的示值才是一个比较准确的值。

注意： 严禁以小电流挡位测量大电流。不允许在通电状态下调整转换开关。

⑧ "ACA"——交流电流测量。低于 200mA 时红表笔插入 mA 插孔，高于 200mA 时红表笔插入 A 插孔，表笔测试端必须与测试端可靠接触（串联测量）。原则上由高流挡位逐渐往低电流挡位调节测量，直到该挡位示值的 1/3 ～ 2/3 为止，此时的示值才是一个比较准确的值。

注意： 严禁以小电流挡位测量大电流。不允许在通电状态下调整转换开关。

（2）数字式万用表常见故障与检修
① 仪表没有显示。首先检查电池电压是否正常（一般用的是 9V 电池，新的也要测量）。其次检查熔丝是否正常，若不正常则予以更换；检查稳压块是否正常，若不正常则予以更换；限流电阻是否开路，若开路则予以更换。再查：检电电路板上

的线路是否有腐蚀或短路、断路现象（特别是主电源电路线），若有则应清洗电路板，并及时做好干燥和焊接工作。如果一切正常，测量显示集成块的电源输入的两脚，测试电压是否正常，若正常则该集成块损坏，必须更换该集成块；若不正常则检查其他有没有短路点，若有则要及时处理好；若没有或处理好后还不正常，说明该集成块已经内部短路，则必须更换。

② 电阻挡无法测量。首先从外观上检查电路板，在电阻挡回路中有没有连接电阻烧坏，若有则必须立即更换；若没有则要对每一个连接元件进行测量，有坏的及时更换；若外围都正常，则说明测量集成块损坏，必须更换。

③ 电压挡在测量高压时示值不准，或测量稍长时间示值不准甚至不稳定。此类故障大多是由于某一个或几个元件工作功率不足引起的。若在停止测量的几秒内，检查时会发现这些元件发烫，这是由于功率不足而产生了热效应所造成的，同时形成了元件的变值（集成块也是如此），则必须更换该元件（或集成块）。

④ 电流挡无法测量。此故障多数是由于操作不当引起的，检查限流电阻和分压电阻是否烧坏，若烧坏则应予以更换；检查到放大器的连线是否损坏，若损坏则应重新连接好；若不正常，则更换放大器。

⑤ 示值不稳，有跳字现象。检查整体电路板是否受潮或有漏电现象，若有则必须清洗电路板并作好干燥处理；输入回路中有没有接触不良或虚焊现象（包括测试笔），若有则必须重新焊接；检查有没有电阻变质或刚测试后有没有元件发生超正常的烫手现象（这种现象是由于其功率降低引起的），若有则应更换该元件。

⑥ 示值不准。这种现象主要是由测量通路中的电阻值或电容失效引起的，则更换该电容或电阻；检查该通路中的电阻阻值（包括热反应中的阻值），若阻值变值或热反应变值，则予以更换该电阻；检查 A/D 转换器的基准电压回路中的电阻、电容是否损坏，若损坏则予以更换。

1.4 电气图常用图形符号与文字符号识别

电气图常用图形符号与文字符号可扫二维码详细学习。

第2章

电阻器的检测与维修

2.1 认识电阻器件

（1）**电阻的作用** 电阻器是电子设备中应用十分广泛的元件。电阻器利用它自身消耗电能的特性，在电路中起降压、阻流等作用，各种电阻外形如图 2-1 所示。

（2）**电阻在电路中的文字符号及图形符号** 电阻在电路中的基本文字符号为"R"，根据电阻用途不同，还有一些其他文字符号，如 RF、RT、RN、RU 等。电阻在电路中常用图形符号如图 2-2 所示。

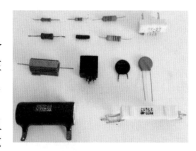

图2-1 电阻器的外形

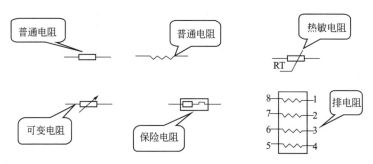

图2-2 电阻在电路中常用图形符号

电阻器产品型号命名由四部分组成，如图 2-3 所示，各部分符号含义对照表见表 2-1。

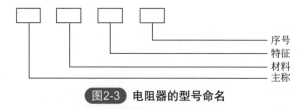

图2-3 电阻器的型号命名

表2-1 电阻器命名符号含义对照表

第一部分：主称		第二部分：材料		第三部分：特征			第四部分：序号
符号	意义	符号	意义	符号	电阻器	电位器	
R W	电阻器 电位器	T	碳膜	1	普通	普通	对主称、材料相同，仅性能指标、尺寸大小有区别，但基本不影响互换使用的产品，给同一序号；若性能指标、尺寸大小明显影响互换，则在序号后面用大写字母作为区别代号
		H	合成膜	2	普通	普通	
		S	有机实心	3	超高频	—	
		N	无机实心	4	高阻	—	
		J	金属膜	5	高温	—	
		Y	氧化膜	6	—	—	
		C	沉积膜	7	精密	精密	
		I	玻璃釉膜	8	高压	特殊函数	
		P	硼酸膜	9	特殊	特殊	
		U	硅酸膜	G	高功率	—	
		X	线绕	T	可调	—	
		M	压敏	W	—	微调	
		G	光敏	D	—	多圈	
		R	热敏	B	温度补偿用	—	
				C	温度测量用	—	
				P	旁热式	—	
				W	稳压式	—	
				Z	正温度系数	—	

例如 RX22 表示普通线绕电阻器，RJ756 表示精密金属膜电阻器。常用的 RJ 为金属膜电阻器，RX 为线绕电阻器，RT 为碳膜电阻器。

（3）电阻器的特点及用途 各类电阻器的特点及用途见表 2-2。

表2-2 常用电阻器的特点及用途

电阻器类型	特点	用途
 碳膜电阻器（RT）	特定性较好，呈现不大的负温率系数，受电压和频率影响小，脉冲负载稳定	价格低廉，广泛应用于各种电子产品中
 金属膜电阻器（RJ）	温度系数、电压系数、耐热性能和噪声指标都比碳膜电阻器好，体积小（同样额定功率下约为碳膜电阻器的一半），精度高（可达 ±0.5% ～ ±0.05%） 缺点：脉冲负载稳定性差，价格比碳膜电阻器高	可用于要求精度高、温度稳定性好的电路中或电路中要求较为严格的场合，如运放输入端匹配电阻

续表

电阻器类型	特点	用途
金属氧化膜电阻器（RY）	比金属膜电阻器有较好的抗氧化性和热稳定性，功率最大可达 50W 缺点：阻值范围小 （1Ω ～ 200kΩ）	价格低廉，与碳膜电阻器价格相当，但性能与金属膜电阻器基本相同，有较高的性价比，特别是耐热性好，极限温度可达 240℃，可用于温度较高的场合
线绕电阻器（RX）	噪声小，不存在电流噪声和非线性，温度系数小，稳定性好，精度可达 ±0.01%，耐热性好，工作温度可达 315℃，功率大 缺点：分布参数大，高频特性差	可用于电源电路中的分压电阻、泄放电阻等低频场合，不能用于 2 ～ 3MHz 以上的高频电路中
合成实心电阻器（RS）	机械强度高，有较强的过载能力（包括脉冲负载），可靠性好，价廉 缺点：固有噪声较高，分布电容、分布电感较大，对电压和温度稳定性差	不宜用于要求较高的电路中，但可作为普通电阻用于一般电路中
合成碳膜电阻器（RH）	阻值范围宽（可达100Ω ～ 106MΩ），价廉，最高工作电压高（可达 35kV） 缺点：抗湿性差，噪声大，频率特性不好，电压稳定性低，主要用来制造高压高阻电阻器	为了克服抗湿性差的缺点，常用玻璃壳封装制成真空兆欧电阻器，主要用于微电流的测试仪器和原子探测器
玻璃釉电阻器（RI）	耐高温，阻值范围宽，温度系数小，耐湿性好，最高工作电压高（可达 15kV），又称厚膜电阻器	可用于环境温度高（-55 ～ +125℃）、温度系数小（<10⁻⁴/℃）、要求噪声小的电路中
块金属氧化膜电阻器（RJ711）	温度系数小，稳定性好，精度可达 ±0.001%，分布电容、分布电感小，具有良好的频率特性，时间常数小于 1ms	可用于高速脉冲电路和对精度要求十分高的场合，是目前最精密的电阻器之一

2.2 固定电阻器

（1）固定电阻器的参数

① 标称阻值及误差　电阻基本单位是欧［姆］（Ω）。常用的单位还有千欧（kΩ）和兆欧（MΩ），为千进制。标称值的表示方法主要有直标法、色标法、文字符号法、数码表示法。

　a.直标法（图2-4）。即在电阻体上直接用数

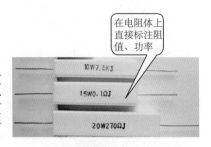

在电阻体上直接标注阻值、功率

图2-4　直标法

字标注出标称阻值和允许偏差。由于电阻器体积大，标注方便，对使用来讲也方便，一看便能知道阻值大小；小体积电阻不采用此方法。

　　b. 色标法。色标法是用色环或色点（多用色环）表示电阻器的标称阻值、误差。色环有四道环和五道环两种。五环电阻器为精密电阻器，如图2-5所示。

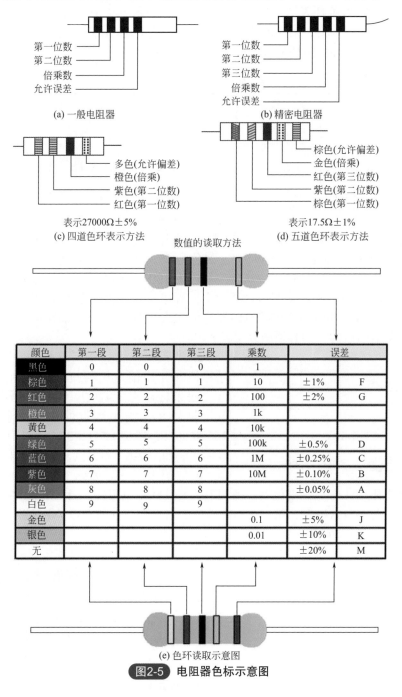

图2-5　电阻器色标示意图

图 2-5（c）所示为四道色环表示方法。在读色环时从电阻器引脚离色环最近的一端读起，依次为第一道、第二道等。图 2-5（d）所示为五道色环表示方法，图 2-5（e）所示为色环读取示意图。读法同四道色环电阻器。目前，常见的是四道色环电阻器。在四道色环电阻器中，第一、二道色环表示标称阻值的有效值，第三道色环表示倍乘，第四道色环表示允许偏差。五道色环表示方法中，第一、二、三道色环表示标称阻值的有效值，第四道色环表示倍乘，第五道色环表示允许偏差。

四色环和五色环各色环的含义见表 2-3。

表2-3 电阻器色环的含义

颜色	棕	红	橙	黄	绿	蓝	紫	灰	白	黑	金	银	无色
数值位	1	2	3	4	5	6	7	8	9	0			
倍率位	10^1	10^2	10^3	10^4	10^5	10^6	10^7	10^8	10^9	10^0	10^{-1}	10^{-2}	
允许偏差（四色环）（五色环）	±1%	±2%			±0.5%	±0.25%	±0.1%				±5%	±10%	±20%

快速记忆窍门：对于四道色环电阻器，以第三道色环为主。如第三环为银色，则为 $0.1 \sim 0.99\Omega$，金色为 $1 \sim 9.9\Omega$，黑色为 $10 \sim 99\Omega$，棕色为 $100 \sim 990\Omega$，红色为 $1 \sim 99k\Omega$，橙色为 $10 \sim 99k\Omega$，黄色为 $100 \sim 990k\Omega$，绿色为 $1 \sim 9.9M\Omega$。对于五道色环电阻，则以第四道色环为主，规律与四道色环电阻器相同。但应注意的是，由于五道色环电阻为精密电阻器，体积太小时无法识别哪端是第一环，所以对色环电阻器阻值的识别必须用万用表测出。

c. 文字符号法。文字符号法是将元件的标称值和允许偏差用阿拉伯数字和文字符号组合起来标志在元件上。注意常用电阻器的单位符号 R 作为小数点的位置标志。例如，R56=0.56Ω，1R5=1.5Ω，3K3=3.3kΩ。文字符号标注法如图 2-6，符号含义见表 2-4。

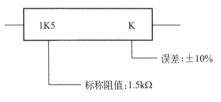

图2-6 文字符号标注法

d. 数码表示法。如图 2-7 所示，即用三位数字表示电阻值（常见于电位器、微调电位器及贴片电阻器）。识别时由左至右，第一位、第二位为有效数字，第三位是有效值的倍乘数或 0 的个数，单位为 Ω。

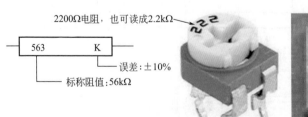

图2-7 数码表示法

表2-4 文字符号单位及误差

单位符号	单位		误差符号	误差范围	误差符号	误差范围
R	欧	Ω	D	±0.5%	J	±5%
K	千欧	kΩ	F	±1%	K	±10%
M	兆欧	MΩ	G	±2%	M	±20%

快速记忆窍门:同色环电阻器,若第三位数为1则为几百几千欧;为2则为几点几千欧;为3则为几十几千欧;为4则为几百几十千欧;为5则为几点几兆欧……如为一位数或两位数则为实际数值。

e. 电阻标称系列及允许偏差。电阻标称系列及允许偏差见表 2-5。

表2-5 电阻标称系列及允许偏差

系列	允许偏差	产品系数
E₂₄	±5%	1.0,1.1,1.2,1.3,1.5,1.6,1.8,2.0,2.2,2.4,2.7,3.0,3.3,3.6,3.9,4.3,4.7,5.1,5.6,6.2,6.8,7.5,8.2,9.1
E₁₂	±10%	1.0,1.2,1.5,1.8,2.2,2.7,3.3,3.9,4.7,5.6,6.8,8.2
E₆	±20%	1.0,1.5,2.2,3.3,4.7,6.8

② 电阻温度系数 当工作温度发生变化时,电阻器的阻值也将随之相应变化,这对一般电阻器来说是不希望有的。电阻温度系数用来表示电阻器工作温度每变化1℃时,其阻值的相对变化量。该系数越小,电阻质量越高。电阻温度系数根据制造电阻的材料不同,有正系数和负系数两种。前者随温度升高阻值增大,后者随温度升高阻值下降。热敏电阻器就是利用其阻值随温度变化而变化而制成的一种特殊电阻器。

③ 额定功率 指在规定的环境温度和湿度下,假定周围空气不流通,在长期连续负载而不损坏或基本不改变性能的情况下,电阻器上允许消耗的最大功率。为保证安全使用,一般选其额定功率比在电路中消耗的功率高 1～2 倍。额定功率分 19 个等级,常用的有 0.05W、0.125W、0.25W、0.5W、1W、2W、3W、5W、7W、10W。电阻器额定功率的标注方法如图 2-8 所示。如电阻器上标注 20W270ΩJ,表示该电阻额定功率为 20W。

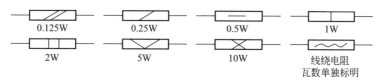

图2-8 电阻器额定功率的标注方法

(2)用指针万用表检测固定电阻器(可扫下页二维码学习)

① 实际电阻值的测量

a. 将万用表的功能选择开关旋转到适当量程的电阻挡,将两表笔短路,调节调零电位器,使表头指针指向"0",然后再进行测量。注意在测量中每次变换量程,如从 R×1 挡换到 R×10 挡或其他挡后，都必须重新调零后再测量（图2-9）。

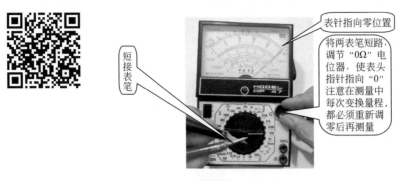

表针指向零位置

短接表笔

将两表笔短路，调节 "0Ω" 电位器，使表头指针指向 "0"。注意在测量中每次变换量程，都必须重新调零后再测量

图2-9 测量中变换量程

b. 将两表笔（不分正负）分别与电阻器的两端引脚相接，即可测出实际阻值。为了提高测量精度，应根据被测电阻器标称值的大小来选择量程。由于电阻挡刻度的非线性关系，它的中段较为精细，因此应使指针指示值尽可能落到刻度的中段位置，即全刻度起始的 20% ～ 80% 弧度范围内，以使测量更准确。根据电阻误差等级不同，实际读数与标称阻值之间分别允许有 ±5%、±10% 或 ±20% 的误差。如不相符，超出误差范围，则说明该电阻变值了。如果测得的结果是 0，则说明该电阻器已经短路。如果是无穷大，则表示该电阻器已经断路，不能再继续使用（图 2-10）。

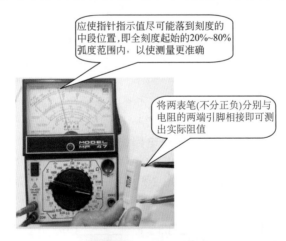

应使指针指示值尽可能落到刻度的中段位置，即全刻度起始的20%~80% 弧度范围内，以使测量更准确

将两表笔(不分正负)分别与电阻的两端引脚相接即可测出实际阻值

图2-10 测电阻标称值

注意：测试大阻值电阻器时，手不要触及表笔和电阻器的导电部分，因为人体具有一定电阻，会对测试产生一定的影响，使读数偏小，如图 2-11 所示。

② 电阻器额定功率的简易判别 小型电阻器的额定功率在电阻体上一般并不标出。根据电阻器长度和直径大小是可以确定其额定功率值大小的。电阻体大，功率大；电阻体小，功率小。在同体积时，金属膜电阻器的功率大于碳膜电阻器的功率。

(a)正确的测量方法　　　(b)错误的测量方法

图2-11 电阻器的测量

③ 固定电阻在电路中测量方法

a. 测量普通电阻。固定电阻在电路中测量时，被检测的电阻必须从电路中焊下来，至少要焊开一个头，以免电路中的其他元件对测试产生影响，测量误差增大。如图 2-12、图 2-13 所示。

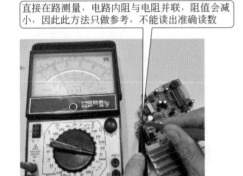

图2-12 直接在路测量

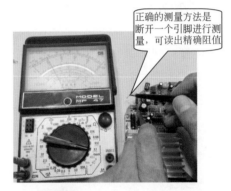

图2-13 断开一个引脚进行测量

b. 测量贴片电阻。贴片电阻的测量与前述相同，如图 2-14 所示。

图2-14 测量贴片电阻

（3）用数字万用表检测固定电阻器

① 实际电阻值的测量

a. 将万用表的功能选择开关旋转到适当量程的电阻挡（图2-15）。

b. 将两表笔（不分正负）分别与电阻的两端引脚相接即可测出实际阻值（图2-16）。

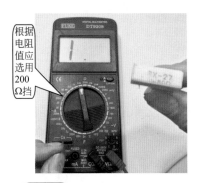

根据电阻值应选用200Ω挡

图2-15　选择开关到适当量程

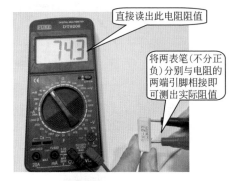

直接读出此电阻阻值

将两表笔(不分正负)分别与电阻的两端引脚相接即可测出实际阻值

图2-16　测出实际阻值

注意： 测试时，大阻值电阻，手不要触及表笔和电阻的导电部分，因为人体具有一定电阻，会对测试产生一定的影响，使读数偏小，如图2-17、图2-18所示。

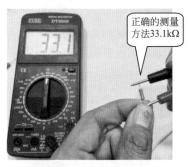

正确的测量方法33.1kΩ

图2-17　正确的测量方法

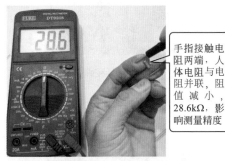

手指接触电阻两端，人体电阻与电阻并联，阻值减小，28.6kΩ，影响测量精度

图2-18　错误的测量方法

② 数字万用表在路测量普通电阻　固定电阻在电路中测量时，被检测的电阻必须从电路中焊下来，至少要焊开一个头，以免电路中的其他元件对测试产生影响，测量误差增大。如图2-19、图2-20所示。

③ 测量贴片电阻　贴片电阻的测量与前述相同，如图2-21所示。

（4）固定电阻器的选用与维修

① 固定电阻器选用　选用普通电阻器时，应注意以下事项：

a. 所用电阻器的额定功率应大于实际电路功率的两倍，以保证电阻器在正常工作时不会烧坏。

b. 优先选用通用型电阻器，如碳膜电阻器、金属膜电阻器、实心电阻器、线绕

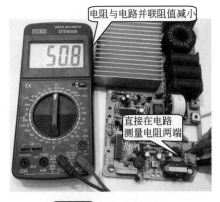

电阻与电路并联阻值减小

直接在电路测量电阻两端

图2-19 在电路中测量

显示精确电阻值，此次测量为75.9kΩ

断开一个引脚测量电阻

图2-20 断开一个引脚测量

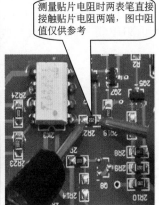

测量贴片电阻时两表笔直接接触贴片电阻两端，图中阻值仅供参考

图2-21 测量贴片电阻

电阻器等。这类电阻器的阻值范围宽，电阻器规格齐全，品种多，价格便宜。

c. 根据安装位置选用电阻器。由于制作电阻器的材料和工艺不同，因此相同功率的电阻器体积并不相同。金属膜电阻器的体积较小，适合安装在元器件比较紧凑的电路中；在元器件安装位置比较宽松的场合，可选用碳膜电阻器。

d. 根据电路对温度稳定性的要求选择电阻器。由于电阻器在电路中的作用不同。所以对它们在稳定性方面的要求也就不同。普通电路中即使阻值有所变化，对电路工作影响并不大；而应用在稳压电路中作电压采样的电阻器，其阻值的变化将引起输出电压的变化。

碳膜电阻器、金属膜电阻器、玻璃釉膜电阻器都具有较好的温度特性，适合用于稳定度较高的场合；精度高、功率大的场合可应用线绕电阻器（由于采用特殊的合金线绕制，它的温度系数极小，因此其阻值最为稳定）。

② 固定电阻器的维修　对于碳膜电阻器或金属膜电阻器损坏后一般不予以修理，更换相同规格电阻器即可。对于已断路的大功率小阻值线绕电阻器或水泥电阻器，可刮去表面绝缘层，露出电阻丝，找到断点。将断点的电阻丝退后一匝绞合拧紧即可。

a.用电阻丝应急代换。电阻丝可以从旧线绕电位器或线绕电阻器上拆下。用万用表量取一段阻值与原电阻相同的电阻丝，并将其缠绕在原电阻器上，电阻丝两端分别焊在原电阻器的两端后装入电路即可。

b.当损坏的线绕电阻器阻值较大时，可采用内热式电烙铁芯代换，如阻值不符合电路要求，可采用将电烙铁芯串、并联方法解决。只要阻值相近即可，不会影响电路的正常工作。

经验： 电阻器烧焦后看不到色环和阻值，又没有图纸可依，对它的原阻值就心中没数。可用刀片把电阻器外层烧焦的漆割掉，测它一端至烧断点的阻值，再测另一端至烧断点的阻值，将这两个阻值加起来，再根据其烧断点的长度，就能估算出电阻器的阻值。

（5）固定电阻器的代换 在修理中，当某电阻器损坏后，在没有同规格电阻器代换时，可采用串、并联方法进行应急处理：

① 利用电阻串联 将小电阻变成大阻值电阻。如图2-22、图2-23所示。

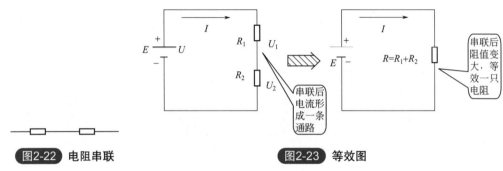

图2-22 电阻串联　　　　图2-23 等效图

电阻串联公式为：$R_x=R_1+R_2+R_3+\cdots\cdots$

② 利用电阻并联 将大阻值电阻变成所需小阻值电阻。如图2-24、图2-25所示。

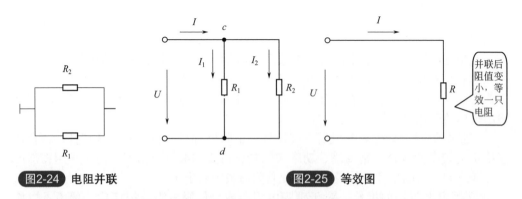

图2-24 电阻并联　　　　图2-25 等效图

提示： 在采用串、并联方法时，除了应计算总电阻是否符合要求外，还必须检查每个电阻器的额定功率值是否比其在电路中所承受的实际功率大一倍以上。

$$1/R_{总}= 1/R_1+1/R_2+\cdots+1/R_n$$

③ 电阻器串联和并联相结合　可以将大阻值电阻器变成所需小阻值电阻器。

注意：不同功率和阻值相差太多的电阻器不要进行串、并联，无实际意义。

2.3 微调可变电阻器

微调电阻器体积小，无调整手柄，用于机器内部不经常需要调整的电路中。微调可变电阻器的外形、结构和图形符号如图 2-26 所示。

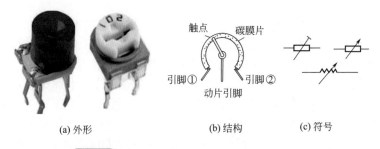

(a) 外形　　　　　　　　　(b) 结构　　　　　　(c) 符号

图2-26 微调电阻器的外形、结构和图形符号

（1）可变电阻器的结构　由图 2-26（a）可以看出，两个固定引脚接在碳膜体两端，碳膜体是一个固定电阻体，在两个引脚之间有一个固定的电阻值。动片引脚上的触点可以在碳膜上滑动，这样动片引脚与两个固定引脚之间的阻值将发生大小改变。当动片触点沿顺时针方向滑动时，动片引脚与引脚①之间阻值增大，与引脚②之间阻值减小；反之，动片触点沿逆时针方向滑动，引脚间阻值反方向变化。在动片滑动时，引脚①、②之间的阻值是不变化的，但是如若动片引脚与引脚②或引脚①相连通后，动片滑动时引脚①、②之间的阻值便发生改变。

（2）阻值表示方法　可变电阻器的阻值是指固定电阻体的值，也就是可变电阻器可以达到的最大电阻值，可变电阻器的最小阻值为零（通过调节动片引脚的旋钮）。阻值直接标在电阻器上。

（3）应用及注意事项

① 微调可变电阻器的功率较小，只能用于电流、电压均较小的电子电路中。

② 用作电位器，此时三根引脚与各自电路相连，作为一个电压分压器使用。

③ 在大部分情况下作为一个可变电阻器使用，此时可变电阻器的动片与一根固定引脚在线路板已经连通，调节可变电阻器时可改变阻值。调节方法是用小的平口启子旋转电阻器的缺口旋钮。

④ 可变电阻器的故障发生率较高，主要故障是动片与碳膜之间的接触不良，碳膜磨损一般不予修理，直接更换同型号即可（应急修理时主要以清洗处理为主）。

第3章

电位器的检测与维修

3.1 认识电位器

（1）**电位器的结构** 电位器结构与可变电阻器结构基本上是相同的，它主要由引脚、动片触点和电阻体（常见的为碳膜体）构成，其工作原理也与可变电阻器相似，动片触点滑动时动片引脚与两个固定引脚之间的电阻发生改变。图3-1所示是常用电位器的外形及图形符号。带开关电位器（图形符号中虚线表示此开关受电位器转柄控制）在转轴旋到最小位置后再旋转一下，便将开关断开。在开关接通之后，调节电位器过程中对开关无影响，一直处于接通状态。旋转式电位器有单轴电位器和双联旋转式电位器。双联旋转式电位器又有同心同轴（调整时两个电位器阻值同时变化）和同心异轴（单独调整）之分。图3-1中直滑式电位器的特点是

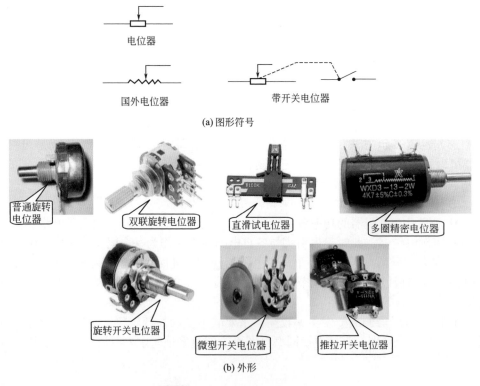

电位器

国外电位器　　　　　带开关电位器

(a) 图形符号

普通旋转电位器　　双联旋转电位器　　直滑试电位器　　多圈精密电位器

旋转开关电位器　　微型开关电位器　　推拉开关电位器

(b) 外形

图3-1　电位器的外形及图形符号

操纵柄往返作直线式滑动，滑动时可调节阻值。

（2）**电位器的主要参数** 电位器的参数很多，主要参数有电阻值、额定功率及噪声系数。

a. 电阻值。电位器的电阻值也是指电位器两固定引脚之间的电阻值，这跟炭膜体阻值有关。电阻值参数采用直标法标在电位器的外壳上。

b. 额定功率。电位器的额定功率同电阻器的额定功率一样，在使用中若运用不当也会烧坏电位器。

c. 动噪声。电位器的噪声主要包括热噪声、电流噪声和动噪声。前两者是指电位器动片触点不动时的电位器噪声，这种噪声与其他元器件中的噪声一样，是碳膜体（电阻体）固有噪声，又称之为静噪声，静噪声相对动噪声而言，其有害影响不大。

动噪声是指电位器动片触点滑动过程产生的噪声，这一噪声是电位器的主要噪声。动噪声的来源也有六七种，但主要原因是动片触点接触电阻大（接触不良）、炭膜体结构不均匀、碳膜体磨损、动片触点与碳膜体的机械摩擦噪声等。

3.2 用指针万用表检测电位器

（1）**机械检查** 检查电位器时，首先要转动转轴，看看转轴转动是否平滑、灵活，带开关电位器通断时"咔嗒"声是否清脆，并听一听电位器内部接触点和电阻体摩擦的声音，如有"沙沙"声，说明质量不好。用万用表测试时，先根据被测电位器阻值的大小，选择好合适电阻挡位，然后按下述方法进行检测（图3-2，可扫二维码学习）。

图3-2 测试前旋钮调零

（2）**测量电位器的标称阻值** 如图3-3所示用万用表的电阻挡测两边脚，其读数应为电位器的标称阻值。如万用表指针不动或阻值相差很多，则表明该电位器已损坏。

（3）**检测活动臂与电阻片的接触是否良好**　如图3-4所示，用万用表的电阻挡测中间脚与两边脚阻值。将电位器的转轴按逆时针方向旋转，再按顺时针方向慢慢旋转转轴，电阻值应逐渐变化，表头中的指针应平稳移动。从一端移至另一端时，最大阻值应接近电位器的标称值，最小值应为零。如万用表指针在电位器转轴转动过程中有跳动现象，说明触点有接触不良的故障。

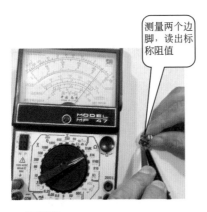

测量两个边脚，读出标称阻值

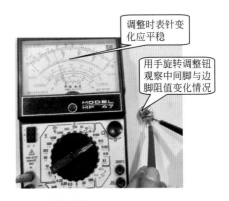

调整时表针变化应平稳

用手旋转调整钮观察中间脚与边脚阻值变化情况

图3-3　测量电位器的标称阻值

图3-4　中间脚与边脚阻值

（4）**测试开关的好坏**　对于带有开关的电位器，检查时可用万用表的电阻挡测开关两触点的通断情况是否正常，如图3-5所示。旋转电位器的转轴，使开关"接通"–"断开"变化。若在"接通"的位置，电阻值不为零，说明内部开关触点接触不良；若在"断开"的位置，电阻值不为无穷大，说明内部开关失控（图3-6、图3-7）。

推拉电位器，推拉杆推进去开关断开

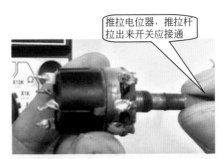

推拉电位器，推拉杆拉出来开关应接通

图3-5　开关位置状态

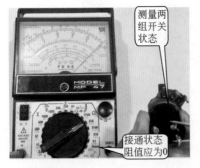

测量两组开关状态

接通状态阻值应为0

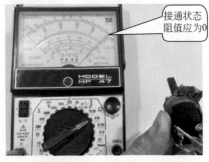

接通状态阻值应为0

图3-6　测试一组开关的好坏

图3-7　测试两组开关的好坏

（5）检测完开关后应检测电位器的标称值和中间脚与边脚的旋转电阻值　如图 3-8～图 3-10 所示。

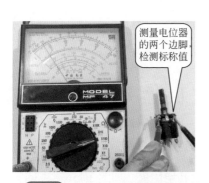

图3-8　测量电位器的两个边脚

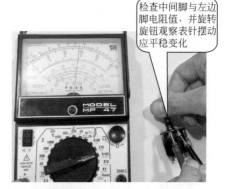

图3-9　中间脚与左边脚电阻值

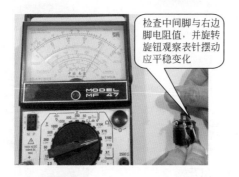

图3-10　中间脚与右边脚电阻值

3.3　数字万用表检测电位器

（1）测试开关的好坏　对于带有开关的电位器，检查时可用万用表的电阻挡测开关两接点的通断情况是否正常。如图 3-11、图 3-12 所示。

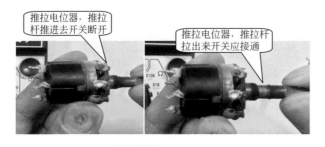

图3-11　开关状态

推拉电位器的轴，使开关"接通"—"断开"，变化。若在"接通"的位置，电阻值不为零，说明内部开关触点接触不良；若在"断开"的位置，电阻值不为无穷大，说明内部开关失控。如图 3-13、图 3-14 所示。

选择电阻挡进行测量，一般测开关选最低挡

图3-12 选择挡位

测量左开关接通状态，阻值应接近零

图3-13 测量第一组开关

（2）检测电位器的标称值和中间脚与边脚的旋转电阻值 如图 3-15 ～图 3-17 所示。

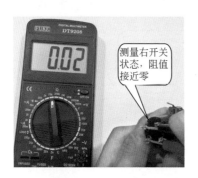

测量右开关状态，阻值接近零

图3-14 测量第二组开关

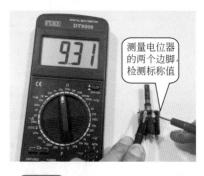

测量电位器的两个边脚，检测标称值

图3-15 测量电位器的两个边脚

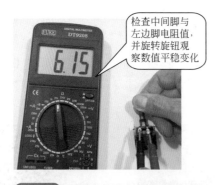

检查中间脚与左边脚电阻值，并旋转旋钮观察数值平稳变化

图3-16 测量中间脚与左边脚电阻值

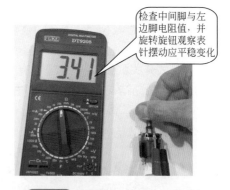

检查中间脚与左边脚电阻值，并旋转旋钮观察表针摆动应平稳变化

图3-17 测量中间脚与左边脚电阻

3.4 电位器的修理及代换

3.4.1 电位器的修理

① 转轴不灵活。转轴不灵活主要是轴套中积有大量污垢，润滑油干涸所致。发

现这种故障，应拆开电位器，用汽油擦洗轴、轴套以及其他不清洁的地方，然后在轴套中添加润滑黄油，再重新装配好。

② 电位器一端定片与碳膜间断路（多为涂银处开路），另一端定片又未用或与动片焊连在一起，这时交换两定片的焊接位置，仍可正常使用。

③ 开关接触不良。电位器的开关部件在生产中已被固定，不易拆装，一般遇有弹簧不良或开关胶木转换片被挤碎时，只能换一个开关解决。另外，电位器经过多次修理后，开关套的固定钩损坏而无法很好地固定，影响开关正常拨动。这时用硬度适当的铜丝或铜片在原位上另焊几个小钩即可修复。

④ 滑动片接触不良。主要是由中心滑动触点处积有污垢造成的。可拆下开关部分，取下接头，用汽油或酒精分别擦净碳膜片、中央环形接触片和接头处的接点，然后装上接头，调整接头压力到合适程度为止。若电位器内碳膜磨损接触不良，可将金属刷触点轻轻向里或向外弯曲一些，从而改变金属刷在碳膜上的运动轨迹。修好的电位器可用欧姆表测量，使指针摆动平稳而不跳动即可。

3.4.2 电位器的代换

① 若没有高阻电位器，可用低阻电位器串接电阻的方法解决，即将阻值合适的电阻器与可变电阻器串联，可串入边脚，也可串入中心脚。

② 若没有低阻电位器，可用高阻电位器并接电阻的方法解决，即将一阻值合适的电阻器并接在两边脚之间。

③ 没有电位器时，还可以用微调电阻器作小型电位器使用。选择立式或卧式的微调电阻器，在微调电阻器上焊上一根转轴，再在转轴上套一段塑料管即可。

④ 线路中一些电位器经调整之后，一般不需要再调整或很少需要调整，可直接用固定电阻器代用。代用前必须试验出最佳的电阻值。若电阻值不符合要求，可用两个或两个以上的电阻器通过串联或并联的方法解决。

3.4.3 电位器使用注意事项

a. 电位器型号命名比较简单，由于普遍采用合成膜电位器，所以在型号上主要看阻值分布特性。在型号中，用 W 表示电位器，H 表示合成膜。

b. 在很多场合下，电位器是不能互换使用的，一定要用同类型电位器更换。

c. 在更换电位器时，要注意电位器安装尺寸等。

d. 有的电位器除各引脚外，在电位器金属外壳上还有一个引脚，这一引脚作为接地引脚，接电路板的地线，以消除调节电位器时人身的感应干扰。

e. 电位器的常见故障是转动噪声，几乎所有电位器在使用一段时间后，会不同程度地出现转动噪声。通常，通过清洗电位器的动片触点和碳膜体，能够消除噪声。对于因碳膜体磨损而造成的噪声，应作更换电位器的处理。

第4章

特殊电阻检测与维修

4.1 压敏电阻器

（1）压敏电阻器的性能特点及参数

① 压敏电阻器的性能特点。压敏电阻器是利用半导体材料非线性特性制成的一种特殊电阻器。当压敏电阻器两端施加的电压达到某一临界值（压敏电压）时，压敏电阻器的阻值就会急剧变小。压敏电阻器的外形、结构、图形符号和伏安特性曲线如图 4-1 所示。

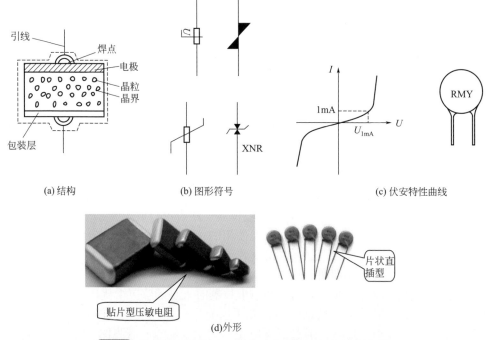

(a) 结构　　　　　　　(b) 图形符号　　　　　　　(c) 伏安特性曲线

(d) 外形

图4-1　压敏电阻的外形、结构、图形符号和伏安特性曲线

压敏电阻器的主要特性曲线如图 4-1（c）所示。当压敏电阻器两端所加电压在标称额定值内时，电阻值几乎为无穷大，处于高阻状态，其漏电流 ≤ 50μA；当压敏电阻器两端的电压稍微超过额定电压时，其电阻值急剧下降，立即处于导通状态，反应时间仅在毫微秒级，工作电流急剧增加，从而有效地保护电路。

② 压敏电阻器的主要参数。压敏电阻器的主要参数是标称电压、漏电流和通流量。

a. 标称电压（U_{1mA}）。标称电压也称压敏电压，是指通过 1mA 直流电流时压敏电阻器两端的电压值。

b. 漏电流。漏电流是指当元件两端电压等于 $75\%U_{1mA}$ 时，压敏电阻器上所通过的直流电流。

c. 通流量。通流量是指在规定时间（8/20μs）之内，允许通过冲击电流的最大值。

常用压敏电阻器的主要参数见表 4-1。

表4-1 常用压敏电阻器的主要参数

型号	压敏电压 /V	最大允许使用电压 /V	最大限制电压 /V	等级电流 /A	静态电容 /pF
MYD-05K180				40	1	1600
MYD-07K180				36	2.5	3500
MYD-10K180	18	11	14	36	5	7500
MYD-14K180				36	10	18000
MYD-20K180				36	20	37000
MYD-05K220				48	1	1300
MYD-07K220				43	2.5	2800
MYD-10K220	22	14	18	43	5	6000
MYD-14K220				43	10	15000
MYD-20K220				43	20	30000
MYD-05K270				60	1	1050
MYD-07K270				53	2.5	2000
MYD-10K270	27	17	22	53	5	4000
MYD-14K270				53	10	10000
MYD-20K270				53	20	22000
MYD-05K330				73	1	900
MYD-07K330				65	2.5	1500
MYD-10K330	33	20	26	65	5	3000
MYD-14K330				65	10	7500
MYD-20K330				65	20	17000
MYD-05K390				86	1	500
MYD-07K390				77	2.5	1350
MYD-10K390	39	25	31	77	5	2600
MYD-14K390				77	10	6500
MYD-20K390				77	20	15000
MYD-05K470				104	1	450
MYD-07K470				93	2.5	1150
MYD-10K470	47	30	38	93	5	2200
MYD-14K470				93	10	5500
MYD-20K470				93	20	13000

续表

型号	压敏电压 /V	最大允许使用电压 /V		最大限制电压 /V	等级电流 /A	静态电容 /pF
MYD-05K560				123	1	400
MYD-07K560				110	2.5	950
MYD-10K560	56	35	45	110	5	1800
MYD-14K560				110	10	4500
MYD-20K560				110	20	11000
MYD-05K680				150	1	350
MYD-07K680				135	2.5	700
MYD-10K680	68	40	56	135	5	1300
MYD-14K680				135	10	3300
MYD-20K680				135	20	7000
MYD-05K361				620	5	50
MYD-07K361				595	10	130
MYD-10K361	360	230	300	595	25	300
MYD-14K361				595	50	550
MYD-20K361				595	100	1200
MYD-05K431				745	5	45
MYD-07K431				710	10	110
MYD-10K431	430	275	350	710	25	250
MYD-14K431				710	50	450
MYD-20K431				710	100	900
MYD-10K621					25	130
MYD-14K621	620	385	505	1025	50	250
MYD-20K621					100	500
MYD-10K751					25	120
MYD-14K751	750	460	615	1240	50	230
MYD-20K751					100	420
MYD-10K821					25	110
MYD-14K821	820	510	670	1355	50	200
MYD-20K821					100	400
MYD-10K102					25	90
MYD-14K102	1000	625	825	1650	50	150
MYD-20K102					100	320
MYD-14K182	1800	1000	1465	2970	50	100
MYD-05K101				175	5	200
MYD-07K101				165	10	500
MYD-10K101	100	60	85	165	25	1400
MYD-14K101				165	50	2400
MYD-20K101				165	100	4800

续表

型号	压敏电压 /V	最大允许使用电压 /V	最大限制电压 /V	等级电流 /A	静态电容 /pF
MYD-05K121				210	5	170
MYD-07K121				200	10	450
MYD-10K121	120	75	100	200	25	1100
MYD-14K121				200	50	1900
MYD-20K121				200	100	3800
MYD-05K151				260	5	140
MYD-07K151				250	10	350
MYD-10K151	150	95	125	250	25	900
MYD-14K151				250	50	1500
MYD-20K151				250	100	3000
MYD-05K201				355	5	80
MYD-07K201				340	10	250
MYD-10K201	200	130	170	340	25	500
MYD-14K201				340	50	1000
MYD-20K201				340	100	2000
MYD-05K221				380	5	70
MYD-07K221				360	10	250
MYD-10K221	220	140	180	360	25	450
MYD-14K221				360	50	1000
MYD-20K221				360	100	2000
MYD-05K241				415	5	70
MYD-07K241				395	10	200
MYD-10K241	240	150	200	395	25	400
MYD-14K241				395	50	900
MYD-20K241				395	100	1800
MYD-05K271				475	5	65
MYD-07K271				455	10	170
MYD-10K271	270	175	225	455	25	350
MYD-14K271				455	50	750
MYD-20K271				455	100	1600
MYD-05K291				675	5	50
MYD-07K291				650	10	130
MYD-10K391	390	250	320	650	25	270
MYD-14K391				650	50	500
MYD-20K391				650	100	1000
MYD-05K471				810	2	40
MYD-07K471				775	10	100
MYD-10K471	470	300	385	775	25	230
MYD-14K471				775	50	440
MYD-20K471				775	100	900

续表

型号	压敏电压/V	最大允许使用电压/V		最大限制电压/V	等级电流/A	静态电容/pF
MYD-10K681					25	130
MYD-14K681	680	420	560	1120	50	250
MYD-20K681					100	460
MYD-10K781					25	120
MYD-14K781	780	485	640	1290	50	230
MYD-20K781					100	420
MYD-10K911					25	100
MYD-14K911	910	550	745	1500	50	180
MYD-20K911					100	350
MYD-10K112					25	80
MYD-14K112	1100	680	895	1815	50	150
MYD-20K112					100	300

（2）用指针万用表检测压敏电阻

好坏测量：应使用万用表电阻挡的最高挡位（10k挡），常温下压敏电阻器的两引脚阻值应为无穷大。若有阻值，就说明该压敏电阻器的击穿电压低于万用表内部电池的9V（或15V）电压（这种压敏电阻器很少见）或者已经击穿损坏（图4-2～图4-4）。

选择高挡位测量压敏电阻

图4-2 选择挡位

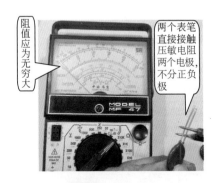

阻值应为无穷大

两个表笔直接接触压敏电阻两个电极，不分正负极

图4-3 测量阻值

（3）数字万用表检测压敏电阻

好坏测量：应使用万用表电阻挡的最高挡位（20k、200k挡），常温下压敏电阻器的两引脚阻值应为无穷大，数字表显示屏将显示溢出符号"1."。若有阻值，就说明该压敏电阻器的击穿电压低于万用表内部电池的9V（或15V）电压（这种压敏电阻器很少见）或者已经击穿损坏。如图4-5、图4-6所示。

（4）标称电压的测量 检测压敏电阻器标称电压如图4-7所示。如果需要测量压敏电阻器额定电压（击穿电压），可将其接在一个可调电源上，并串入电流表，然后调整可调电源，开始电流表基本不变，当再调高EC时，电流表指针摆动，此时用万用表测量压敏电阻器两端电压，即为标称电压。图中可调电源可用兆欧表代用。

测量时如发现阻值变小则说明电阻损坏

图4-4 阻值异常状态

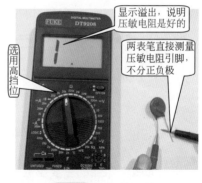

显示溢出，说明压敏电阻是好的

选用高挡位

两表笔直接测量压敏电阻引脚，不分正负极

图4-5 选择高阻挡

需要注意的是某些万用表的超高挡位测量压敏电阻时，显示数值会由小变大，最后为溢出，是因为压敏电阻有电容存在，具有充放电现象，据此也能判断压敏电阻是好的

图4-6 测压敏电阻电容特性

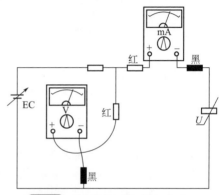

图4-7 检测压敏电阻器标称电压

（5）**压敏电阻器的选用要点**　压敏电阻器在电路中可进行并联、串联使用。并联用法可增加耐浪涌电流的数值，但要求并联的器件标称电压要一致。串联用法可提高实际使用的标称电压值，通常串联后的标称电压值为两个标称电压值的和。压敏电阻器选用时，标称电压值选择得越低则保护灵敏度越高，但是标称电压选得太低，流过压敏电阻器的电流也相应较大，会引起压敏电阻器自身损耗增大而发热，容易将压敏电阻器烧毁。在实际应用中，确定标称电压可用工作电路电压 ×1.73（交流电压峰值）来大概求出压敏电阻器标称电压。

4.2 光敏电阻器

光敏电阻器是利用半导体光导效应制成的一种特殊电阻器，在有光照和黑暗的环境中，其阻值发生变化。用光敏电阻器制成的器件又称为"光导管"，是一种受光照射导电能力增加的光敏转换元件。

（1）**光敏电阻器的外形、结构及图形符号**　如图 4-8 所示，光敏电阻器由玻璃基片、光敏层、电极等部分组成。

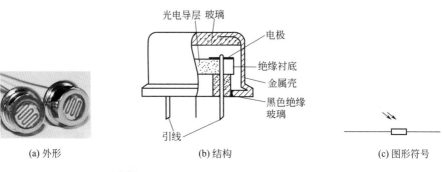

(a) 外形　　　　　　　　(b) 结构　　　　　　　　(c) 图形符号

图4-8　光敏电阻器的外形、结构、图形符号

（2）光敏电阻器的主要参数

① 伏安特性。在光敏电阻器的两端所加电压和流过的电流的关系称为伏安特性，所加的电压越高，光电流越大，且没有饱和现象。在给定的电压下，光电流的数值将随光照的增强而增大。

② 光电流。光敏电阻器在不受光照时的阻值称为"暗电阻"（或暗阻），此时流过的电流称为"暗电流"；在受光照时的阻值称为"亮电阻"（或亮阻），此时流过的电流称为"亮电流"。亮电流与暗电流之差就称为"光电流"。暗阻越大，亮阻越小，则光电流越大，光敏电阻器的灵敏度就高。实际上光敏电阻器的暗电阻一般是兆欧数量级，亮电阻则在几千欧以下，暗电阻与亮电阻之比一般在 1：100 左右。

③ 光照特性。光敏电阻器对光线非常敏感。当无光线照射时，光敏电阻器呈高阻状态；当有光线照射时，电阻值迅速减小。光敏电阻器的阻值称为暗电阻，用 R_R 表示。一般为 $100k\Omega$ 至几十兆欧。在规定照度下，电阻值降至几千欧，甚至几百欧，此值称之为亮电阻，用 R_L 表示。显然，暗电阻 R_R 越大越好，而亮电阻 R_L 则越小越好。

（3）用指针万用表检测光敏电阻

① 检测光敏电阻的亮阻：将光敏电阻置于亮处，用一光源对光敏电阻的透光窗口照射，万用表的指针应有较大幅度的摆动，阻值明显减小，此值为亮电阻，越小说明光敏电阻性能越好。若此值很大甚至无穷大，则说明光敏电阻内部开路损坏。如图 4-9 所示。

② 检测光敏电阻的暗阻：首先将光敏电阻器置于暗处，用一黑纸片将光敏电阻器的透光窗口遮住，用万用表 R×1k 挡，将两表笔分别任意接光敏电阻器的两个引脚，此时万用表的指针基本保持不动，阻值接近无穷大，此值即为暗电阻，阻值越大说明光敏电阻器性能越好；若此值很小或接近为零，则说明光敏电阻器击穿损坏。如图 4-10 所示。

（4）用数字万用表检测光敏电阻　如图 4-11、图 4-12 所示。

（5）检测灵敏度　将光敏电阻器在亮处和暗处之间不断变化，此时万用表指针应随亮暗变化而左右摆动。如果万用表指针不摆动，说明光敏电阻器的光敏材料已经损坏。

图4-9　测量在明亮环境下的阻值

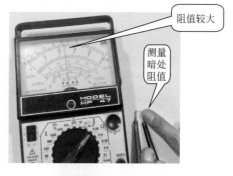

图4-10　测量暗处阻值

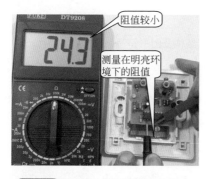

图4-11　测量在明亮环境下的阻值

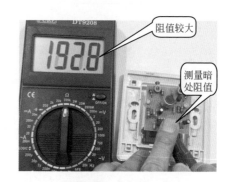

图4-12　测量暗处阻值

4.3 湿敏电阻器

湿敏电阻器是一种阻值随湿度变化而变化的敏感电阻器件，可用作湿度测量及结露传感器。

（1）湿敏电阻器的分类和图形符号

① 湿敏电阻器的分类。湿敏电阻器的种类较多，按阻值随温度变化特性分为正系数和负系数两种，正系数湿敏电阻器的阻值随湿度增大而增大，负系数湿敏电阻器则相反（常用的为负系数湿敏电阻器）。

② 湿敏电阻器的图形符号。图 4-13（c）所示为湿敏电阻器的图形符号（目前还没有统一的图形符号，有的直接标注水分子或 H_2O，有的图形符号仍用 R 表示）。

（2）湿敏电阻器的结构及主要特性

① 湿敏电阻器结构如图4-13(b)所示，由基片（绝缘片）、感湿材料和电极构成。当感湿材料接收到水分后，电极之间的阻值发生变化，完成湿度到阻值变化的转换。

② 湿敏电阻器特性：阻值随湿度增加是以指数特性变化的；具有一定响应时间参数，又称为时间常数，是指对湿度发生阶跃时阻值从零增加到稳定量的 63% 所需

要的时间，表征了湿敏电阻器对湿度响应的特性；其他参数还有湿度范围、电阻相对湿度变化的稳定性等。

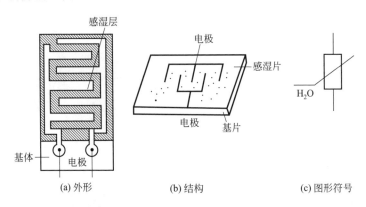

(a) 外形   (b) 结构   (c) 图形符号

图4-13 湿敏电阻器的外形、结构及图形符号

（3）湿敏电阻器的应用检测 检测湿敏电阻器时，先在干燥条件下测其标称阻值，应符合规定。如阻值很小或很大或开路，说明湿敏电阻器损坏。然后给湿敏电阻器加一定湿度，阻值应有变化，不变说明湿敏电阻器损坏。如图 4-14 ～图 4-17 所示。

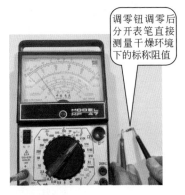

调零钮调零后分开表笔直接测量干燥环境下的标称阻值

图4-14 干燥环境下的标称阻值

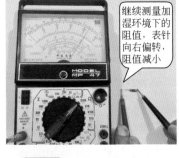

继续测量加湿环境下的阻值，表针向右偏转，阻值减小

图4-15 加湿环境下的阻值

在干燥环境下检测湿敏电阻标称值

图4-16 干燥环境下检测

阻值减小

加湿后测量湿敏电阻阻值，阻值随湿度变化而减小

图4-17 加湿后测量

（4）湿敏电阻器的代换　湿敏电阻器一般不能修复，应急代用时可用同阻值的碳膜电阻去掉漆皮代用（去掉漆皮后，受湿度影响，阻值会变化）。

4.4 正温度系数热敏电阻器

正温度系数热敏电阻器（又称 PTC）的阻值随温度升高而增大，可应用到各种电路中［图 4-18（a）］。

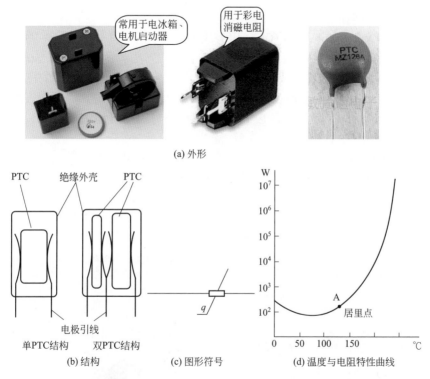

(a) 外形

(b) 结构　　(c) 图形符号　　(d) 温度与电阻特性曲线

图4-18　PTC的外形、结构、图形符号及特性曲线

PTC 的外形、结构、图形符号及特性曲线如图 4-18 所示。常见的 PTC 元件有圆柱形、圆片形和方柱形三种不同的外形结构，又有两端和三端之分。三端消磁电阻内部封装有两只热敏电阻器（一只接负载，另一只接地，起分压保护作用，从而降低开路瞬间冲击电流对电路元件产生的不良影响）。

（1）PTC 的主要参数：

a. 标称电阻值 R_t：也称零功率电阻值，即元件上所标阻值（环境温度在 25℃以下的阻值）。

b. 电阻温度系数 α_t：表示零功率条件下温度每变化 1℃所引起电阻值的相对变化量，单位是 %/℃。

c. 额定功率：指热敏电阻器在规定的技术条件下，长期连续负荷所允许的消耗功率。通常所给出的额定功率值是指 +25℃时的额定功率。

d. 时间常数：指热敏电阻器在无功功率状态下，当环境温度突变时电阻体温度由初值变化到最终温度之差的 63.2% 所需的时间，也称为热惯性。

e. 测量功率：指在规定的环境温度下，电阻体受测量电源的加热而引起的电阻值变化不超过 0.1% 时所消耗的功率。其用途在于统一测试标准和作为设计测试仪表的依据。

f. 耗散系数：指热敏电阻器温度每增加 1℃ 所耗散的功率。

热敏电阻器常见阻值规格（常温）有 12Ω、15Ω、18Ω、22Ω、27Ω、40Ω 等。不同电路所选用的电阻也不一样。

（2）用指针万用表检测 PTC 消磁电阻

① 标称值检测。如图 4-19 所示，用万用表 $R \times 1$ 挡在常温下（20℃左右）测得 PTC 的阻值与标称阻值相差 $\pm 2\Omega$ 以内即为正常。当测得的阻值大于 50Ω 或小于 8Ω 时，即可判定其性能不良或已损坏。PTC 上的标称阻值与万用表的读数不一定相等，这是由于标称阻值是用专用仪器在 25℃ 的条件下测得的，而万用表测量时有一定的电流通过 PTC 而产生热量，而且环境温度不可能正好是 25℃，所以不可避免地会产生误差。

② 好坏判断。若常温下 PTC 电阻的阻值正常，则应进行加温检测。具体检测方法是：用一热源对消磁电阻加热（例如用电烙铁烘烤或放在不同温度的水中，因水便于调温，也便于测温），用万用表观察其电阻值是否随温度升高而加大。如是，则表明 PTC 电阻正常，否则说明其性能已变坏不能再使用（图 4-20）。

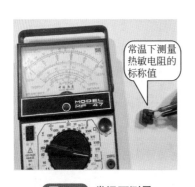

常温下测量热敏电阻的标称值

图4-19 常温下测量

用电烙铁加温，阻值应快速变大，直到无穷大

图4-20 加温测试

（3）用数字万用表检测 如图 4-21～图 4-23 所示。

（4）维修

① 电阻器碎裂。电阻器如碎为例片，可挑选其中较大的一块，测其阻值为 $20 \sim 30\Omega$ 即可用。先把这块电阻器塞入铜触片中央，周围空隙处再塞入一些瓷碎片，使电阻不易移位即可上机使用。如电阻器碎裂成数块，也可先用 502 胶水逐块地对缝黏合，再按上述方法进行处理，即可使用。

② 触点烧蚀。片状电阻器的两端面有层很薄的镀银导电层，被烧蚀的电阻器两面（或一面）与铜触片触点处因打火而烧黑时，就会造成电阻器接触不良。但这时整个电阻器并没有碎裂，边缘导电涂层仍然完好。对此故障，可另找一片薄铜片，

图4-21 选择合适的挡位

图4-22 常温下测量标称阻值

剪成和电阻器一样大小的圆形片，紧紧贴在电阻器两端面嵌入胶木壳中。装好后测量，得到的阻值如与原来标称值相同，即可上机使用。

（5）**代换** 电阻器损坏后，最好用同型号或同阻值的电阻器来更换，如无同型号配件时，也可用阻值相近的其他电阻器来代换。例如 15Ω 的电阻器损坏后，可以用 12Ω 或 18Ω 的电阻器代换，电路仍可正常工作。

三端消磁电阻损坏后，也可用阻值相近的两端消磁电阻来代换。代换时，按 PTC 阻值选取一只两端消磁电阻器，拆下损坏的三端消磁电阻，可将两端消磁电阻在电路中与负载串联焊接在一起即可。

图4-23 加温测阻值

4.5 负温度系数热敏电阻器

负温度系数热敏电阻器（NTC）的电阻值随温度升高而降低，具有灵敏度高、体积小、反应速度快、使用方便的特点。NTC 具有多种封装形式，能够很方便地应用到各种电路中。NTC 的外形、结构、图形符号及特性曲线如图 4-24 所示。

（1）**负温度系数热敏电阻器的主要参数**

① 标称电阻值 R_t：也称零功率电阻值，是指在环境温度 25℃ 下的阻值，即器件上所标阻值。

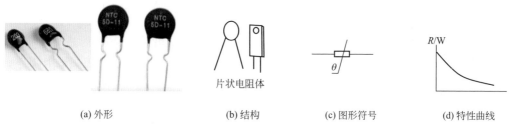

(a) 外形　　　　　　(b) 结构　　　　　　(c) 图形符号　　　　　　(d) 特性曲线

图4-24 NTC的外形、结构、图形符号及特性曲线

② 额定功率：指热敏电阻器在规定的技术条件下，长期连续负荷所允许的消耗功率。通常所给出的额定功率值是指 +25℃时的额定功率。

③ 时间常数：指热敏电阻器在无功功率状态下，当环境温度突变时，电阻体温度由初值变化到最终温度之差的 63.2% 所需的时间，也称热惰性。

④ 耗散系数：指热敏电阻器温度每增加 1℃所耗散的功率。

⑤ 稳压范围：指稳压型 NTC 能起稳压作用的工作电压范围。

⑥ 电阻温度系数 α_t：表示零功率条件下温度每变化 1℃所引起电阻值的相对变化量，单位是 %/℃。

⑦ 测量功率：指在规定的环境温度下，电阻体受测量电源的加热而引起的电阻值变化不超过 0.1% 时所消耗的功率。其用途在于统一测试标准和作为设计测试仪表的依据。

常用 NTC 的主要性能参数见表 4-2。

表4-2　常用NTC的主要性能参数

型号	工作电流范围 /mA	最大允许瞬时过负荷电流 /mA	标称电压 /V	量大允许电压变化 /V	时间常数 /s	稳压范围 /V	标称电流 /mA
MF21-2-2	04～6	62	2	0.4	≤ 35	1.6～3	2
MF22-2-0.5	0.2～2	22	2	0.4	≤ 35	1.6～3	0.5
MF22-2-2	0.4～6	62	2	0.4	≤ 45	1.6～3	2
RRW1-2A	2	12	2	0.4	≤ 10	1.5～2.5	0.6～6
RR827A	0.2～2	6	2	0.4		1.6～3	
RR827B	2～5	10	2	0.4		1.6～3	
RR827C/E	1.5～4	10	2		15	2～2.3	
RR827D	2.5～3.5	6	2	0.4		2～2.5	
RR827E	2.5～3.5	6	2	0.4		2.41～4	
RR831	0.2～3	6	3	0.4		2.8～4	
RR841	0.2～2	6	4	0.6		3～5	
RR860	0.2～2	6	6	1		3.5～7	

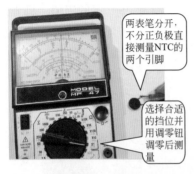

两表笔分开，不分正负极直接测量NTC的两个引脚

选择合适的挡位并用调零钮调零后测量

图4-25　测量NTC

（2）负温度系数热敏电阻器的检测

① 用指针万用表测量　用万用表测量 NTC 热敏电阻器的方法与测量普通固定电阻器的方法相同，即首先测出标称值（由于受温度的影响，阻值含有一定差别）。应在环境温度接近 25℃时进行，以保证测试的精度。测试时，不要用手捏住热敏电阻体，以防止人体温度对测试产生影响（图 4-25）。

在室温下测得 R_{t1} 后用电烙铁作热源，靠近热敏电阻器测出电阻值 R_{t2}，阻值应由大向小变化，变化很大，如不变则为损坏（图 4-26）。

② 用数字万用表测量负温度系数热敏电阻 如图 4-27 ～图 4-29 所示。

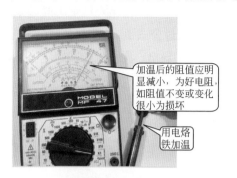

加温后的阻值应明显减小，为好电阻，如阻值不变或变化很小为损坏

用电烙铁加温

图4-26 加温测量

根据实际标称值选择合适的挡位

图4-27 选择合适的挡位

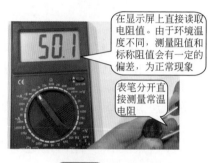

在显示屏上直接读取电阻值。由于环境温度不同，测量阻值和标称阻值会有一定的偏差，为正常现象

表笔分开直接测量常温电阻

图4-28 测常温值

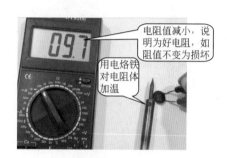

电阻值减小，说明为好电阻，如阻值不变为损坏

用电烙铁对电阻体加温

图4-29 加温测量

4.6 保险电阻器

保险电阻器有电阻器和熔丝的双重作用。当过电流使其表面温度达到 500 ～ 600℃时，电阻层便剥落而熔断。故保险电阻器可用来保护电路中其他元器件免遭损坏，以提高电路的安全性和经济性。保险电阻器的外形、图形符号如图 4-30 所示。

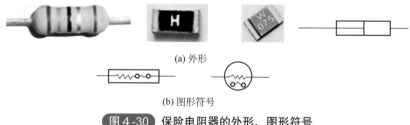

(a) 外形

(b) 图形符号

图4-30 保险电阻器的外形、图形符号

（1）**保险电阻器的检测** 测量时用万用表 R×1 或 R×100 挡，其测量方法同普通电阻器。如阻值超出范围很大或不通，则说明保险电阻器损坏。

（2）**修理与代换** 换用保险电阻器时，要将它悬空 10mm 以上安置，不要紧贴印制板。保险电阻器损坏后如无原型号更换，可根据情况采用下述方法应急代用。

a. 用电阻器和熔丝串联代用。用电流值相符的电阻器和保险丝管串联起来代用，电阻器的规格可参考保险电阻器的规格。电流可通过公式 $I = \sqrt{P/R}$ 计算，如原保险电阻器的规格为 $51\Omega/2W$，则电阻器可选用 $51\Omega/2W$ 规格，保险丝的额定电流为 0.2A。

b. 用熔丝代用。一些阻值较小的保险电阻器损坏后，可直接用熔丝代用。熔丝的电流容量可由原保险电阻器的数值计算出来。方法同上。

c. 用电阻器代用。可直接用同功率、同阻值普通电阻器代用。

d. 用电阻器、保险电阻器串联代用。无合适电阻值时用一只阻值相差不多的普通电阻器和一只小阻值保险电阻器串联即可代用。

e. 热保险电阻器应用原型号代用。

4.7 排阻

（1）认识排阻　排阻是将多个电阻集中封装在一起组合制成的。排阻具有装配方便、安装密度高等优点，目前已大量应用在电视机、显示器、电脑主板、小家电中。在维修中，经常会遇到排阻损坏，由于不清楚其内部连接，导致维修工作无法进行。下面简单介绍排阻的相关知识，供维修人员参考。

排阻通常都有一个公共端，在封装表面用一个小白点表示。排阻的颜色通常为黑色或黄色。常见排阻的外形及图形符号如图 4-31 所示。

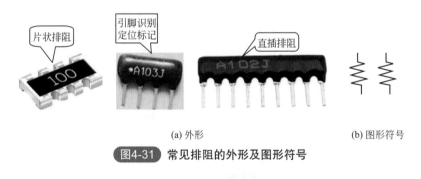

(a) 外形　　　　　　　　　　　　　　(b) 图形符号

图4-31 常见排阻的外形及图形符号

提示：有的排阻内有两种阻值的电阻，在其表面会标注这两种电阻值，如 $220\Omega/330\Omega$，所以 SIP 排阻在应用时有方向性，使用时要小心。通常，SMD 排阻是没有极性的，不过有些类型的 SMD 排阻由于内部电路连接方式不同，在应用时还是需要注意极性。如 10P8R 型的 SMD 排阻①、⑤、⑥、⑩引脚内部连接不同，有 L 和 T 形之分。L 形的①、⑥脚相通。在使用 SMD 排阻时，最好确认一下该排阻表面是否有①脚的标注。

排阻的阻值与内部电路结构通常可以从型号上识别出来，其型号标识如图 4-32 所示。型号中的第一字母为内部电路结构代码，内部电路见表 4-3。

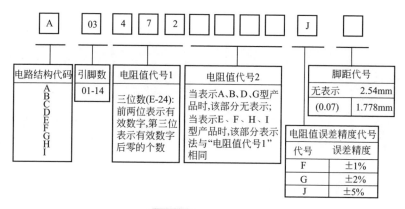

图4-32 型号标识图

表4-3 排阻型号中第一个字母代表的内部电路结构

电路结构代码	等效电路	电路结构代码	等效电路
A	$R_1=R_2=\cdots=R_n$	D	$R_1=R_2=\cdots=R_n$
B	$R_1=R_2=\cdots=R_n$	E	$R_1=R_2$ 或 $R_1 \neq R_2$
C	$R_1=R_2=\cdots=R_n$	F	$R_1=R_2$ 或 $R_1 \neq R_2$

（2）**用指针万用表测量排阻** 选择排阻，本次测量电阻为标注 512，根据表针数值指示为 5100Ω，即 5.1kΩ，在允许误差范围内即为好电阻。如图 4-33 所示。

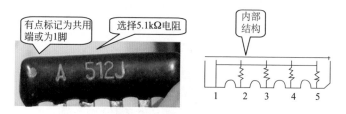

有点标记为共用端或为1脚　选择5.1kΩ电阻　内部结构

图4-33 选择5100Ω电阻

在测量时，选用合适的挡位后，用一个表笔接共用端，另一个表笔分别测量其余引脚，观察所测数值应符合标称值。如图 4-34 ～图 4-38 所示。

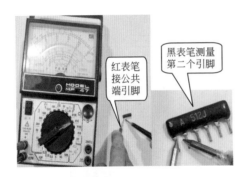

图4-34 第一次测量

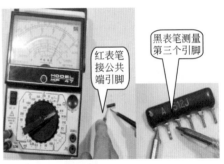

图4-35 第二次测量

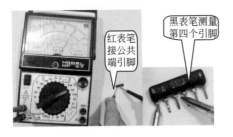

图4-36 第三次测量

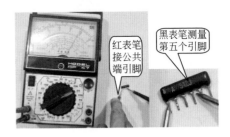

图4-37 第四次测量

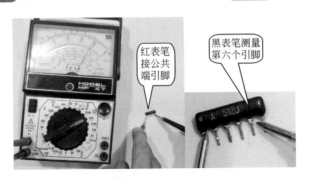

图4-38 第五次测量

（3）用数字万用表测量排阻　本次测量电阻为标注512，根据显示屏数值显示为5.1kΩ，在允许误差范围内即为好电阻。根据标称电阻值选用合适的挡位，如图4-39所示。

图4-39 选用合适的挡位

在测量时，选用合适的挡位后，用一个表笔接共用端，另一个表笔分别测量其余引脚，读出所显示数值应符合标称值。如图4-40～图4-44所示。

提示： 任何一种排阻的测量都要按照内部排列规律进行测量，并且每只电阻都要测量到，不要有漏测，否则无法保证排阻是好的。在电路中测量排阻时，原则上各电阻阻值应相同，但是由于电路中有其他元件，实际测量中可能出现不同的阻值。因此，在测量时应尽可能拆下来测量。

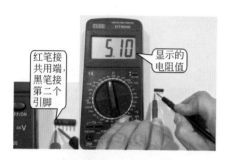

图4-40 第一次测量

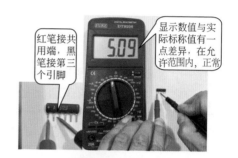

图4-41 第二次测量

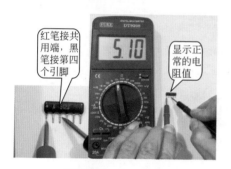

图4-42 第三次测量

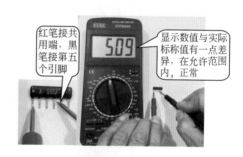

图4-43 第四次测量

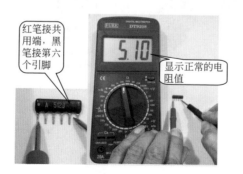

图4-44 第五次测量

第5章

电容器的检测与应用

5.1 认识电容器

（1）**电容器的作用、图形符号**　电容器简称电容，是电子电路中必不可少的基本元器件之一。它是由两个相互靠近的导体极板中间夹一层绝缘介质构成的。电容器是一种储存电能的元件，在电子电路中起到耦合、滤波、隔直流和调谐等作用。电容器在电路中用字母"C"表示。电容器的外形和符号如图 5-1 和图 5-2 所示。

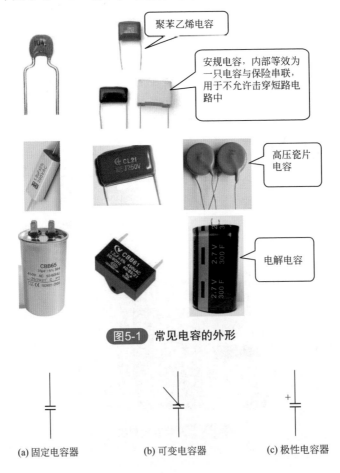

聚苯乙烯电容

安规电容，内部等效为一只电容与保险串联，用于不允许击穿短路电路中

高压瓷片电容

电解电容

图5-1　常见电容的外形

(a) 固定电容器　　　　(b) 可变电容器　　　　(c) 极性电容器

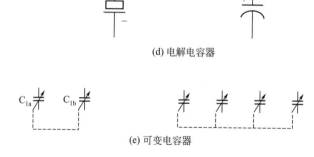

(d) 电解电容器

(e) 可变电容器

图5-2 电容器的图形符号

（2）电容器的型号命名 国产电容器型号命名一般由四个部分构成（不适用于压敏电容器、可变电容器、真空电容器），依次分别代表名称、材料、分类和序号，如图 5-3 所示。表 5-1 和表 5-2 列出了电容器材料符号含义对照表和电容器类型符号含义对照表。

表5-1 电容器材料符号含义对照表

符号	材料	符号	材料
A	钽电解	J	金属化纸介
B	聚苯乙烯等非极性有机薄膜	L	聚酯等极性有机薄膜
C	高频陶瓷	N	铌电解
D	铝电解	O	玻璃膜
E	其他材料电解	Q	漆膜
G	合金电解	T	低频陶瓷
H	纸膜复合	V	云母纸
I	玻璃釉	Y	云母

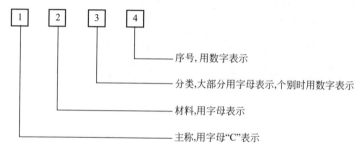

序号,用数字表示

分类,大部分用字母表示,个别时用数字表示

材料,用字母表示

主称,用字母"C"表示

图5-3 电容器的型号命名

表5-2 电容器类型符号含义对照表

符号	类型		
G	高功率型		
J	金属化型		
Y	高压型		
W	微调型		

序号	瓷介电容	云母电容	有机电容	电解电容
1	圆形	非封闭	非封闭	箔式
2	管形	非封闭	非封闭	箔式
3	叠片	封闭	封闭	烧结粉、非固体
4	独石	封闭	封闭	烧结粉、固体
5	穿心		穿心	
6	支柱等			
7				无极性
8	高压	高压	高压	
9			特殊	特殊

各类型电容器如图 5-4～图 5-13 所示。

大小不一的电解电容，都是储存电能的能手，大电容储存电能多，放电能力也较强，常用作交流旁路和滤波

图5-4 铝电解电容器

纸介电容器体积较小，容量可以做得较大，常用于低频电路

图5-5 纸介电容器

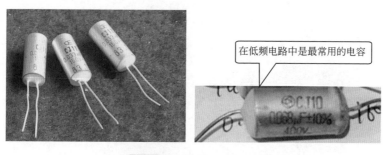

在低频电路中是最常用的电容

图5-6 金属化纸介电容器

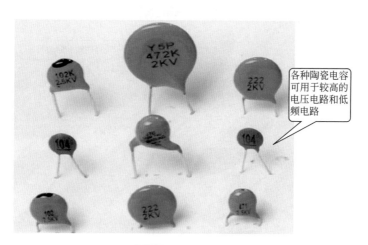

各种陶瓷电容可用于较高的电压电路和低频电路

图5-7 陶瓷电容器

图5-8 薄膜电容器

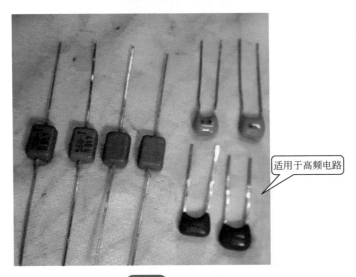

图5-9 云母电容器

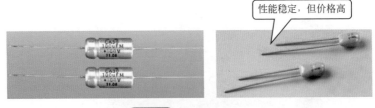

图5-10 钽电解电容器

图5-11 玻璃釉电容器（用于半导体电路和小型电子仪器中的交、直流电路或脉冲电路）

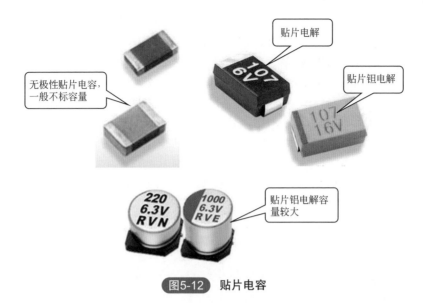

图5-12　贴片电容

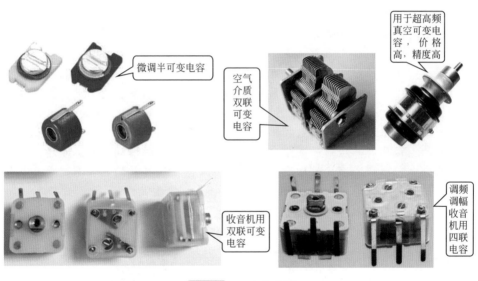

图5-13　可变电容器

5.2 电容器的主要参数

电容器的主要参数有标称容量、允许偏差、额定工作电压、温度系数、漏电流、绝缘电阻、损耗角正切值和频率特性。

（1）电容器的标称容量　电容器上标注的电容量称为标称容量，即表示某具体电容器容量大小的参数。

标称容量也分许多系列，常用的是 E6、E12 系列，这两个系列的设置同电阻器一样。电容基本单位是法［拉］，用字母"F"表示，此外有毫法（mF）、微法（μF）、纳法（nF）和皮法（pF）。它们之间的关系为 $1=10^3mF=10^6\mu F=10^9nF=10^{12}pF$。

（2）**电容器的允许误差** 电容器的允许偏差含义与电阻器相同，即表示某具体电容器标称容量与实际容量之间的误差。固定电容器允许偏差常用的是 ±5%、±10% 和 ±20%。通常容量越小，允许偏差越小。

电容上标注的电压

图5-14 电容器上标有的额定电压

（3）**电容器的额定工作电压** 额定工作电压是指电容器在正常工作状态下，能够持续加在其两端的最大直流电压或交流电压的有效值。通常情况下电容器上都标有其额定电压，如图 5-14 所示。

额定电压是一个非常重要的参数，通常电容器都是工作在额定电压下。如果工作电压大于额定电压，那么电容器将有被击穿的危险。

常用的固定电容器工作电压有 6.3V、10V、16V、25V、50V、63V、100V、400V、500V、630V、1000V、2500V。

（4）**电容器的温度系数** 温度系数是指在一定环境温度范围内，单位温度变化对电容器容量变化的影响。温度系数分正温度系数和负温度系数，其中具有正温度系数的电容器随着温度的增加则电容量增加，反之具有负温度系数的电容器随着温度的增加则电容量减少。温度系数越低，电容器就越稳定。

> 提示：在电容器电路中往往有很多电容器进行并联。并联电容器往往有这样的规律：几个电容器有正温度系数，而另外几个电容器有负温度系数。这样做的原因在于：在工作电路中，电容器自身温度会随着工作时间的增加而增加，致使一些温度系数不稳定的电容器的电容发生改变而影响正常工作，而正负温度系数的电容器混并后则一部分电容器随着工作温度的增高而电容量增高，而另一部分电容器随着温度的增高而电容量却减少，这样总的电容量则更容易控制在某一范围内。

5.3 用指针万用表检测电容器

（1）**用指针万用表检测固定电容器**

① 使用万用表检测小于 10nF 的电容器　对于 0.01μF 以下的固定电容器，因为其容量太小，用万用表测量时只能定性地检查出电容器是否有漏电以及内部是否短路或击穿情况，并不能定性判断其质量（图 5-15）。测量时为保证测量准确性，应首先用一小电阻器给其放电。然后选用万用表的 R×10k 挡，用两表笔分别任意接触电容器的两个引脚，观察万用表指针有无偏转，交换表笔再测一次（图 5-16）。

观察指针变化，正常情况下指针均应有一个向右的摆动，然后缓慢移到无穷大，若测出阻值较小或为零，则说明电容器已漏电损坏或存在内部击穿；若指针从始至终均未发生摆动，说明该电容器内部已发生断路。

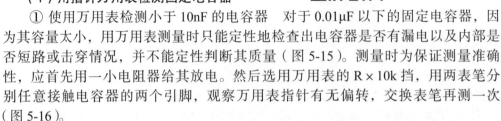

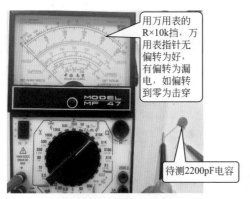

用万用表的R×10k挡，万用表指针无偏转为好，有偏转为漏电，如偏转到零为击穿

待测2200pF电容

图5-15 第一次测量

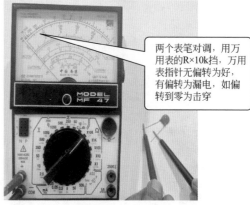

两个表笔对调，用万用表的R×10k挡，万用表指针无偏转为好，有偏转为漏电，如偏转到零为击穿

图5-16 第二次测量

对于 0.01μF 以下固定电容器的检测，还可以使用附加电路的方法，利用复合三极管放大作用进行检测，选两只 β 均在 100 以上且穿透电流小的三极管组成复合电路，如图 5-17 所示。由于复合三极管的放大作用，被测电容器的充放电过程将被予以放大，使万用表指针摆幅加大，从而便于观察。首先检测被测电容器是否有充电现象，进而判断其好坏。选用万用表 R×10k 挡，然后将万用表的红表笔和黑表笔分别与复合管的发射极和集电极相接，观察指针偏转后是否能够回到无穷大。接着交换表笔再测一次，若两次中有一次不能回到无穷大则证明电容器已经损坏。

当两表笔分别接触电容器的两根引线时，指针首先朝顺时针方向（向右）摆动（此过程为电容器的充电过程），然后又慢慢地向左回归。当指针静止时所指的电阻值就是该电容器的漏电电阻。在测量中如指针距无穷大较远，表明电容器漏电严重，不能使用。有的电容器在测漏电阻时，指针退回到无穷大位置后又沿顺时针摆动，这表明电容器漏电更加严重。

② 使用万用表检测大于 10nF 的电容器 对于 0.01μF 以上的固定电容器，可直接用万用表的 R×10k 挡测试电容器有无充电过程以及有无内部短路或漏电。首先用一只电阻器给待测电容放电，如图 5-18 所示，接着选择万用表的 R×10k 挡并用两表笔分别任意接触待测电容器的两个引脚，然后观察万用表指针偏转，如图 5-19 所示。交换表笔再测一次，如图 5-20 所示。

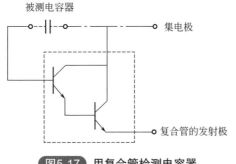

被测电容器

集电极

复合管的发射极

图5-17 用复合管检测电容器

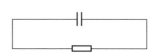

图5-18 待测电容器的放电示意图

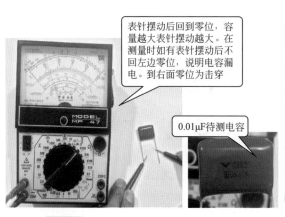

表针摆动后回到零位，容量越大表针摆动越大。在测量时如有表针摆动后不回左边零位，说明电容漏电。到右面零位为击穿

0.01μF待测电容

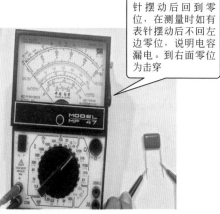

对调表笔测量，表针摆动后回到零位，在测量时如有表针摆动后不回左边零位，说明电容漏电。到右面零位为击穿

图5-19 第一次测电容两极间阻值变化　　　图5-20 第二次测电容两极间阻值变化

观察表针变化，正常情况下两次测量指针应首先朝顺时针方向（向右）摆动（此过程为电容器的充电过程），然后又慢慢地向左回归到无穷大。若测出阻值较小或为零，则说明电容器已漏电损坏或存在内部击穿；若指针从始至终未发生摆动，说明电容器两极之间已发生断路。经上述推论该电容器基本正常。

（2）用指针万用表检测电解电容器　电解电容器常出现的问题有击穿、漏电、容量减小或消失等。通常可通过在开路状态下检测电解电容器的阻值来判断其性能的好坏。

电解电容器开路测量的步骤如下：

① 用电烙铁将待测电容器取下，如图 5-21 所示；并对待测电容器的两引脚进行清洁，如图 5-22 所示。

用干净的抹布清洁引脚

图5-21 用电烙铁将待测电容器取下　　　图5-22 清洁待测电容器的两引脚

② 检查待测电容器的外观完好，如果出现漏液或引脚折断，则该电容器已损坏。

③ 通过引脚的长短及电容器侧面标志判断电容器极性，如图 5-23 所示。电容器的正极引脚通常比较长，而负极侧则标有 "−"。

④ 测量前需对电容器进行放电，可以采用将一阻值较小的电阻器的两引脚与电解电容器的两引脚相接的方法，如图 5-24 所示。

⑤ 将万用表调到电阻挡的 R × 1k 挡，并进行调零校正，如图 5-25 所示。

⑥ 将红表笔接电容器的负极引脚，黑表笔接电容器的正极引脚，观察万用表读数变化，如图 5-26 所示。指针首先朝顺时针方向（向右）摆动（此过程为电容器的充电过程），然后又慢慢地向左回归到无穷大，因此待测电解电容器基本正常。如果此时指针摆动一定角度后随即向回调了一点（即所测阻值较小），说明该电容

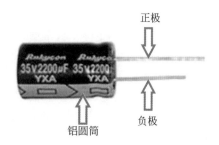

图5-23 电解电容器的标志及引脚长度

器漏电严重不能再使用。如果此时指针根本未发生摆动，说明该电解电容器的电解质已干涸，已经没有电容量。如果阻值为零，说明电容器已发生击穿。

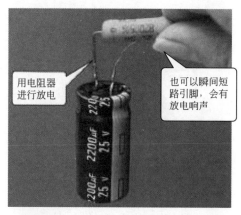

用电阻器进行放电

也可以瞬间短路引脚，会有放电响声

图5-24 用电阻器对电解电容器进行放电

图5-25 选择万用表的R×1k挡并调零校正

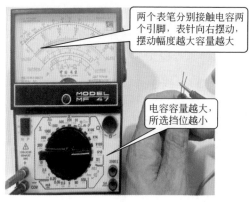

两个表笔分别接触电容两个引脚，表针向右摆动，摆动幅度越大容量越大

电容容量越大，所选挡位越小

(a)第一次测量

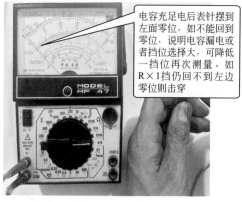

电容充足电后表针摆到左面零位，如不能回到零位，说明电容漏电或者挡位选择不当，可降低一挡位再次测量。如R×1挡仍回不到左边零位则击穿

(b)第二次测量

图5-26 电解电容器的检测

通过测量结果的对比，还可以判断电解电容器的极性。如不知道电解电容器的极性，可以对两引脚进行测量并记录阻值，然后交换两表笔再测一次，比较两次测量的大

小，通常电解电容器的正向电阻要比反向电阻大很多，测得电阻较大的一次黑表笔所接的是电解电容器的正极（数字型万用表测试测得电阻较大的一次红表笔所接的是正极）。

有些漏电的电容用上述方法不易准确判断出好坏，当电容器的耐压值大于万用表内电池的电压值时，根据电解电容器正向充电时漏电流小、反向充电时漏电流大的特性，可采用 R×10k 挡，为电容器反向充电，观察指针停留位置是否稳定，即反向漏电流是否恒定，由此判断电容器是否正常的准确性较高。例如，黑表笔接电容器的负极、红表笔接电容器的正极时，指针迅速向右偏转，然后逐渐退至某个位置（多为"0"的位置）停止不动，则说明被测电容器正常；若指针停留在 50 ~ 200kΩ 的某一位置或停留后又逐渐慢慢向右移动，说明该电容器已漏电。

（3）用指针万用表检测贴片电容器　贴片电容器检测如图 5-27 和图 5-28 所示。

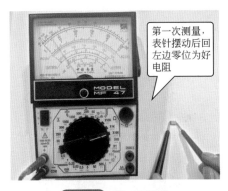

图5-27　第一次测量

图5-28　第二次测量

（4）指针表检测可变电容器　对于可变电容器，首先用手缓缓旋动转轴，转轴转动应该十分平滑，不应有时紧时松甚至卡滞的现象。将载轴向各个方向推动时，不应该有松动现象。

用一只手旋动转轴，速度要慢，用另一只手轻触动片组外缘，检查是否有松脱。若转轴与动片之间已经接触不良，就不能再继续使用了。如图 5-29 所示。

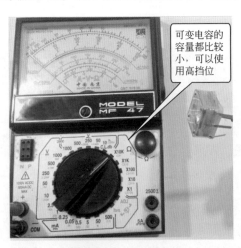

图5-29　选高挡位测量

① 第一步测量漏电：将一支表笔接中间脚或者中心转轴，另一支表笔分别测量两个边脚，表针不需要摆动，如摆动说明有漏电和断路现象，不能使用。如图 5-30 所示。

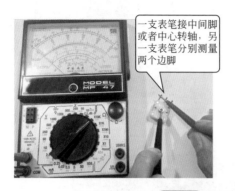 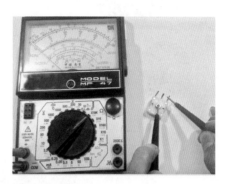

一支表笔接中间脚或者中心转轴，另一支表笔分别测量两个边脚

图5-30 测量中间脚与两边脚

测量辅助可变电容是否有短路漏电现象，分别用两个表笔接触两只辅助电容的两端，表针不应摆动，否则击穿或漏电。如图 5-31 所示。

测量辅助可变电容

图5-31 测量辅助电容

② 第二步检查动片与静片之间旋转后有无漏电现象：将万用表调到 R×10k 挡，其中一只手将两个表笔分别接到可变电容定片和动片的引出端，另一只手将转轴缓缓旋动，万用表指针始终应趋于无穷大。若在旋动转轴的过程中，指针有时出现指向零的情况，证明动片和定片之间存在短路点；如果旋转到某一位置时，万用表读数不是无穷大而是出现一定阻值，说明可变电容器动片与定片之间已经发生漏电。图 5-32、图 5-33 所示。

（5）**指针万用表检测电路中的电容器的好坏** 由于电路中有许多电器元件并联，因此在路测量不能直接判断电容容量，一般不为零即可，要想准确判断出电容的好坏，还是要从电路中取下电容判断。如图 5-34 所示。

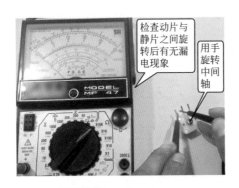

图5-32 检查动静片一

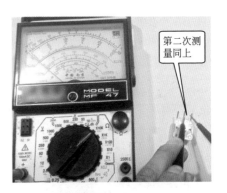

图5-33 检查动静片二

图5-34 直接在路测量电容

5.4 用数字万用表检测电容器

用数字型万用表测量电容器的方法比较简单，首先将功能开关置于电容量程"C（F）"，再将电容器插入测试座中，显示屏就可以显示电容器的容量。若数值小于标称值，说明电容器容量减小；若数值大于标称值，说明电容器漏电。

如图 5-35 所示，若待测电解电容器的容量为 1μF，将万用表置于"2μ"电容挡，再将该电容器插入电容测试座中，显示屏显示为"1.01"，说明该电容器的容量值为 1μF。

提示：测量电容器时，应将电容器插入专用的电容测试座中，不要插入表笔插孔内；每次切换量程时都需要一定的复零时间，待复零结束后再插入待测电容器；测量大电容器时，显示屏显示稳定的数值需要一定的时间。

数字万用表在电路中测量电容与 5.3 节（5）同，可扫二维码学习，如图 5-36 所示。

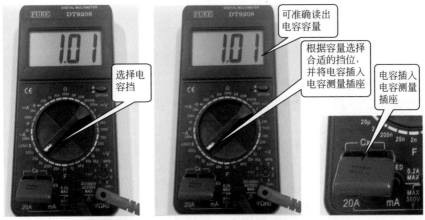

图5-35 用数字万用表电容挡测量电容器示意图

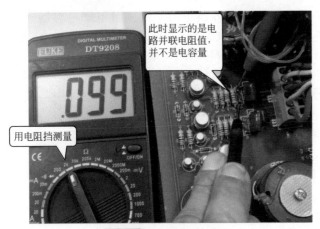

图5-36 在电路中测量

5.5 用电容表测量电容器

用电容表测量电容器如图 5-37 和图 5-38 所示。电容无法插入插孔时，直接用表

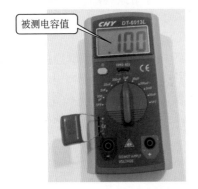

图5-37 选择合适的挡位、插入电容并读数

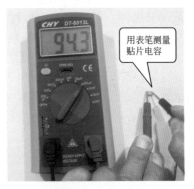

图5-38 测量贴片电容

笔接电容的引脚就可以测量。

5.6 电容器的代换

电容器损坏形式多种多样，如击穿、漏液、烧焦、引脚折断等。大多数情况下，电容器损坏后都不能修复，只有电容器引脚折断可以通过重新焊接继续使用。

（1）普通电容器的代换　普通电容器在选用与代换时其标称容量、允许偏差、额定工作电压、绝缘电阻、外形尺寸等都要符合应用电路的要求。玻璃釉电容器与云母电容器一般用于高频电路和超高频电路；涤纶电容器一般用于中低频电路；聚苯乙烯电容器一般用于音响电路和高压脉冲电路；聚丙烯电容器一般用于直流电路、高频脉冲电路；Ⅱ类瓷介电容器常用于中低频电路，而Ⅲ类瓷介电容器只能用于低频电路。

（2）电解电容器的代换　电解电容器中的非固体钽电解电容器一般用于通信设备及高精密电子设备电路；铝电解电容器一般用于电源电路、中频电路、低频电路；无极性电解电容器一般用于音箱分频电路、电视机的帧校正电路、电动机启动电路。对于一般电解电容器，可以用耐压值较高的电容器代换容量相同但耐压值低的电容器。用于信号耦合、旁路的铝电解电容器损坏后，可用与其主要参数相同的钽性能更优的钽电解电容器代换。电源滤波电容器和退耦电容器损坏后，可以用较其容量略大、耐压值与其相同（或高于原电容器耐压值）的同类型电容器更换。

（3）电容器代换时的注意事项

① 起定时作用的电容器要尽量用原值代替。

② 不能用有极性电容器代替无极性电容器。

③ 代用电容器在耐压和温度系数方面不能低于原电容器。

④ 各种电容器都有各自的个性，在使用中一般情况下只要容量和耐压等符合要求，它们之间就可以进行代换。但是有些情况代换效果会不太好，例如用低频电容器代替高频电容器后高频损耗会比较大。严重时电容器将无法起到相应的功能，但是高频电容器可以代替低频电容器。

⑤ 操作时一般首先取下原损坏电容，然后接上新的电容器。容量比较小的电容器一般不分极性，但是对于有极性电容器一定不要接反。

（4）电解电容器使用时的注意事项

① 电解电容器由于有正负极性，因此在电路中使用时不能颠倒连接。当电源电路中的滤波电容器极性接反时，因电容器的滤波作用大大降低，一方面引起电源输出电压波动，另一方面因反向通电使此时相当于一个电阻的电解电容发热。当反向电压超过某值时，电容器的反向漏电电阻将变得很小，这样通电工作不久，即可使电容器因过热而炸裂损坏。

② 加在电解电容器两端的电压不能超过其允许工作电压，在设计实际电路时应根据具体情况留有一定的余量。如果交流电源电压为220V，变压器二次侧的整

流后电压为 22V，此时选择耐压为 25V 的电解电容器一般可以满足要求。但是，假如交流电源电压波动很大且有可能上升到 250V 以上，最好选择 1.5 倍或以上的耐压值。

③ 电解电容器在电路中不应靠近大功率发热元件，以防因受热而使电解液加速干涸。

④ 对于有正负极性信号的滤波，可采取两只电解电容器同极性串联的方法，当作一个无极性电容器。

第6章

电感器的检测与应用

6.1 认识电感器

（1）**电感器的作用**　电感器（简称电感），是一种电抗元件，在电路中用字母"L"表示。电感器是一种能够把电能转化为磁能并储存起来的元器件，其主要功能是阻止电流的变化。当电流从小到大变化时，电感器阻止电流的增大。当电流从大到小变化时，电感器阻止电流减小；它在电路中的主要作用是扼流、滤波、调谐、延时、耦合、补偿等。

电感器的结构类似于变压器，但只有一个绕组。电感器又称扼流器、电抗器或动态电抗器。如图6-1所示为电路中常见电感器的外形及图形符号。

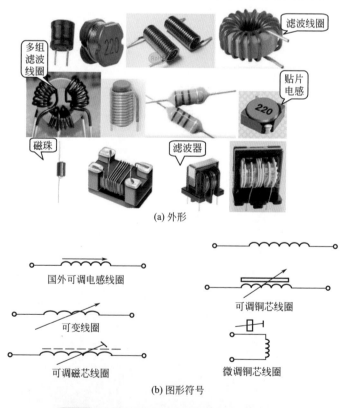

(a) 外形

国外可调电感线圈

可变线圈

可调磁芯线圈

可调铜芯线圈

微调铜芯线圈

(b) 图形符号

图6-1 电路中常见电感器的外形及图形符号

（2）**电感器的型号命名**　国产电感器型号命名一般由三个部分构成，依次为名称、电感量和电感器允许偏差，如图 6-2 所示。

电感器允许偏差，K表示±10%

电感量，101表示100μH

名称，用字母L(或PL)表示

图6-2 电感器的型号命名

PL101K 表示标称电感量为100μH、允许偏差为 ±10% 的电感器。表6-1 和表6-2 分别为电感量符号含义对照表和电感器允许误差范围字母含义对照表。

表6-1 电感器电感量符号含义对照表

数字与字母符号	数字符号	含　义
2R2	2.2	2.2μH
100	10	10μH
101	100	100μH
102	1000	1mH
103	10000	10mH

表6-2 电感器误差范围字母含义对照表

字母	含义
J	±5%
K	±10%
M	±20%

（3）**电感器的分类**　电感器按结构可分为单层线圈、多层线圈和蜂房式线圈等，如图 6-3 所示。

(a) 单层线圈　　　　(b) 多层线圈　　　　(c) 蜂房式线圈

图6-3 电感线圈按结构分类

① 空心电感器。空心电感器中间没有磁芯，如图 6-4 所示。通常电感量与线圈的匝数成正比，即线圈匝数越多，电感量越大；线圈匝数越少，电感量越小。在需

要微调空心线圈的电感量时，可以通过调整线圈之间的间隙得到所需要的数值。但此处需要注意的是，通常对空心线圈进行调整后要用石蜡加以密封固定，这样不仅可以使电感器的电感量更加稳定，而且可以防止潮损。

空心电感器的电感量小，无记忆，很难达到磁饱和，所以得到了广泛的应用。

提示： 所谓磁饱和就是周围磁场达到一定饱和度后磁力不再增加，也就不能工作在线性区域了。

② 铁氧体电感器。铁氧体不是纯铁，是铁的氧化物，主要由四氧化三铁（Fe_3O_4）、三氧化二铁（Fe_2O_3）和其他一些材料构成，是一种磁导体。而铁氧体电感器就是在铁氧体的上面或外面绕线制成的。这种电感器的优点是电感量大、频率高、体积小、效率高，但存在容易磁饱和的缺点。常见的铁氧体线圈的外形及图形符号如图 6-5 所示。

(a) 外形

(b) 图形符号

图6-4 空心电感器的外形及图形符号

(a) 外形

(b) 图形符号

图6-5 铁氧体线圈的外形及图形符号

大屏幕彩色、彩显行输出电路用的行线性校正线圈和枕形失真校正线圈是铁氧体线圈。同样，黑白电视机、彩电、彩显采用的偏转线圈也是铁氧体电感器。

③ 贴片电感器。贴片电感器又称为功率电感器、大电流电感器，一般是在陶瓷或液晶玻璃基片上沉淀金属导片而制成的。贴片电感具有小型化、高品质因数、高能量储存和低电阻的特性，图 6-6 所示为电路板中常见的贴片电感器。

贴片电感器

图6-6 电路板中常见的贴片电感器

④ 磁棒电感器。磁棒电感器的基本结构是在线圈中安插一个磁棒制成的，磁棒可以在线圈内移动，用以调整电感的大小。通常将线圈作好调整后要用石蜡固封在

磁棒上，以防止磁棒的滑动而影响电感量。磁棒电感的结构如图 6-7 所示。

图6-7 磁棒电感器的结构

⑤ 色环电感器。色环电感器的外形和普通电阻器基本相同，它的电感量标注方法与色环电阻器一样，用色环来标记。色环电感器的外形如图 6-8 所示，它的图形符号和空心线圈或铁氧体线圈的图形符号相同。

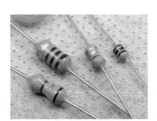

图6-8 色环电感器的外形

⑥ 互感滤波器。互感滤波器又称电磁干扰电源滤波器，是由电感器、电容器构成的无源双向多端口网络滤波设备。互感滤波器的主要作用是消除外交流电中的高频干扰信号进入开关电源电路，同时也防止开关电源的脉冲信号对其他电子设备造成干扰。互感滤波器由 4 组线圈对称绕制而成，如图 6-9 所示。

图6-9 互感滤波器

6.2 电感器的主要参数

① 电感量。电感量也称自感系数，是表示电感器产生自感应能力的一个物理量。电感器电感量的大小，主要取决于线圈的圈数（匝数）、绕制方式、有无磁芯及磁芯材料等。通常，线圈圈数越多，绕制的线圈越密集，电感量就越大。有磁芯的线圈比无磁芯的线圈电感量大；磁芯磁导率越大的线圈，电感量也越大。

电感量 L 是线圈本身的固有特性，电感量的基本单位是亨利（简称亨），用字母"H"表示。常用的单位还有毫亨（mH）和微亨（μH），它们之间的关系是：$1H=10^3mH$，$1mH=10^3μH$。

② 允许偏差。允许偏差是指电感器上的标称电感量与实际电感量的允许误差值。

一般用于振荡电路或滤波电路中的电感器精度要求比较高，允许偏差为 $±0.2\% \sim ±0.5\%$；而用于耦合电路或高频阻流电路的电感量精度要求不是太高，允许偏差在 $±10\% \sim 15\%$。

③ 品质因数。品质因数表示电感线圈品质的参数，亦称作 Q 值。线圈在一定频率的交流电压下工作时，其感抗 X_L 和等效损耗电阻之比即为 Q 值。

由表达式 $Q=2\pi L/R$ 可见，线圈的感抗越大，损耗电阻越小，其 Q 值就越高。

提示：损耗电阻在频率 f 较低时可视作基本上以线圈直流电阻为主；当 f 较高时，因线圈骨架及浸渍物的介质损耗、铁芯及屏蔽罩损耗、导线高频集肤效应损耗等影响较明显，R 就应包括各种损耗在内的等效损耗电阻，不能仅计直流电阻。

④ 分布电容。分布电容是指线圈的匝与匝之间、线圈与磁芯之间、线圈与地之间以及线圈与金属之间都存在的电容。电感器的分布电容越小，其稳定性越好。分布电容能使等效耗能电阻变大，品质因数变大。减少分布电容常用丝包线或多股漆包线，有时也用蜂窝式绕线法等。

⑤ 感抗。交流电也可以通过线圈，但是线圈的电感对交流电有阻碍作用，这个阻碍称为感抗。交流电越难以通过线圈，说明电感量越大，电感的阻碍作用就越大；交流电频率高也难以通过线圈，电感的阻碍作用也大。实验证明，感抗和电感成正比，和频率也成正比。如果感抗用 X_L 表示，电感用 L 表示，频率用 f 表示，那么其计算公式为 $X_L=2\pi fL=\omega L$，感抗的单位是 Ω。知道了交流电的频率 f（Hz）和线圈的电感 L（H），就可以用上式把感抗计算出来。人们可利用电流与线圈的这种特殊性质来制成不同大小数值的电感器件，以组成不同功能的电路系统网络。

⑥ 额定电流。额定电流是指电感器在正常工作时所允许通过的最大电流值。若工作电流超过额定电流，电感器会因发热而使性能参数发生改变，甚至还会因过电流而烧毁。

⑦ 直流电阻。直流电阻即电感线圈自身的直流电阻，可用万用表或欧姆表直接测得。

6.3 用数字万用表检测普通电感

将电感器件从线路板上焊开一脚，或直接取下，测线圈两端的阻值，如线圈用线较细或匝数较多，指针应有较明显的摆动，一般为几欧姆至十几欧姆之间；如阻值明显偏小则线圈匝间短路。如线圈线径较粗，电阻值小于1Ω，可用数字万用表的欧姆挡小值挡位。可以较准确地测量1Ω左右的阻值。应注意的是：被测电感器直流电阻值的大小与绕制电感器线圈所用的漆包线径、绕制圈数有关，只要能测出电阻值，则可认为被测电感器是正常的。

（1）用电阻挡测量时，将万用表置200Ω低挡位红、黑表笔接触线圈的两端，显示屏应显示电阻值，如无电阻值显示，则线圈断路。如图6-10所示。

（2）用蜂鸣器挡（一般都是二极管挡）测试时，如果线圈是通的，应有蜂鸣声，指示灯亮，否则为断路。如图6-11所示。

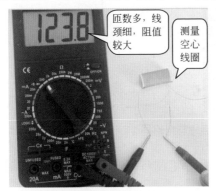

图6-10 测量空心线圈

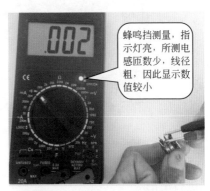

图6-11 数字表蜂鸣挡测滤波电感

6.4 用数字万用表检测滤波电感

滤波电感一般有两组以上线圈，在检测时直接选用低阻挡测量每个绕组阻值即可，阻值一般都很小，如无阻值则一般为开路。如图6-12、图6-13所示。

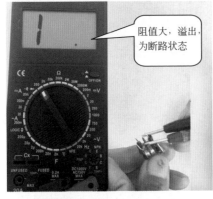

图6-12 电阻挡测滤波电感一

图6-13 电阻挡测滤波电感二

6.5 用数字万用表在电路中检测普通电感器

用数字型万用表检测普通电感器的方法如下：

① 首先断开电路板电源，接着对待测电感器进行观察，看待测电感器是否发生损坏，有无烧焦、虚焊等情况。如果有，则说明电感器损坏。好的电感器线圈绕线应排列有序，不松散、不变形，不应有松动。图 6-14 所示为一电路板上的普通电感器。

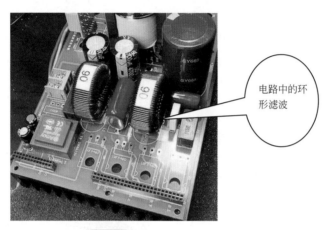

电路中的环形滤波

图6-14 电路板上的普通磁环电感器

② 如果待测电感器没有明显的物理损坏，用小毛刷将待测电感器的引脚、磁环线圈进行清洁。

③ 将数字型万用表的挡位调到电阻挡的"200"挡，把两表笔分别与电感器的两引脚相接（见图 6-15），此时表盘显示数值应接近于"00.0"，如果表盘数值没有任何变化，说明该电感器内部已经发生断路；如果表盘数值来回跳跃，说明该电感器内部出现接触不良。

用电阻挡测量

图6-15 电感器两引脚间阻值的测量

经检测两引脚的阻值为 0 ~ 6Ω，且读数稳定不跳动，符合电感器的使用要求。

　　如果用蜂鸣挡测量，只要有蜂鸣声、指示灯亮即表示电感是好的。所显示数值仅供参考用，并不是电感电阻值。如图6-16、图6-17所示。

图6-16　蜂鸣挡测电感

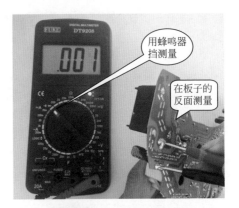

图6-17　在电路板反面测量

　　④ 检测电感绝缘情况，将数字型万用表的挡位调到"200M或2000M"挡，检测电感器的绝缘情况，线圈引线与线圈骨架之间的阻值应为无穷大，否则说明该电感器绝缘性差。图6-18所示为用万用表检测线圈引线与铁芯间绝缘性能的方法。

　　经检测该电感器绝缘性能良好，因此该电感器功能良好，可以继续使用。

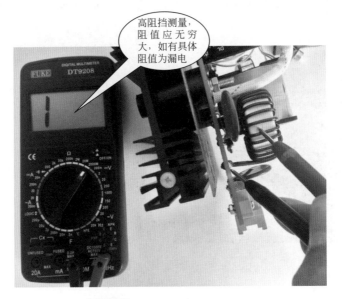

图6-18　电感器绝缘电阻的测量

6.6　用数字万用表检测贴片电感器

　　① 首先断开电路板电源，接着对待测电感器进行观察，看待测贴片电感器是否

发生损坏，有无烧焦、虚焊等情况。如果有，则说明电感器发生损坏。图 6-19 所示为电路板上的贴片电感器。

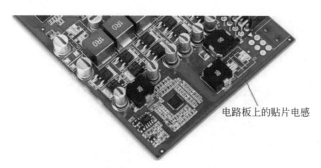

电路板上的贴片电感

图6-19 电路板上的贴片电感器

② 如果待测电感器没有明显的物理损坏，用小毛刷将待测贴片电感的四周进行清洁。

③ 将数字型万用表的挡位调到电阻挡的 200 挡，把两表笔分别与贴片电感器的两引脚相接，如图 6-20 所示。表盘显示数值应接近于 "00.0"，如果表盘数值没有任何变化，说明该电感器内部已经发生断路；如果表盘数值来回摆动，说明该电感器内部出现接触不良。

经检测两引脚的阻值为 11.6Ω，且读数稳定不跳动，符合电感器的使用要求。

电路板上的贴片电感，两个表笔不分正负极

显示阻值较小为好

图6-20 电感器两引脚间阻值的测量

6.7 用指针万用表检测普通电感器

用指针型万用表检测普通电感器的方法如下：

① 断开电路板电源，接着对待测电感器进行观察，看待测电感器是否发生损

坏，有无烧焦、虚焊等情况。如果有，则说明电感器损坏，好的电感器线圈绕线应排列有序，不松散、不变形，不应有松动。

② 如果待测电感没有明显的物理损坏，用小毛刷将待测电感器的引脚、磁环线圈进行清洁。

③ 将指针型万用表的挡位调整到 R×1 挡，并调零。接着把两表笔分别与电感器的两引脚相接，如图 6-21 所示。表盘的指针应指在 "0Ω" 刻度线左右，如果万用表指针没有任何变化，说明该电感器内部已经发生断路，如果指针来回摆动，说明该电感器内部已出现接触不良。

经检测两引脚间的阻值非常接近于 0Ω，且指针停滞后非常稳定，符合使用要求。

④ 检测电感绝缘情况。将指针型万用表的挡位调到 R×10k 挡（并进行调零），检测电感器的绝缘情况，线圈引线与线圈骨架之间的阻值应为无穷大，否则说明该电感器绝缘性差。图 6-22 所示为用万用表检测线圈引线与铁芯间绝缘性能的方法。

经检测该电感器绝缘性良好，因此该电感器功能良好，可以继续使用。

图6-21 电感器两引脚间阻值的测量

图6-22 电感器绝缘电阻的测量

6.8 用指针万用表检测贴片电感器

① 首先断开电路板电源，接着对待测电感器进行观察，看待测贴片电感器是否发生损坏，有无烧焦、虚焊等情况。如果有，则说明电感器发生损坏。

② 如果待测电感器没有明显的物理损坏，用小毛刷将待测贴片电感器的四周进行清洁。

③ 将指针型万用表的挡位调到 R×1 挡（并进行调零），接着把两表笔分别与贴片电感器的两引脚相接（见图 6-23），表盘的指针应指在 "0Ω" 刻度线左右，如果表盘指针没有任何变化，说明该电感器内部已经发生断路；如果表盘指针来回摆动，说明该电感器内部出现接触不良。

经检测电感器两引脚的阻值为 11.6Ω，且指针稳定不摆动，符合电感器的使用要求。

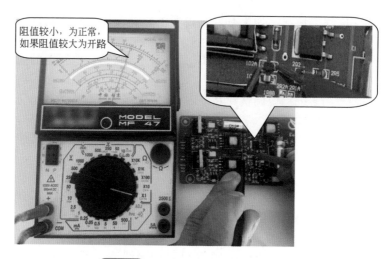

图6-23 电感器两引脚间阻值的测量

6.9 用指针万用表检测滤波电感

滤波电感一般有两组以上线圈，在检测时直接选用低阻挡测量每个绕组阻值即可，阻值一般都很小，如无阻值则一般为开路。如图 6-24 所示。

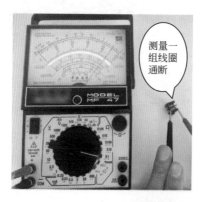
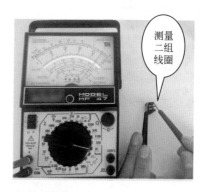

图6-24 指针表检测滤波器

6.10 用指针万用表在电路中检测普通电感器

通断检测 用指针万用表检测普通电感器的方法如下：

① 首先断开电路板的电源，接着对待测电感器进行观察，看待测电感器是否发生损坏，有无烧焦、虚焊等情况。如果有，则电感器损坏。好的电感器线圈绕线应排列有序，不松散、不会变形，不应有松动，如图 6-25 所示对电路板上的普通电感器进行通断检测。

图6-25 电感器两引脚间阻值的测量（通断检测）

② 如果待测电感没有明显的物理损坏，用小毛刷对待测电感的引脚、磁环线圈进行清洁。

③ 将指针万用表的挡位调到电阻挡的"R×1"挡，把两表笔分别与电感器的两引脚相接，如果6-25所示，表盘显示数值应接近于"0"，如果表盘数值没有任何变化，说明该电感器内部已经发生断路，如果表盘数值来回跳跃，说明电感器内部出现接触不良。

经检测两引脚的阻值为0.Ω，且读数稳定不跳动符合电感器的使用要求。如果正面没法测量，则可将板子反过来在背面测量电感。如图6-26所示。

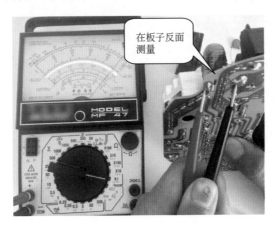

图6-26 在板子反面测量

6.11 电感器的选配和代换

电感器损坏严重时，需要更换新品。更换时最好选用原类型、同型号、同参数的电感器，还应注意电感器的形状必须与电路板间的配合。如果实在找不到原型号、同参数的电感器，又急需使用时，可用与原参数和型号相电感器进行代换，代换电感器额定电流的大小一般不要小于原电感器额定电流的大小，外形尺寸和阻值范围应同原电感器相近。

在电感器的选配时，主要考虑其性能参数（如电感量、品质因数、额定电流等）及外形尺寸。只要满足这些要求，基本上可以进行代换。

① 通常小型的固定电感器与色码电感器、固定电感器与色环电感器之间，只要外形尺寸相近且电感量、额定电流相同时，便可以直接代换。

② 半导体收音机中的振荡线圈，只要其电感量、品质因数及频率范围相同，即使型号不同，也可以相互代换。例如，振荡线圈 LTF-1-1 可以与 LTF-3 或 LTG-4 之间直接代换。

③ 为了不影响其他电路的工作状态，电视机中的行振荡线圈的选择应尽可能为同型号、同规格的产品。

④ 偏转线圈通常与显像管及行、场扫描电路进行配套使用。但如果其规格、性能参数相近，即使型号不同，也可以相互代换。

维修方法：电感线圈故障主要是短路、开放，如果找到故障点，可将短路点拨开，开路时用烙铁焊接即可。

第7章

变压器检测与维修

7.1 认识变压器

（1）**变压器的作用与符号** 变压器是转换交流电压、电流和阻抗的器件，当一次绕组中通有交流电流时，铁芯（或磁芯）中便产生交流磁通，使二次绕组中感应出电压（或电流）。变压器由铁芯（或磁芯）和绕组组成，绕组有两个或两个以上的线圈，其中接电源的绕组称为一次绕组，其余的绕组称为二次绕组。

变压器利用电磁感应原理，从一个电路向另一个电路传递电能或传输信号。输送的电能的多少由用电器的功率决定。变压器在电路图中用字母"T"表示，常见的几种变压器的外形及图形符号如图 7-1 所示。

（2）**低频变压器的型号命名** 低频变压器的型号命名由下列三部分组成：

第一部分：主称，用字母表示。

第二部分：功率，用数字表示，单位是 W。

第三部分：序号，用数字表示，用来区别不同的产品。

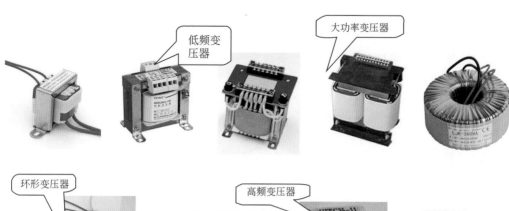

(a) 常见变压器的外形

图7-1

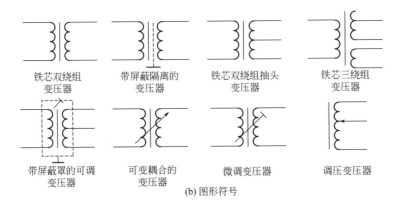

铁芯双绕组　　带屏蔽隔离的　　铁芯双绕组抽头　　铁芯三绕组
变压器　　　　变压器　　　　变压器　　　　变压器

带屏蔽罩的可调　可变耦合的　　微调变压器　　调压变压器
变压器　　　　变压器

(b) 图形符号

图7-1 变压器的外形及图形符号

表 7-1 列出了低频变压器型号主称字母含义。

表7-1 低频变压器型号主称字母及含义对照表

主称字母	含 义	主称字母	含 义
DB	电源变压器	HB	灯丝变压器
CB	音频输出变压器	SB 或 ZB	音频（定阻式）输送变压器
RB	音频输入变压器	SB 或 EB	音频（定压式或自耦式）输送变压器
GB	高压变压器		

（3）调幅收音机中频变压器的型号命名　调幅收音机中频变压器型号命名由下列三部分组成：

第一部分：主称，由字母的组合表示名称、用途及特征。

第二部分：外形尺寸，由数字表示。

第三部分：序号，用数字表示，代表级数。例如，1 表示第一级中频变压器，2 表示第二级中频变压器，3 表示第三级中频变压器。

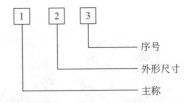

1　2　3

序号

外形尺寸

主称

表 7-2 列出了调幅收音机中频变压器主称代号及外形尺寸数字代号的含义。

表7-2 调幅收音机中频变压器主称代号及外形尺寸数字代号的含义

主 称		尺 寸	
字母	名称、特征、用途	数字	外形尺寸 /mm×mm×mm
T	中频变压器	1	7×7×12
L	线圈或振荡线圈	2	10×10×14
T	磁性瓷芯式	3	12×12×14
F	调幅收音机用	4	20×25×36
S	短波段		

例如，TTF-2-2 表示调幅式收音机用的磁芯式中频变压器，其外形尺寸为 10mm×10mm×14mm。

（4）电视机中频变压器的型号命名　电视机中频变压器的型号命名由下列四部分组成：

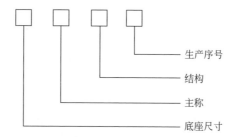

生产序号
结构
主称
底座尺寸

第一部分：用数字表示底座尺寸，如 10 表示 10×10（mm）。
第二部分：主称，用字母表示名称及用途，见表 7-3。
第三部分：用数字表示结构，2 为调磁帽式，3 为调螺杆式。
第四部分：用数字表示生产序号。

表7-3 电视机中频变压器主称代号含义

主称字母	含 义	主称字母	含 义
T	中频变压器	V	图像回路
L	线圈	S	伴音回路

例如，10TS2221 表示为磁帽调节式伴音中频变压器，底座尺寸为 10mm×10mm，产品区别序号为 221。

（5）变压器的分类　变压器种类很多，按用途划分，变压器可以分为电源变压器、调压变压器、高频变压器、中频变压器、音频变压器和脉冲变压器。

① 电源变压器　电源变压器的主要功能是功率传送、电压转换和绝缘隔离，作为一种主要的软磁电磁元件，在电源技术和电力电子技术中应用广泛。电源变压器的种类很多，但基本结构大体一致，主要由铁芯、线圈、线框、固定零件和屏蔽层构成。

图 7-2 所示为电源变压器的外形。

② 音频变压器 音频变压器又称低频变压器，是一种工作在音频范围内的变压器，常用于信号的耦合以及阻抗的匹配。在一些纯供放电路中，对变压器的品质要求比较高。音频变压器主要分为输入变压器和输出变压器。通常它们分别用在功率放大器输出级的输入端和输出端。图 7-3 所示为音频变压器的外形。

耦合及阻抗匹配

图7-2 电源变压器的外形

图7-3 音频变压器的外形

③ 中频变压器 中频变压器又被称为"中周"，是超外差式收音机特有的一种器件。整个结构都装在金属屏蔽罩中，下有引出脚，上有调节孔。中频变压器不仅具有普通变压器转换电压、电流及阻抗的特性，还具有谐振某一特定频率的特性。图 7-4 所示为中频变压器的外形。

④ 高频变压器 高频变压器（又称为开关变压器）通常是指工作于射频范围的变压器，主要应用于开关电源中。通常情况下高频变压器的体积都很小，高频变压器的磁芯虽然小，最大磁通量也不大，但是其工作在高频状态下，磁通量改变迅速，所以能够在磁芯小、线圈匝数少的情况下，产生足够电动势。图 7-5 所示为高频变压器的外形。

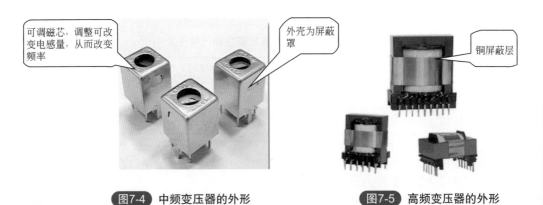

可调磁芯，调整可改变电感量，从而改变频率

外壳为屏蔽罩

铜屏蔽层

图7-4 中频变压器的外形

图7-5 高频变压器的外形

7.2 变压器的主要参数

（1）电压比 变压器两组绕组圈数分别为 N_1 和 N_2，N_1 为一次侧，N_2 为二次侧。

在一次绕组上加一交流电压，在二次绕组两端就会产生感应电动势。当 $N_2>N_1$ 时，其感应电动势要比一次侧所加的电压还要高，这种变压器称为升压变压器；当 $N_2<N_1$ 时，其感应电动势低于一次电压，这种变压器称为降压变压器。一、二次电压和线圈圈数间具有下列关系：

$$n=U_1/U_2=N_1/N_2$$

式中，n 称为电压比（圈数比）。当 $n>1$ 时，$N_1>N_2$，$U_1>U_2$，该变压器为降压变压器；反之，则为升压变压器。

另有电流比 $I_1/I_2=N_2/N_1$，电功率 $P_1=P_2$。

> **提示：** 上面公式只在理想变压器只有一个二次绕组时成立。当有两个二次绕组时，$P_1=P_2+P_3$，$U_1/N_1=U_2/N_2=U_3/N_3$，电流则必须利用电功率的关系式去求，有多个时依此类推。

（2）**额定功率** 额定功率是指变压器长期安全稳定工作所允许负载的最大功率，二次绕组的额定电压与额定电流的乘积称为变压器的容量，即为变压器的额定功率，一般用 P 表示。变压器的额定功率为一定值，由变压器的铁芯大小、导线的横截面积这两个因素决定。铁芯越大，导线的横截面积越大，变压器的功率也就越大。

（3）**工作频率** 变压器铁芯损耗与频率关系很大，故应根据使用频率来设计和使用，这种频率称为工作频率。

（4）**绝缘电阻** 绝缘电阻表示变压器各绕组之间、各绕组与铁芯之间的绝缘性能。绝缘电阻的阻值与所使用绝缘材料的性能、温度高低和温湿程度有关。变压器的绝缘电阻越大，性能越稳定。绝缘电阻计算公式为

绝缘电阻＝施加电压／漏电流

（5）**空载电压调整率** 电源变压器的电压调整率是表示变压器负载电压与空载电压差别的参数。电压调整率越小，表明电压器线圈的内阻越小，电压稳定性越好。电压调整率计算公式为

电压调整率＝（空载电压－负载电压）／空载电压

（6）**效率** 在额定功率时，变压器的输出功率和输入功率的比值，称为变压器的效率，即

$$\eta=\left(P_2\div P_1\right)\times100\%$$

式中，η 为变压器的效率；P_1 为输入功率，P_2 为输出功率。当变压器的输出功率 P_2 等于输入功率 P_1 时，效率 η 等于 100%，变压器将不产生任何损耗。但实际上这种变压器是没有的。变压器传输电能时总要产生损耗，这种损耗主要有铜损和铁损。

变压器的铜损是指变压器绕组电阻所引起的损耗。当电流通过绕组电阻发热时，一部分电能就转变为热能而损耗。由于绕组一般都由带绝缘的铜线缠绕而成，因此称为铜损。

变压器的铁损包括两个方面：一是磁滞损耗，当交流电流通过变压器时，通过变压器硅钢片的磁力线的方向和大小随之变化，使得硅钢片内部分子相互摩擦放出热能，从而损耗了一部分电能，这便是磁滞损耗。另一个是涡流损耗，当变压器工作时，铁芯中有磁力线穿过，在与磁力线垂直的平面上就会产生感应电流，由于此电流自成闭合回路形成环流，且呈旋涡状，故称为涡流。涡流的存在使铁芯发热，消耗能量，这种损耗称为涡流损耗。

变压器的效率与变压器的功率等级有密切关系。通常功率越大，损耗与输出功率就越小，效率也就越高；反之，功率越小，效率也就越低。

（7）温升　温升主要是指绕组的温度，即当变压器通电工作后，其温度上升到稳定值时比周围环境温度升高的数值。

（8）空载电流　变压器二次侧开路时，一次侧仍有一定的电流，这部分电流称为空载电流。空载电流由磁化电流（产生磁通）和铁损电流（由铁芯损耗引起）组成。

（9）频率响应　频率响应用来衡量变压器传输不同频率信号的能力。

在高频段和低频段，由于二次绕组的电感、漏电等造成变压器传输信号的能力下降，使频率响应变差。

（10）变压器的参数标注　变压器一般都采用直接标注法，将额定电压、额定功率、额定频率等用字母和数字直接标注在变压器上，下面通过例子加以说明：

a. 某音频输出变压器的二次绕组引脚处标有 10Ω 的字样，说明该变压器的二次绕组负载阻抗为 10Ω，只能接阻抗为 10Ω 的负载。

b. 某电源变压器的上标出 DB-60-4。DB 表示电源变压器，60 表示额定功率为 $60V \cdot A$，4 表示产品的序号。

c. 有的电源变压器还会在外壳上标出变压器各绕组的结构，然后在各绕组符号上标出电压数值，说明各绕组的输出电压。

7.3 用指针万用表检测变压器

（1）变压器的识别与检测　在电路原理图中，变压器通常用字母 T 表示。如 "T1" 表示编号为 1 的变压器。检测变压器时首先可以通过观察变压器的外貌来检查其是否有明显的异常。如线圈引线是否断裂、脱焊，绝缘材料是否有烧焦痕迹，铁芯紧固螺钉是否有松动，硅钢片有无锈蚀，绕组线圈是否有外露等。用指针万用表检测变压器可扫二维码学习。

① 绝缘性能的检测　用兆欧表（若无兆欧表则可用指针式万用表的 R×10k 挡）分别测量变压器铁芯与初级、初级与各次级、铁芯与各次级、静电屏蔽层与初次级、次级各绕组间的电阻值。应大于 $100M\Omega$ 或表针指在无穷大处不动。否则，说明变压器绝缘性能不良。如图 7-6 ～图 7-8 所示。

② 线圈通断的检测　将万用表置于 R×1 挡检测线圈绕组两个接线端子之间的电阻值，若某个绕组的电阻值为无穷大，则说明该绕组有断路性故障。如阻值很小为短路性故障。此时不能测量空载电流。如图 7-9 ～图 7-11 所示。

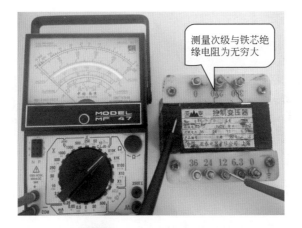

图7-6 测量绝缘电阻（一）

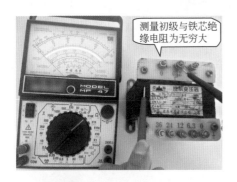

图7-7 测量绝缘电阻（二）

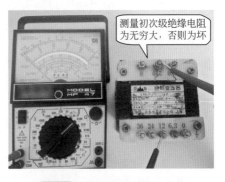

图7-8 测量绝缘电阻（三）

图7-9 线圈通断的检测（一）

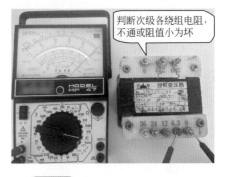

图7-10 线圈通断的检测（二）

③ 初、次级绕组的判别　电源变压器初级绕组引脚和次级绕组引脚通常是分别从两侧引出的，并且初级绕组多标有220V字样，次级绕组则标出额定电压值，如15V、24V、35V等。对于输出变压器，初级绕组电阻值通常大于次级绕组电阻值（初级绕组漆包线比次级绕组细）。如图7-12、图7-13所示。

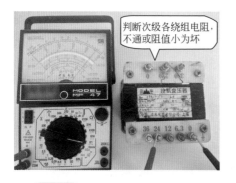

图7-11 线圈通断的检测（三）

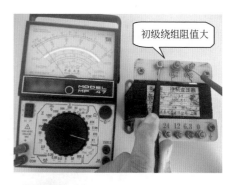

图7-12 初、次级绕组的判别（一）

④ 空载电流的检测（一般不测此项）

a. 将次级绕组全部开路，把万用表置于交流电流挡（通常 500mA 挡即可），并串入初级绕组中。当初级绕组的插头插入 220V 交流市电时，万用表显示的电流值便是空载电流值。此值不应大于变压器满载电流的 10% ~ 20%，如果超出太多，说明变压器有短路性故障。

b. 间接测量法。在变压器的初级绕组中串联一个 10Ω/5W 的电阻，次级仍全部空载。把万用表拨至交流电压挡。加电后，用两表笔测出电阻 R 两端的电压降 U，然后用欧姆定律算出空载电流 $I_空$，即 $I_空=U/R$。

⑤ 空载电压的检测　将电源变压器的初级接 220V 市电，用万用表交流电压接依次测出各绕组的空载电压值应符合要求值，允许误差范围一般为：高压绕组≤±10%，低压绕组≤ ±5%，带中芯抽头的两组对称绕组的电压差应为≤ ±2%。如图 7-14 ~图 7-16 所示。

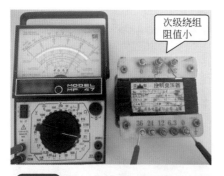

图7-13 初、次级绕组的判别（二）

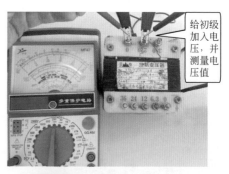

图7-14 空载电压的检测（一）

⑥ 同名端的判别　在使用电源变压器时，有时为了得到所需的次级电压，可将两个或多个次级绕组串联起来使用。采用串联法使用电源变压器时，进行串联的各绕组的同名端必须正确连接，不能搞错，否则，变压器将烧毁或者不能正常工作。判别同名端方法如下：在变压器任意一组绕组上连接一个 1.5V 的干电池，然后将其余各绕组线圈抽头分别接在直流毫伏表或直流毫安表的正负端。无多只表时，可用万用表依次测量各绕组。接通 1.5V 电源的瞬间，表的指针会很快摆动一下，如果

图7-15 空载电压的检测（二）

图7-16 空载电压的检测（三）

指针向正方向偏转，则接电池正极的线头与电表正接线柱的线头为同名端；如果指针反向偏转，则接电池正极的线头与接电表负接线柱的线头为同名端。如图7-17、图7-18所示。

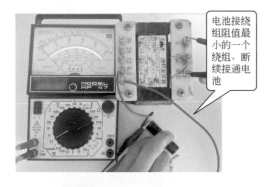

图7-17 同名端的判别（一）

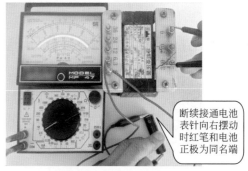

图7-18 同名端的判别（二）

另外，在测试时还应注意以下两点：

a. 若电池接在变压器的升压绕组（既匝数较多的绕组），电表应选用小的量程，使指针摆动幅度较大，以利于观察；若变压器的降压绕组（即匝数较少的绕组）接电池，电表应选用较大量程，以免损坏电表。

b. 接通电源的瞬间，指针会向某一个方向偏转，但断开电源时，由于自感作用，指针将向相反方向倒转。如果接通和断开电源的间隔时间太短，很可能只看到断开时指针的偏转方向，而把测量结果搞错。所以接通电源后要等几秒钟后再断开电源，也可以多测几次，以保证测量结果的准确。

另外还可以应用直接通电判别法，即将变压器初级接入电路，测出次级各绕组电压，将任意两绕组的任意端接在一起，用万用表测另两端电压，如等于两绕组之和，则接在一起的为异名端，如低于两绕组之和（若两绕组电压相等，则可能为0V）则接在一起的两端或两表笔端为同名端。其他依此类推。

提示：测量中不能将同一绕组两端接在一起，否则会短路，烧坏变压器。

（2）在路中的变压器检测　变压器在电路中可以测其线圈导通状态，一般阻值较小，若较大多为变压器开路。如图 7-19、图 7-20 所示。

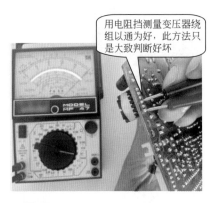

用电阻挡测量变压器绕组以通为好，此方法只是大致判断好坏

图7-19　在路中的变压器检测（一）

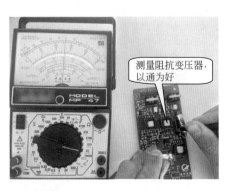

测量阻抗变压器，以通为好

图7-20　在路中的变压器检测（二）

7.4　用数字万用表检测变压器

（1）绝缘性能的检测　将万用表置于 20M 挡，分别测量一次绕组与各二次绕组、铁芯、静电屏幕间电阻的阻值，阻值都应为无穷大，若阻值过小，说明有漏电现象，导致变压器的绝缘性能变差（图 7-21和图 7-22）。用数字万用表检测变压器可扫二维码学习。

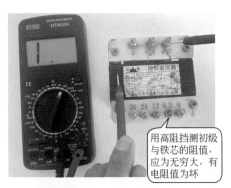

用高阻挡测初级与铁芯的阻值，应为无穷大，有电阻值为坏

图7-21　绝缘性能的检测（一）

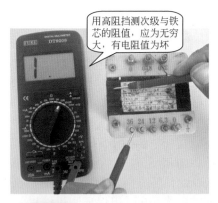

用高阻挡测次级与铁芯的阻值，应为无穷大，有电阻值为坏

图7-22　绝缘性能的检测（二）

（2）判别一、二次绕组及好坏的检测　工频变压器一次绕组和二次绕组的引脚一般都是从变压器两侧引出的，并且一次绕组上多标有"220V"字样，二次绕组则标有额定输出电压值（如 6V、9V、12V、15V、24V 等）。通过这些标记就可以识别出绕组的功能。但有的变压器没有标记或标记不清晰，则需要通过万用表的检测来判断变压器的一、二次绕组。因为工频变压器多为降压型变压器，所以它的一次绕组输入电压高，电流小，漆包线的匝数多且线径细，使得它的直流电阻较大。而二次绕组虽

输出电压低，但电流大，所以二次绕组漆包线的线径较粗且匝数少，使得阻值较小。这样通过测量各个绕组的阻值就能够识别出不同的绕组。典型变压器测量如图7-23～图7-25所示，若输出电压值和功率值相同的变压器，阻值差别较大，则说明变压器损坏。不过，该方法通常用于判断一、二次绕组以及它们是否开路，而怀疑绕组短路时多采用外观检查法、温度法和电压检测法进行判断。

图7-23 判别一、二次绕组（一）

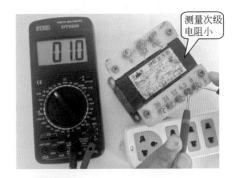

图7-24 判别一、二次绕组（二）

提示： 许多低频工频变压器的一次绕组与接线端子之间安装了温度熔断器，一旦市电电压升高或负载过电流引起变压器过热，该熔断器会过温熔断，产生一次绕组开路的故障。此时小心地拆开一次绕组，就可以看到熔断器，将其更换后就可修复变压器，应急修理时也可用导线短接。

绕组短路会导致市电输入回路的熔断器过电流熔断或产生变压器一次绕组烧断、绕组烧焦等异常现象。

（3）空载电压的检测 为工频变压器的一次绕组提供220V市电电压，用万用表交流电压挡就可以测出变压器二次绕组输出的空载电压值，如图7-26～图7-28所示。

图7-25 判别一、二次绕组（三）

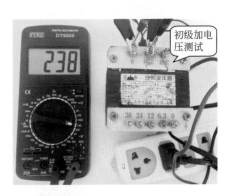

图7-26 空载电压的检测（一）

图7-27 空载电压的检测（二）

图7-28 空载电压的检测（三）

空载电压与标称值的允许误差范围一般为：高压绕组不超出 ±10%，低压绕组不超出 ±5%，带中心抽头的两组对称绕组的电压差应不超出 ±2%。

（4）温度的检测　接好变压器的所有二次绕组，为一次绕组输入220V市电电压，一般小功率工频变压器允许温升为 40 ～ 50℃，如果所用绝缘材料质量较好，允许温升还要高一些。若通电不久，变压器的温度就快速升高，则说明绕组或负载短路。

（5）空载电流的检测　断开变压器的所有二次绕组，将万用表置于交流"500mA"电流挡，并将表笔串入一次绕组回路中，再为一次绕组输入220V市电电压，万用表所测出的数值就是空载电流值。该值应低于变压器满载电流的 10% ～ 20%。如果超出太多，说明变压器有短路性故障。

（6）同名端的判别　数字万用表一般无法判别变压器同名端，但可以应用直接通电法判别，即将变压器一次侧接入电路，测出二次侧各绕组电压，将任意两绕组的任意端接在一起，用万用表测另两端电压，如等于两绕组之和，则接在一起的为异名端；如低于两绕组之和（若两绕组电压相等，则可能为 0V），则接在一起的两端或两表笔端为同名端。其他依此类推（测量中应注意，不能将同一绕组两端接在一起，否则会短路，烧坏变压器）。

（7）开关变压器的检测　用万用表 200Ω 挡或二极管挡测开关变压器每个绕组的阻值，正常时阻值较小。若阻值过大或为无穷大，说明绕组开路；若阻值时大时小，说明绕组接触不良（图 7-29 和图 7-30）。

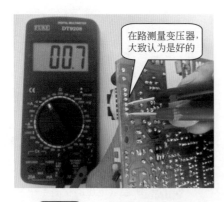

图7-29 在路检测变压器绕组

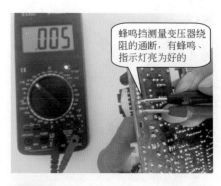

图7-30 蜂鸣挡关变压器的检测示意图

开关变压器的故障率较低，但有时也会出现绕组匝间短路或绕组引脚根部漆包线开路的现象。

由于用万用表很难确认绕组匝间短路，所以最好采用同型号的高频变压器代换检查；当引脚根部的铜线开路时，多导致开关电源没有一种电压输出，在这种情况下可直接更换或拆开变压器后接好开路的部位。

7.5 变压器的选配与代换

（1）**电源变压器的选配与代换**　在对电源变压器进行代换时，只要其铁芯材料、输出功率和输出电压相同，通常是能够直接进行代换的。选择电源变压器时，要与负载电路相匹配，电源变压器应留有功率余量（输出功率应大于负载电路的最大余量），输出电压应与负载电路供电部分交流输入电压相同。常见电源电路可选择使用 E 形铁芯电源变压器。对于高保真音频功率放大器电源电路，最好使用 C 形变压器或环形变压器。

（2）**电视机行输出变压器的选配与代换**　一般电视机行输出变压器损坏后，应尽量选择与原机型号同参数的行输出变压器。不同规格资料、不同型号参数的行输出变压器，其构造、引脚及二次电压值均会有所差异。

对行输出变压器进行选择时，应直观检查其磁芯是否断裂或松动，变压器外观是否有密封不严之处。还应将新的行输出变压器及原机行输出变压器对比测量使用，看引脚及内部绕组是否完全一致。

假如没有同型号参数的行输出变压器进行更换，也可以选择磁芯及各绕组输出电压相同，但引脚号位置不同的行输出变压器来变通代换。

（3）**中频变压器的选配与代换**　在对中频变压器进行选择使用时，最好选择使用同型号参数、同规格资料的中频变压器，否则很难正常工作。

通常中频变压器有固有的谐振频率，调幅收音机中频变压器及调频收音机中频变压器、电视机中频变压器之间也不能互换运用，电视机中伴音中频变压器及图像中频变压器之间也不能互换运用。

在选择时，还应对其绕组进行检验，看是否有断线或短路、绕组及屏蔽罩间相碰。

　　提示：收音机中某中频变压器损坏后，若无同型号参数中频变压器可以更换，也可以用其他型号参数成套中频变压器（多数为三只）代换该机整套中频变压器。代换安装时，中频变压器顺序不能装错，也不能随意调换。

7.6 变压器的维修

变压器常见的故障有：初级线圈烧断（开路）或短路；静电屏蔽层与初级或次级

线圈间短路；次级线圈匝间短路；初、次级线圈对地短路。

当变压器损坏后可直接用同型号代用，代用时应注意功率和输入、输出电压。有些专用变压器还应注意阻抗。如无同行号可采用下述方法维修。

（1）绕制　当变压器损坏后，也可以拆开自己绕制。绕制变压器方法为：首先给变压器加热，拆出铁芯，再拆出线圈（尽可能保留原骨架）。记住初、次线圈的匝数及线径，找到相同规格的漆包线，用绕线机绕制，并按原接线方式接线，再插入硅钢片加热，浸上绝缘染，烘干即可。

线圈快速估算法：由于小型变压器初级匝数较多，计数困难，可采用天平称重法估算匝数。即拆线圈时，先拆除次级线圈，将骨架与初级线圈在天平上称出重量（如为 80g），再拆除线圈，（也可拆除线圈后，直接称出初、次级线圈重量）当重新绕制时，用天平称重，到 80g 时，即为原线圈匝数（经此法绕制的变压器，一般不会影响其性能）。

（2）绕组短路的修理　绕组与静电隔层或铁芯短路时，可将电源变压器与地隔离，电视机即可恢复正常工作。

① 电源变压器的绕组与静电隔离层短路，只要将静电隔离层与地的接头断开即可。

② 电源变压器的绕组与铁芯短路，可用一块绝缘板将变压器与地隔离开。

用上述应急的方法可不必重绕变压器。但由于静电隔离层不起作用，有时会出现杂波干扰的现象。此时可在电源变压器的初级或次级并联一个 0.47μF/600V 的固定电容器解决，或在电源电路上增设 RC 或 LC 滤波网络解决。

（3）其他处理方法　有些电源变压器初级绕组一端串有一只片状保险电阻，该电阻极易烧断开路，从而造成电源变压器初级开路不能工作，通常可取一根导线将其两端短接焊牢即可。

第8章

二极管的检测与维修

8.1 二极管的分类、结构与特性参数

二极管的种类很多，具体分类如图8-1所示。

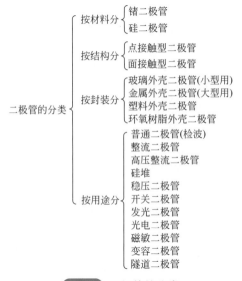

图8-1 二极管的分类

（1）二极管的结构特性

① 二极管的外形及结构。二极管的文字符号为"VD"，常用二极管的外形、结构及图形符号如图 8-2（a）、（b）所示。

② 二极管的特性。二极管具有单向导电特性，只允许电流从正极流向负极，而不允许电流从负极流向正极，如图 8-2（c）所示。

锗二极管和硅二极管在正向导通时具有不同的正向管压降。由图 8-2（d）、（e）可知，当硅锗二极管所加正向电压大于正向管压降时，二极管导通。锗二极管的正向管压降约为 0.3V。

硅二极管正向电压大于 0.7V 时，硅二极管导通。另外，在相同的温度下，硅二极管的反向漏电流比锗二极管小得多。从以上伏安特性曲线可见，二极管的电压与电流为非线性关系，因此二极管是非线性半导体器件。

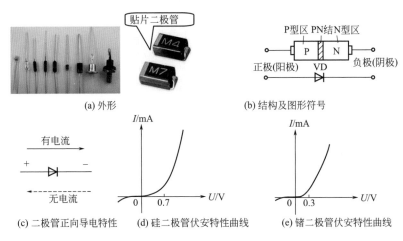

(a) 外形   (b) 结构及图形符号

(c) 二极管正向导电特性   (d) 硅二极管伏安特性曲线   (e) 锗二极管伏安特性曲线

图8-2 二极管的外形、结构、图形符号、导电特性及伏安特性曲线

（2）二极管的主要参数

① 最大整流电流 I_{FM}：指允许正向通过 PN 结的最大平均电流。使用中实际工作电流应小于 I_{FM}，否则将损坏二极管。

② 最大反向电压 U_{RM}：指加在二极管两端而不致引起 PN 结击穿的最大反向电压。使用中应选用 U_{RM} 大于实际工作电压 2 倍以上的二极管。

③ 反向电流 I_{CO}：指加在二极管上规定的反向电压下，通过二极管的电流。硅管为 1μA 或更小，锗管为几百微安。使用中反向电流越小越好。

④ 最高工作频率 f_M：指保证二极管良好工作特性的最高频率。至少应 2 倍于电路实际工作频率。

8.2 用万用表检测普通二极管

普通二极管的主要作用是在电路中用作整流、检波、开关等。

（1）用指针万用表检测（可扫二维码学习）

① 极性识别（见图 8-3）

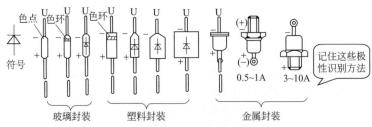

图8-3 从封装识别极性

a. 直观判断。有的将电路符号印在二极管上标示出极性；有的在二极管负极一端印上一道色环作为负极标记；有的二极管两端形状不同，平头为正极、圆头为负

极。使用中应注意识别，带有符号接符号识别。可用万用表进行晶体二极管的引脚识别和检测。

万用表置于 R×1k 挡，两表笔分别接到二极管的两端，如果测得的电阻值较小，则为二极管的正向电阻。这时与黑表笔（即表内电池正极）相连的是二极管正极，与红表笔（即表内电池负极）相连的是二极管负极（图 8-4 和图 8-5）。

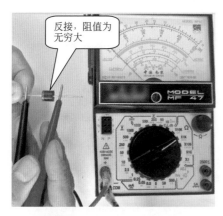

图8-4 测量二极管反向电阻

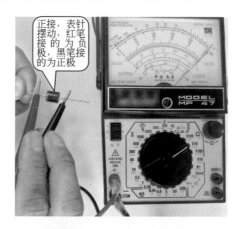

图8-5 测量二极管的正向电阻

b. 好坏判断。如果测得的电阻值很大，则为二极管的反向电阻，这时与黑表笔相接的是二极管负极，与红表笔相接的是二极管正极。二极管的正、反向电阻应相差很大，且反向电阻接近于无穷大。如果某二极管正、反向电阻均为无穷大，说明该二极管内部断路损坏；如果正、反向电阻均为 0，说明该二极管已被击穿短路；如果正、反向电阻相差不大，说明该二极管质量太差，不宜使用。

② 硅、锗管判断　由于锗二极管和硅二极管的正向管压降不同，因此可以用测量二极管正向电阻的方法来区分。如果正向电阻小于 1kΩ，则为锗二极管；如果正向电阻为 1～5kΩ，则为硅二极管（图 8-6 和图 8-7）。

图8-6 判断硅管内阻

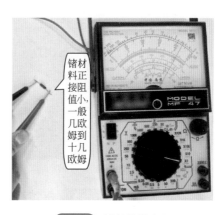

图8-7 判断锗管内阻

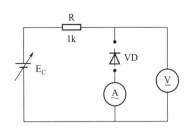

图8-8　反向电压测量

③ 反向电压测量　一般低压电路中二极管无法测电压，如需测量可用一高压电源按图 8-8 所示电路连接。调 E_C 值，当电流表 A 指针摆动时，电压表 V 指示的即为二极管反向电压（实际应用中，一般无需测试此值）。

④ 在路测量二极管　用 R×1 挡进行测量，如图 8-9、图 8-10 所示。

反接不通为好

正接导通，且阻值较小

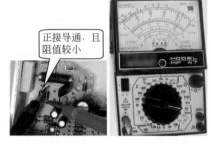

图8-9　在路测量反向电阻　　　　图8-10　在路测量正向电阻

（2）用数字万用表检测二极管（可扫二维码学习）　采用数字型万用表测量二极管时，应先采用二极管挡，将红表笔接二极管的正极，黑表笔接二极管的负极，所测的数值为它的正向导通压降；调换表笔后就可以测量二极管的反向导通压降，一般为无穷大。采用数字万用表检测二极管也有非在路检测和在路检测两种方法，但无论采用哪种检测方法，都应将万用表置于二极管挡。

非在路检测普通二极管时，将数字型万用表置于二极管挡，红表笔接二极管的正极，黑表笔接二极管的负极，此时屏幕显示的导通压降值为 "0.5 ～ 0.7"，如图 8-11 所示；调换表笔后，导通压降值为无穷大（大部数字型万用表显示 "1."，少部分显示 "OL"），若测试时数值相差较大，则说明被测二极管损坏。

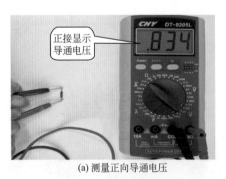

正接显示导通电压

(a) 测量正向导通电压

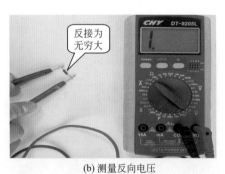

反接为无穷大

(b) 测量反向电压

图8-11　用数字万用表检测普通二极管示意图

① 硅、锗管判断　由于锗二极管和硅二极管的正向管压降不同，因此可以用测

量二极管正向电阻的方法来区分。用数字万用表的二极管挡测量时，可直接显示正向导通电压值。0.2 ～ 0.3V 时为锗管，0.6 ～ 0.8V 左右为硅管。如图 8-12、图 8-13 所示。

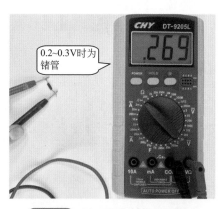

图8-12 判别锗管正向导通电压

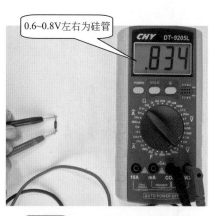

图8-13 判别硅管正向导通电压

② 在电路中测量二极管 在电路中测量二极管最好用数字表二极管挡测量，可以直接显示二极管导通电压。如图 8-14、图 8-15 所示。

图8-14 在路测量正向导通电压

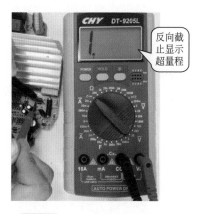

图8-15 在路测量反向导通电压

（3）二极管的检修与代换

二极管一般不好修理，损坏后只能更换。在选配二极管时应注意以下原则：

① 尽可能用同型号二极管更换。

② 无同型号时可以根据二极管所用电路的作用及主要参数要求，选用近似性能的二极管代换。

③ 对于整流管，主要考虑 I_M 和 U_{RM} 两项参数。

④ 不同用途的二极管的不宜互代，硅、锗管不宜互代。

8.3 整流二极管检测与应用

（1）半桥组件

① 半桥组件的性能特点　半桥组件是将两只整流二极管按规律连接起来并封装在一起的整流器件。功能与整流二极管相同，使用起来比较方便，常用型号为 2CQ 系列。图 8-16 所示为几种常见半桥组件的外形和内部结构。

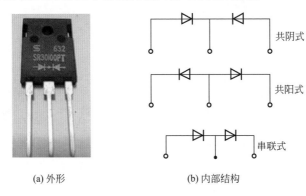

（a）外形　　　　（b）内部结构

图8-16　常见半桥组件的外形和内部结构

② 半桥组件的检测　独立式半桥测量和普通二极管相同，共阳式、共阴式及串联式半桥的测量方法为：用万用表 R×1 或 R×100 挡，红、黑表笔分别任意测两个引脚的正、反向阻值。在测量中如有两个脚正、反均不通，则为共阴极或共阳极结构，不通的两脚为边脚，另一个则为共电极。然后用红表笔接共电极，黑表笔测量两边脚，如阻值较小，则为共阴极；如果黑表笔接共电极，红表笔测两边脚，测得阻值较小，则为共阴极组合。如在测量中各引脚之间均有一次通，并且有一次阻值非常大（约相当于两只管的正向电阻值），说明此时表笔所接为串联式半桥，且黑表笔为正极，红表笔为负极，剩下的一个为中间脚。找到各电极后，再按测普通二极管方法检测各二极管的正、反向阻值，如不符合单向导电特性则说明半桥已损坏。

（2）全桥组件

① 全桥组件的结构、特点　全桥是四只整流二极管按一定规律连接的组合器件，具有 2 个交流输入端（～）和直流正（＋）、负（－）极输出端，有多种外形及多种电压、电流、功率等规格。全桥的结构、图形符号和应用电路如图 8-17 所示。全桥整流堆的文字符号为"UR"。

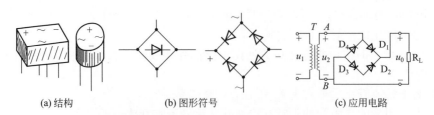

（a）结构　　　　　（b）图形符号　　　　　（c）应用电路

图8-17　全桥的结构、图形符号和应用电路

② 用指针表检测整流全桥组件

a. 极性判别。将万用表置于 R×1k 挡，红、黑表笔分别测两个引脚正、反向电阻。当有两个引脚正、反不通时，则此两个引脚为交流输入脚③、④，另两个脚即为直流输出脚。测两输出脚正反向电阻，指针摆动的一次（阻值较大），黑表笔接的为直流输出负极①脚，红表笔为直流输出正极②脚。

将万用表置于 R×1k 挡，黑表笔任意接全桥组件的某个引脚，用红表笔分别测量其余三个引脚，如果测得的阻值都为无穷大，则此时黑表笔所接的引脚为全桥组件的直流输出正极（②脚）；如果测得的阻值都为 4～10kΩ，则此时黑表笔所接的引脚为全桥组件的直流输出负极（①脚），剩下的两个引脚就是全桥组件的交流输入脚③和④（图8-18～图8-20）。

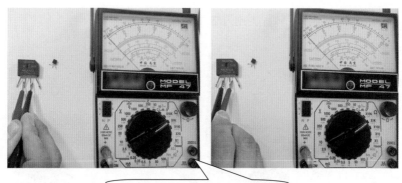

两次正反都不通，所测的为交流输入脚

图8-18　判别交流输入脚

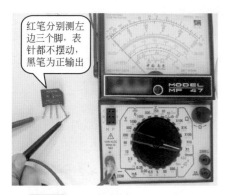

红笔分别测左边三个脚，表针都不摆动，黑笔为正输出

图8-19　测量直流输出脚反向电阻

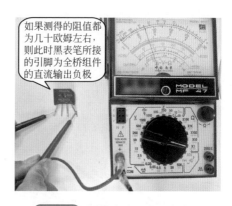

如果测得的阻值都为几十欧姆左右，则此时黑表笔所接的引脚为全桥组件的直流输出负极

图8-20　测量直流输出正向电阻（判别极性）

b. 好坏判定。当按上述方法找出电极后，再用测普通二极管的方法判别每只二极管的正、反向电阻。如正向阻值小，反向阻值无穷大，则为正常，否则是坏的（图 8-21～图 8-24）。

图8-21 判别内部二极管正反电阻（一）

图8-22 判别内部二极管正反电阻（二）

提示：对于二极管直流输出正为二极管负极，直流输出负为二极管正极。

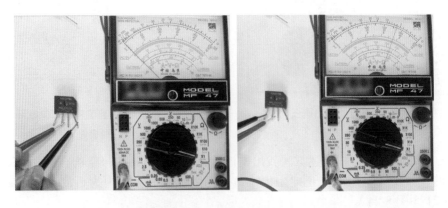

图8-23 判别内部二极管好坏（一）

图8-24 判别内部二极管好坏（二）

③ 用数字表检测整流全桥组件　只要检测内部四只二极管的正向导通电压即可，反向均为无穷大，如图 8-25 和图 8-26 所示测量中，某次无导通电压，为二极管损坏。

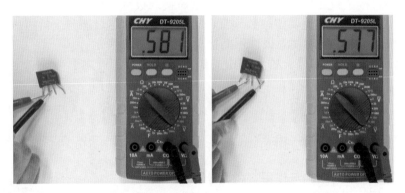

图8-25 测量交流输入脚1与直流输出导通电压

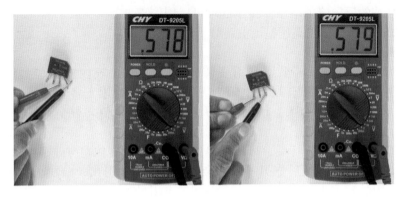

图8-26 测量交流输入脚2与直流输出导通电压

若测量直流输出端电压为 1V 以上，显示为两只管串联电压，反向为无穷大。如图 8-27 所示。

图8-27 判别直流输出端导通电压

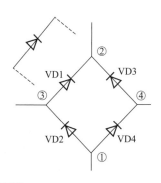

图8-28 损坏的全桥、半桥组件的修复

（3）全桥、半桥组件的维修 经过检测，如果确认全桥、半桥组件中某只二极管的 PN 结烧断损坏，可采用下述方法检测。

① 外接二极管法。全桥、半桥组件中的二极管断路损坏，可在全桥、半桥组件的外部脚间跨接一只二极管将其修复。要求所接二极管的耐压、最大整流电流与全桥组件的耐压、整流电流要相一致，且正、反向电阻值尽可能与全桥组件其余几只完好的二极管一样，同时注意极性不能接反，如图 8-28 所示。

② 电路利用法。如果全桥组件中一组串联组完好，可用于半桥式全波整流电路中。

8.4 高压硅堆检测与维修

(a) 结构

（1）高压硅堆的结构与作用 高压硅堆是由若干个硅高频高压二极管管芯串联组成的，如图 8-29 所示。用高频陶瓷封装，反向峰值取决于串联管芯的个数与每个管芯的反向峰值电压。高压硅堆可以用作高压整流，如电视机行输出高压整流电路。

(b) 外形

图8-29 高压硅堆的外形及结构

（2）高压硅堆的检测

a. 用万用表检测。可采用万用表 R×10 挡检测，（表内电池应为 15V ）。若测得正向电阻为几百千欧，反向电阻为无穷大，说明硅堆正常。若测得的两次阻值（正、反向）均为无穷大，说明硅堆开路。若两次阻值均很小，说明硅堆击穿（图 8-30 ）。

b. 检修。高压硅堆损坏后，可用烧热的电烙铁焊开硅柱帽与硅柱内引线之间的焊点，并取下金属帽，然后把另一端的金属帽从瓷筒中退出，硅粒子也随之抽出。用万用表电阻挡检测出未损坏的硅粒子备用。再用另外一只损坏的硅堆，测量各管子，找一个完好的硅粒子或找到一只高反压二极管也可以。将两个完好的硅粒子顺向串联焊接好后重新装入瓷筒内。为了防止硅粒子在瓷筒内打火，可将一些凡士林填进瓷筒内。最后按与拆卸时相反的顺序重新将引线与金属帽安装焊接牢靠，即可上机使用。

图8-30　判别硅柱的正反电阻

　　c. 硅柱的代换。代换高压硅堆时，要注意的是反向电压。应用同规格或高耐压代换。

8.5　稳压二极管

　　稳压二极管实质上是一种特殊二极管，利用反向击穿特性实现稳压，所以又称为齐纳二极管。图 8-31 所示是常用稳压二极管的外形及图形符号。

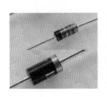 

(a) 外形　　　　　　　　　　　　　　(b) 图形符号

图8-31　常用稳压二极管的外形及图形符号

（1）稳压二极管的主要参数

　　① 稳定电压 U_Z：指正常工作时，两端保持不变的电压值。不同型号有不同稳压值。

　　② 稳定电流 I_Z：指稳压范围内的正常工作电流。

　　③ 最大稳定电流 I_M：指允许长期通过的最大电流。实际工作电流应小于 I_M 值，否则易烧坏稳压二极管。

　　④ 最大允许耗散功率 P_M：指反向电流通过稳压二极管时，管子本身消耗功率最大允许值。

（2）用指针表检测稳压二极管

　　① 判别电极　与判别普通二极管电极的方法基本相同。即用万用表 R×1k 或 R×10k 挡，先将红、黑表笔任接稳压二极管的两端测出一个电阻值，然后交换表

笔再测出一个阻值，两次测得的阻值应该是一大一小，阻值较小的一次即为正向接法，此时黑表笔所接一端为稳压二极管的正极，红表笔所接的一端为稳压二极管的负极（图 8-32 和图 8-33）。

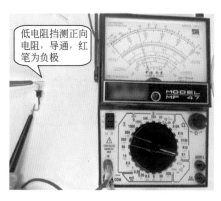

图8-32 低阻挡判别稳压管正向电阻

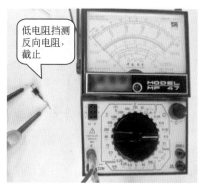

图8-33 低阻挡判别稳压管反向电阻

② 稳压值判断

a. 直接识读稳压值。在一些小型稳压二极管中，一般上面所标的数字就是稳压值，单位为伏（V）。例如 7V5，表示稳压值为 7.5V。但是多数稳压二极管不能用此法，如型号为 2CW55 表示稳压值为 8V 左右，此类管需要查晶体管参数手册才能知道。

b. 用万用表测量稳压值。稳压值在 15V 以下的稳压二极管，可以用万用表 R×10k 挡（内含 15V 高压电池）测量其稳压值。读数时刻度线最左端为 15V，最右端为 0。也可用万用表 50V（某些表可用 10V）挡刻度来读数，并代入以下公式求出：稳压值为（50–X）/50×15V，式中 X 为 50V 挡刻度线上的读数。该方法可以准确判断 15V 以下稳压二极管的稳压值（图 8-34）。

（3）用数字万用表测量稳压二极管 用数字表只能测出稳压二极管的正向导通电压，不能测出稳压值。如图 8-35 所示。

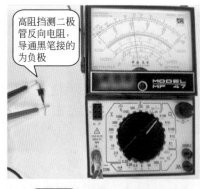

图8-34 高阻挡估测稳压值

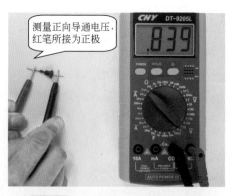

图8-35 测量稳压管正向导通电压

（4）利用外加电压法判断稳压值 如图 8-36 所示，改变 RP 中点位置，开始时有变化，当 V 无变化时，指示的电压值即为稳压二极管稳压值。由于 R1、R2 串联在交流电路中，不会有电击危险，电源也可以用"MΩ"表代用。

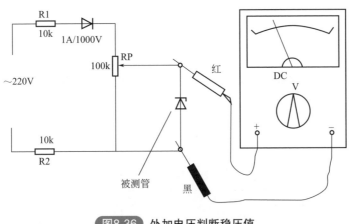

图8-36 外加电压判断稳压值

（5）稳压二极管的代换 稳压二极管损坏后很难修理，只能代换。用同型号或稳压值相同的其他型号代换，也可用普通二极管串联正向导通电压方法代用。

8.6 发光二极管

常见的发光二极管有塑封 LED、金属外壳 LED、圆形 LED、方形 LED、异形 LED、变色 LED 以及 LED 数码管等，如图 8-37 所示。

单色发光二极管（LED）是一种电致发光的半导体器件，其内部结构和图形符号如图 8-38 所示。它与普通二极管一样具有单向导电特性，即将发光二极管正向接入电路时才导通发光，而反向接入电路时则截止不发光。发光二极管与普通二极管的根本区别是，前者能将电能转换成光能，且管压降比普通二极管要大。

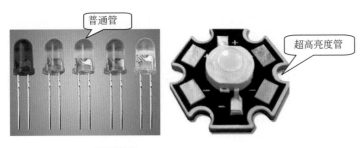

图8-37 常见的发光二极管的外形

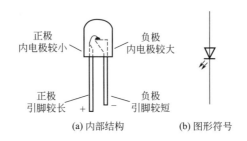

正极
内电极较小

负极
内电极较大

正极
引脚较长 +

负极
引脚较短 −

(a) 内部结构 　　　(b) 图形符号

图8-38 单色发光二极管的内部结构和图形符号

单色发光二极管的材料不同，可产生不同颜色的光。表 8-1 列出了波长与颜色的对应关系。

表8-1 波长与颜色的对应关系

发光波长 /A	发光颜色
3300 ～ 4300	紫
4300 ～ 4600	蓝
4600 ～ 4900	青
4900 ～ 5700	绿
5700 ～ 5900	黄
5900 ～ 6500	橙
6500 ～ 7600	红

单色发光二极管的主要参数有最大电流 I_{FM} 和最大反向电压 U_{RM}。使用中不得超过该两项数值，否则会使发光二极管损坏。

（1）单色发光二极管的特点

a. 能在低电压下工作，适用于低压小型化电路。例如，常用的红色发光二极管的正向工作电压 U_F 的典型值为 2V，绿色发光二极管的正向工作电压 U_F 的典型值为 2.3V。

b. 有较小的电流即可得到高亮度，随着电流的增大亮度趋于增强。且亮度可根据工作电流大小在较大范围内变化，但发光波长几乎不变。

c. 所需驱功显示电路简单，用集成电路或三极管均可直接驱动。

d. 发光响应速度快，约为 "10^{-7} 或 10^{-8}s"。

e. 体积小，可靠性高，功耗低，耐振动和冲击性能好。

　　使用注意事项： 首先应防止过电流使用，为防止电源电压波动引起过电流而损坏管子，使用时应在电路中串接保护电阻R。发光二极管的工作电流I_F决定着它的发光亮度，一般当I_F=1mA时发光，随着I_F的增加亮度不断增大，发光二极管的极限I_{FM}一般为20～30mA，超过此值将导致管子烧毁，所以，工作电流I_F应该选在5～20mA范围内较为合适。一般选10mA左右，限流电阻值选择为R=(V_{CC}–U_F)/I_F–U_F为发光二极管起始电压，一般为2V，I_F为工作电流，一般选10mA。其次焊接速度要快，温度不能过高。焊接点要远离管子的树脂根部，且勿使管子受力。

（2）发光二极管的检测

　　① 判定正、负极及其好坏　直接观察法。发光二极管的管体一般都是用透明塑料制成的，从侧面仔细观察两条引出线在管体内的形状，较小的便是正极，较大的一端则是负极。

　　② 用指针万用表测量　必须使用R×10k挡。因为发光二极管的管压降为2V左右，高亮度管高达6～7V，而万用表R×1k挡及其以下各电阻挡表内电池仅为1.5V，低于管压降，不管正、反向接入，发光二极管都不可能导通，也就无法检测。R×10k挡时表内接有15V（有些万用表为9V）高压电池大于发光管压降，所以可以用来检测发光二极管。

　　检测时，万用表黑表笔（表内电池正极）接发光二极管正极，红表笔（表内电池负极）接发光二极管负极，测其正向电阻。指针应偏转过半，同时发光二极管中有一发亮光点，对调两表笔后测其反向电阻，应为无穷大，发光二极管不发光。如果正向接入或反向接入，指针都偏到头或不动，则说明该发光二极管已损坏（图8-39）。

图8-39　测量发光二极管正反电阻

　　③ 用数字万用表测量　检测时，万用表红表笔（表内电池正极）接LED正极，黑表笔（表内电池负极）接LED负极，同时LED中有一发亮光点，对调两表笔后测其反向电阻，应为∞，LED不发光。如果正向接入或是反向接入，都不发光，则该发光二极管已损坏。如图8-40所示。

④ 发光二极管的维修　具体方法：用导线通过限流电阻将待修的无光或光暗的发光二极管接到电源上，左手持尖嘴钳夹住发光二极管正极引脚的中部，右手持烧热的电烙铁在发光二极管正极引脚的根部加热，待引脚根部的塑料开始软化时，右手稍用力把引脚往内压，并注意观察效果：对于不亮的发光二极管，可以看到开始发光；适当控制电烙铁加热时间及对发光二极管引脚所施加力，可以使发光二极管的发光强度恢复到接近同类正品管的水平。如仍不能发光，则说明发光二极管损坏。

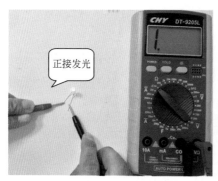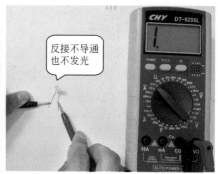

图8-40　二极管挡检测发光二极管

8.7 瞬态电压抑制二极管（TVS）

（1）瞬态电压抑制二极管的性能特点　瞬态电压抑制二极管（TVS）主要由芯片、引线电极、管体三部分组成，如图 8-41（b）所示。芯片是器件的核心，它是由半导体硅材料扩散而成的，有单极型和双极型两种结构。单极型只有一个 PN 结，广泛应用于各种仪器仪表、家用电器、自动控制系统及防雷装置的过电压保护电路中。

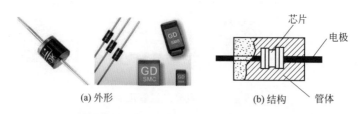

（a）外形　　　　　　　　　（b）结构

图8-41　瞬态电压抑制二极管的外形及结构

单极型瞬态电压抑制二极管的符号及特性曲线如图 8-42（a）所示。双极型有两个 PN 结，其图形符号及特性曲线如图 8-42（b）所示。瞬态电压抑制二极管是利用 PN 结的齐纳击穿特性而工作的，每一个 PN 结都有其自身的反向击穿电压 U_B，在额定电压内电流不导通，而当施加电压高于额定电压时，PN 结则迅速进入击穿状态，有大电流流过 PN 结，电压则被限制到额定电压。双极型的芯片从结构上看并不是简单地由两个背对背的单极型芯片串联而成，而是在同一硅片上的正反两个面上制作两个背对背的 PN 结而成，它可用于双向过电压保护。

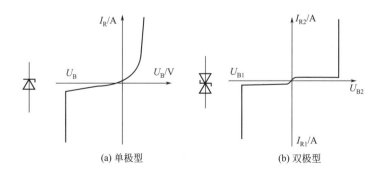

(a) 单极型　　　　　　　　　(b) 双极型

图8-42　单极型和双极型瞬态电压抑制二极管的图形符号及特性曲线

（2）瞬态电压抑制二极管的检测

① 用万用表 R×10k 挡　对于单极型 TVS，按照测量普通二极管的方法，可测出其正、反向电阻，一般正向电阻为几千欧左右，反向电阻为无穷大，若测得的正、反向电阻均为零或均为无穷大，则表明管子已经损坏。

对于双极型 TVS，任意调换红、黑表笔测量其两引脚间的电阻值均应为无穷大。否则，说明管子性能不良或已经损坏。需注意的是，用这种方法对于管子内部断极或开路性故障是无法判断的（图 8-43）。

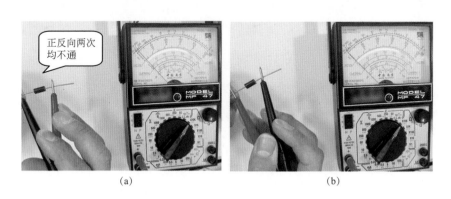

(a)　　　　　　　　　　　　(b)

图8-43　测量瞬态电压抑制二极管正反电阻

② 测量反向击穿电压 U_B 和最大反向漏电流 I_R　测试电路如图 8-44 所示。测试的可调电压由兆欧表提供。电压表为直流 500V 电压挡，电流表为直流 mA 电流挡。测试时摇动兆欧表，观察表的读数，V 表指示的即为反向击穿电压 U_B，A 表指示的即为反向漏电流 I_R（A/V 表可用万用表代用）。

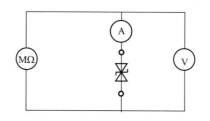

图8-44 瞬态电压抑制二极管测试电路

8.8 双基极二极管（单结晶体管）

双基极二极管又称单结晶体管（UJT），是一种只有一个 PN 结的三端半导体器件。双基极二极管的外形、结构、图形符号及等效电路如图 8-45 所示。

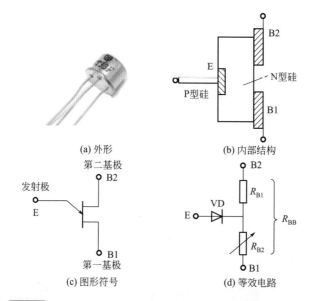

图8-45 双基极二极管的外形、结构、图形符号及等效电路

在一块高电阻率的 N 型硅片两端，制作两个欧姆接触电极（接触电阻非常小的、纯电阻接触电极），分别称为第一基极 B1 和第二基极 B2，硅片的另一侧靠近第二基极 B2 处制作了一个 PN 结，在 P 型半导体上引出的电极称为发射极 E。为了便于分析双基极二极管的工作特性，通常把两个基极 B1 和 B2 之间的 N 型区域等效为一个纯电阻 R_{BB}，称为基区电阻，它是双基极二极管的一个重要参数，国产双基极二极管的 R_{BB} 在 2 ～ 10kΩ 范围内。R_{BB} 又可看成是由两个电阻串联组成的，其中 R_{B1} 为基极 B1 与发射极 E 之间的电阻，R_{B2} 为基极 B_2 与发射极 E 之间的电阻。在正常工作时，R_{B1} 的阻值是随发射极电流 I_E 而变化的，可等效为一个可变电阻。PN 结相当于一只二极管 VD。

（1）双基极二极管的主要参数 双基极二极管的最重要两个参数为基极电阻 R_{BB} 和分压比 η。

R_{BB} 是指在发射极开路状态下两个基极之间的电阻，即 $R_{B1}+R_{B2}$，通常 R_{BB} 在 $3 \sim 10k\Omega$ 之间。

η 是指发射极 E 到基极 B1 之间的电压和基极 B2 到 B1 之间的电压之比，通常 η 在 $0.3 \sim 0.85$ 之间。

（2）用指针表检测双基极二极管 常见双基极二极管的电极排列如图 8-46 所示。

① 判别基极

a. 判别发射极 E。将万用表置于 R×1k 挡，用两表笔测得任意两个电极间的正、反向电阻值均相等（$2 \sim 10k\Omega$）时，这两个电极即为 B1 和 B2，余下的一个电极则为 E 极（图 8-47）。

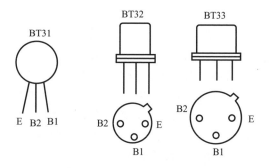

图8-46 双基极二极管的外形及电极排列

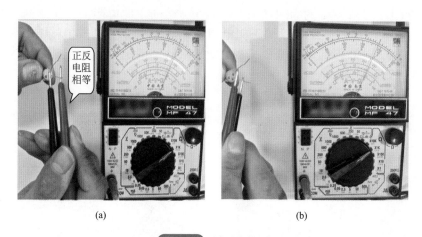

(a)   (b)

图8-47 判别发射极

b. 判别基极 B1 和基极 B2。将黑表笔接 E 极，用红表笔依次去接触另外两个电极，分别测得两个正向电阻值。在制造工程中，第二基极 B2 靠近 PN 结，所以 E 极与 B1 极间的正向电阻值小。两者相差几千欧到十几千欧。因此，当按上述接法测得的阻值较小时，其红表笔所接的电极即为 B2；测得阻值较大时，红表笔所接的电极则为 B1（图 8-48 和图 8-49）。

图8-48 判别基极（一）

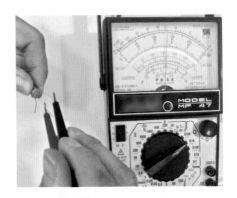
图8-49 判别基极（二）

提示：上述判别基极 B1 与 B2 的方法，不是对所有双基极二极管都适合。有个别管子的 E 与 B1 间的正向电阻值和 E 与 B2 间的正向电阻值相差不大，不能准确地判别双基极二极管的两个基极。在实际使用中哪个是 B1，哪个是 B2，并不十分重要。即使 B1、B2 用颠倒了，也不会损坏管子，只影响输出的脉冲幅度。当发现输出的脉冲较小时，可将原已认定的 B1 和 B2 两电极对调一下试试，以实际使用效果来判定 B1 和 B2 的正确接法。

② 管子好坏的判断　万用表置于 R×100 或 R×1k 挡，将黑表笔接 E、红表笔接 B1 或 B2 时所测得的为双基极二极管 PN 结的正向电阻值，正常时应为几千欧至十几千欧，比普通二极管的正向电阻值略大一些；将红表笔接 E、黑表笔分别接 B1 或 B2 时测得的为双基极二极管 PN 结的反向电阻值，正常时应为无穷大（图 8-50、图 8-51）。

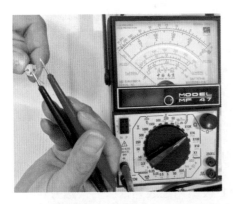
图8-50 判别好坏（一）

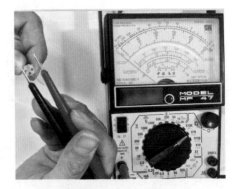
图8-51 判别好坏（二）

将红、黑表笔分别接 B1 和 B2，测量双基极二极管 B1、B2 间的电阻值应在

2～10kΩ 范围内。阻值过大或过小，则不能使用。

（3）用数字万用表判别双基极二极管

① 判别基极

a. 判别发射极 E：将万用表置于 R×20k 挡，用两表笔测得任意两个电极间的正、反向电阻值均相等（约 2～10kΩ）时，这两个电极即为 B1 和 B2。余下的一个电极则为发射极 E。如图 8-52、图 8-53 所示。

图8-52 判别发射极（一）

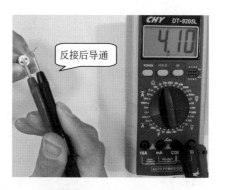
图8-53 判别发射极（二）

b. 判别基极 B1 和基极 B2：将万用表置于 R×20k 挡，将黑表笔接 E，用红表笔依次去接触另外两个电极，分别测得两个正向电阻值。制造工程中，第二基极 B2 靠近 PN 结，所以发射极 E 与 B1 间的正向电阻值小。两者相差几到十几千欧。因此，当按上述接法测得的阻值较小时，其红表笔所接的电极即为 B2，测得阻值较大时，红表笔所接的电极则为 B1。如图 8-54、图 8-55 所示。

提示：上述判别基极 B1 与 B2 的方法，不是对所有双基极二极管都适合。有个别管子的 E 与 B1 间的正向电阻值和 E 与 B2 间的正向电阻值相差不大；不能准确地判别双基极二极管的两个基极，在实际使用中哪个是 B1，哪个 是 B2，并不十分重要。即使 B1、B2 用颠倒了，也不会损坏管子，只影响输出的脉冲幅度。当发现输出的脉冲较小时，可将原已认定的 B1 和 B2 两电极对调一下试试，以实际使用效果来判定 B1 和 B2 的正确接法。

② 好坏的判断　万用表置于 R×200k 挡。将黑表笔接发射极 E，红表笔接 B1 或 B2 时，所测得的为双基极二极管 PN 结的正向电阻值。正常时应为几至十几千欧，比普通二极管的正向电阻值略大一些；将红表笔接在发射极 E，用黑表笔分别接 B1 或 B2，此时测得的为双基极二极管 PN 结的反向电阻值，正常时应为无穷大。如图 8-56、图 8-57 所示。

将红、黑表笔分别接 B1 和 B2，测量双基极二极管 B1、B2 间的电阻值应在 2～10kΩ 范围内。阻值过大或过小，则不能使用。

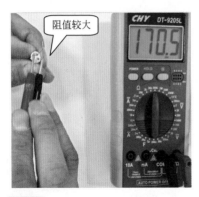

图8-54 判别基极B1和基极B2（一）

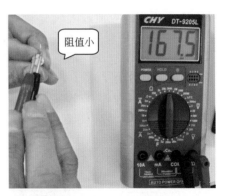

图8-55 判别基极B1和基极B2（二）

图8-56 好坏的判断（一）

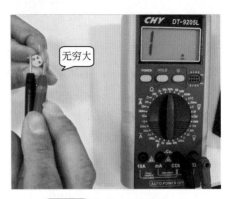

图8-57 好坏的判断（二）

（4）测量负阻特性　在 B1 和 B2 之间外接 10V 直流电源。万用表置于 R×100 或 R×1k 挡，红表笔接 B1，黑表笔接 E，这相当于在 E-B1 之间加有 1.5V 正向电压。正常时，万用表指针应停在无穷大位置不动，表明管子处于截止状态，因为此时管子处于峰点 P 以下区段，还远未达到负阻区，I_E 仍为微安级电流。若指针向右偏转，则表明管子无负阻特性。这样的管子是不宜使用的。

（5）测量分压比 η　根据双基极二极管的内部结构推导出的分压比表达式为

$$\eta=0.5+\left(R_{EB1}-R_{EB2}\right)/2R_{BB}$$

式中，R_{EB1} 为双基极二极管的 E 和 B1 两电极间的正向电阻值，即黑表笔接 E、红表笔接 B1 测得的阻值；R_{EB2} 为双基极二极管的 E 和 B2 两电极间的正向电阻值，即黑表笔接 E、红表笔接 B2 测得的阻值；R_{BB} 为双基极二极管的 B1 与 B2 两电极间的电阻值，即万用表红、黑表笔分别任意接 B1 和 B2 测得的阻值。

检测时，用万用表的 R×100 或 R×1k 挡测量出双基极二极管的 R_{EB1}、R_{EB2} 和 R_{BB} 值，代入上式即可计算出分压比 η 值。

（6）双基极二极管与应用　双基极二极管损坏后不能修复，可用同型号管代用。常用双基极二极管的主要参数见表 8-2。

表8-2 双基极二极管的主要参数

型号＼参数名称	分压比 H_V	基极间电阻 $R_{BB}/k\Omega$	发射极与第一基极反向电流 $I_{EB10}/\mu A$	饱和压降 U_{ES}/V	峰点电流 $I_P/\mu A$	谷点电流 I_V/mA	谷点电压 U_V/V	调制电流 I_{B2}/mA	总耗散功率 P/mW
BT31A	0.3～0.55	3～6	≤1	≤4	≤2	≥1.5	≤3.5	6～20	100
BT31B	0.3～0.55	6～12							
BT31C	0.46～0.75	3～6							
BT31D	0.46～0.75	6～12							
BT31A-F 测试条件	$U_{BR}=15V$	$U_{BB}=15V$ $I_E=0$	$U_{EB10}=60V$	$I_E=50mA$ $V_{BB}=15V$	$U_{BB}=15V$	$U_{BB}=15V$	$U_{BB}=15V$	$U_{BB}=15V$ $I_E=50mA$	$I=10mA$
BT32A	0.3～0.55	3～6	≤1	≤4.5	≤2	≥1.5	≤3.5	8～35	250
BT32B	0.3～0.55	6～12							
BT32C	0.46～0.75	3～6							
BT32A-F 测试条件	$U_{BR}=20V$	$U_{BB}=20$ $I_E=0V$	$U_{EB10}=60V$	$I_E=50mA$ $U_{BB}=20V$	$U_{BB}=20V$	$U_{BB}=20V$	$U_{BB}=20V$	$U_{BB}=20V$ $I_E=50mA$	$I_E=20mA$
BT33A	0.3～0.55	3～6	≤1	≤5	≤2	≥1.5	≤2	8～40	400
BT33B	0.3～0.55	6～12							
BT33C	0.46～0.75	3～6							
BT33A-F 测试条件	$U_{BR}=20V$	$U_{BB}=20V$ $I_E=0$	$U_{EB10}=60V$	$I_E=50mA$ $U_{BB}=20V$	$U_{BB}=20V$	$U_{BB}=20V$	$U_{BB}=20V$	$U_{BB}=20V$ $I_E=50mA$	$I_E=50mA$

第9章

三极管的检测与维修

9.1 认识三极管

（1）**三极管的结构与命名** 三极管又称晶体管，具有三个电极，在电路中三极管主要起电流放大作用，此外三极管还具有振荡或开关等作用。图 9-1 所示为电路中的三极管。

普通塑封管

大功率铁封管

中小功率铁封管

中大功率塑封管

贴片三极管

图9-1 三极管的外形

① **三极管的基本结构** 三极管顾名思义具有三个电极。二极管是由一个 PN 结构成的，而三极管是由两个 PN 结构成的，共用的一个电极称为三极管的基极（用字母 B 表示），其他两个电极称为集电极（用字母 C 表示）和发射极（用字母 E 表示）。

由于不同的组合方式，三极管有 NPN 型三极管和 PNP 型三极管两类。图 9-2 所示为三极管结构示意图。

② **二极管的图形符号** 三极管是电子电路中最常用的电子元件之一，一般用字母"Q"、"V"、"VT"或"BG"表示。三极管在电路中图形符号如图 9-3 所示。

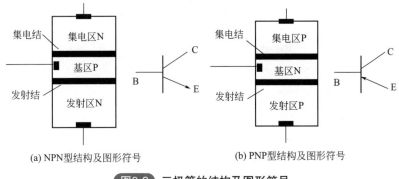

(a) NPN型结构及图形符号 （b) PNP型结构及图形符号

图9-2 三极管的结构及图形符号

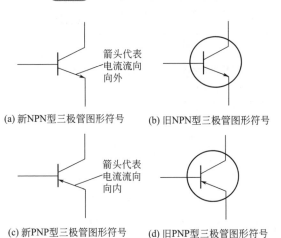

(a) 新NPN型三极管图形符号 （b) 旧NPN型三极管图形符号

(c) 新PNP型三极管图形符号 （d) 旧PNP型三极管图形符号

图9-3 三极管的图形符号

③ 三极管的型号命名　日本和美国的三极管命名规则见二极管命名部分，下面介绍国产三极管的命名规则。

国产三极管型号命名一般由五个部分构成，分别为名称、材料与极性、类别、序号和规格号，如图 9-4 所示。

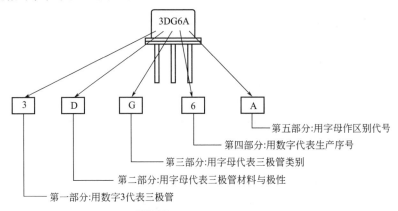

图9-4 三极管的型号命名

表 9-1、表 9-2 分别列出了三极管材料符号含义对照表和三极管类别代号含义对照表。

表9-1 三极管材料符号含义对照表

符号	材料	符号	材料
A	锗材料 PNP 型	D	硅材料 NPN 型
B	锗材料 NPN 型	E	化合物材料
C	硅材料 PNP 型	—	

表9-2 三极管类别代号含义对照表

代号	含义	代号	含义
X	低频小功率管	K	开关管
G	高频小功率管	V	微波管
D	低频大功率管	B	雪崩管
A	高频大功率管	J	阶跃恢复管
T	闸流管	U	光敏管

【例】某三极管的标号为 3CX701A，其含义是 PNP 型低频小功率硅三极管，如图 9-5 所示。

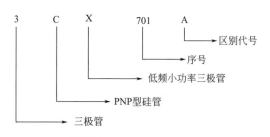

图9-5 3CX701A型三极管

（2）三极管的封装与识别　三极管的三个引脚分布有一定规律（即封装形式），根据这一规律可以非常方便地进行三个引脚的识别。在修理和检测中，需要了解三极管的各引脚。不同封装的三极管，其引脚分布的规律不同。

① 常见塑料封装三极管如图 9-6 所示。

② 常见金属封装三极管如图 9-7 所示。

（3）三极管的主要参数　三极管的主要参数包括直流电流放大倍数、发射极开路集电极 - 基极反向截止电流、基极开路集电极 - 发射极反向截止电流、集电极最大电流、集电极最大允许功耗和反向击穿电压等。

① 直流电流放大倍数 h_{FE}。在共发射极电路中，三极管基极输入信号不变化的情况下，三极管集电极电流 I_C 与基极电流 I_B 的比值就是直流电流放大倍数 h_{FE}，也就是 $h_{FE}=I_C/I_B$。直流放大倍数是衡量三极管直流放大能力最重要的参数之一。

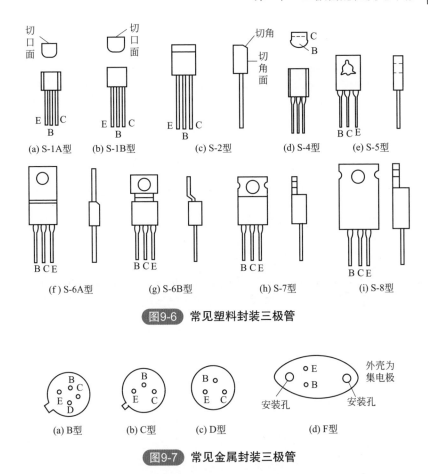

图9-6 常见塑料封装三极管

图9-7 常见金属封装三极管

② 交流放大倍数 β。在共发射极电路中，三极管基极输入交流信号的情况下，三极管变化的集电极电流 ΔI_C 与基极电流 I_B 的比值就是交流放大倍数 β，也就是 $\beta = \Delta I_C / \Delta I_B$。

虽然交流放大倍数 β 与直流放大倍数 h_{FE} 的含义不同，但是大部分三极管的 β 与 h_{FE} 值相近，所以在应用时也就不再对它们进行严格区分。

③ 发射极开路时集电极 - 基极反向截止 I_{CBO}。在发射极开路的情况下，为三极管的集电极输入规定的反向偏置电压时，产生的集电极电流就是集电极 - 基极反向截止电流 I_{CBO}。下标中的"O"表示三极管的发射极开路。

在一定温度范围内，如果集电结处于反向偏置状态，即使再增大反向偏置电压，I_{CBO} 也不再增大，所以 I_{CBO} 也被称为反向饱和电流。一般小功率锗三极管的 I_{CBO} 从几微安到几十微安，而硅三极管的 I_{CBO} 通常为纳安数量级。NPN 和 PNP 型三极管的集电极 - 基极反向截止电流 I_{CBO} 的方向不同，如图 9-8 所示。

④ 基极开路时集电极 - 发射极反向截止电流 I_{CEO}。在基极开路的情况下，三极管的发射极加正向偏置电压、集电极加反向偏置电压时产生的集电极电流就是集电极 - 发射极反向截止电流 I_{CEO}，俗称穿透电流。下标中的"O"表示三极管的基极开路。

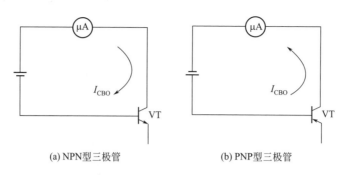

(a) NPN型三极管   (b) PNP型三极管

图9-8 NPN、PNP型三极管的I_{CBO}示意图

NPN 和 PNP 型三极管的集电极 - 发射极反向截止电流 I_{CEO} 的方向是不同的，如图 9-9 所示。

提示：I_{CEO} 约是 I_{CBO} 的 h_{FE} 倍，即 $I_{CEO}/I_{CBO}=h_{FE}+1$。I_{CEO}、I_{CBO} 反映了三极管的热稳定性，它们越小，说明三极管的热稳定性越好。在实际应用中，I_{CEO}、I_{CBO} 会随温度的升高而增大，尤其锗三极管更明显。

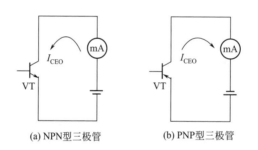

(a) NPN型三极管   (b) PNP型三极管

图9-9 NPN、PNP型三极管的I_{CEO}示意图

⑤ 集电极最大电流 I_{CM}。当基极电流增大使集电极电流 I_C 增大到一定值后，会导致三极管的 β 值下降。β 值下降到正常值的 2/3 时的集电极电流就是集电极允许的最大电流 I_{CM}。实际应用中，若三极管的 I_C 越过 I_{CM} 后，就容易过电流损坏。

⑥ 集电极最大功耗 P_{CM}。当三极管工作时，集电极电流 I_C 在它的发射极 - 集电极电阻上产生的压降为 U_{CE}，而 I_C 与 U_{CE} 相乘就是集电极功耗 P_C，也就是 $P_C=I_C U_{CE}$。因为 P_C 将转换为热能使三极管的温度升高，所以当 P_C 值超过规定的功率值后，三极管 PN 结的温度会急剧升高，三极管就容易击穿损坏，这个功率值就是三极管集电极最大功耗 P_{CM}。

实际应用中，大功率三极管通常需要加装散热片进行散热，以降低三极管的工作温度，提高它的 P_{CM}。

⑦ 最大反向击穿电压 $U_{(BR)}$。当三极管的 PN 结承受较高的电压时，PN 结就会反向击穿，结电阻的阻值急剧减小，结电流急剧增大，使三极管过电流损坏。三极管击穿电压的高低不仅仅取决于三极管自身的特性，还受外电路工作方式的影响。

三极管的击穿电压包括集电极 - 发射极反向击穿电压 $U_{(BR)CEO}$ 和集电极 - 基极反向击穿电压 $U_{(BR)CBO}$ 两种。

a. 集电极 - 发射极反向击穿电压 $U_{(BR)CEO}$。$U_{(BR)CEO}$ 是指三极管在基极开路时，允许加在集电极和发射极之间的最高电压。下标中的"O"表示三极管的基极开路。

b. 集电极 - 基极反向击穿电压 $U_{(BR)CBO}$。$U_{(BR)CBO}$ 是指三极管在发射极开路时，允许加在集电极和基极之间的最高电压。下标中的"O"表示三极管的发射极开路。

提示：应用时，三极管的集电极、发射极间电压不能超过 $U_{(BR)CBO}$，同样集电极、基极间电压也不能超过 $U_{(BR)CBO}$，否则会引起三极管损坏。

⑧ 频率参数。当三极管工作在高频状态时，就要考虑它的频率参数，三极管的频率参数主要包括截止频率 f_a 与 f_β、特征频率 f_t 以及最高频率 f_m。在这些频率参数里最重要的是特征频率 f_t，下面对其进行简单介绍。

三极管工作频率超过一定值时，β 值开始下降。当 β 下降到 1 时，所对应的频率就是特征频率 f_t。当三极管的频率 $f=f_t$ 时，三极管就完全失去了电流放大功能。

正常时，三极管的特征频率 f_t 等于三极管的频率 f 乘以放大倍数 β，即 $f_t=f\beta$。

9.2 通用三极管的检测

9.2.1 用指针万用表检测普通三极管

（1）**极性检测** 在现代家用电器及很多电器设备中，都常用到三极管。三极管极性辨别至关重要。如果不能正确判别三极管极性致使安装错误很可能发生危险。用指针万用表检测三极管可扫二维码学习。

如图 9-10 所示，为了和集电极区别，三极管的发射极上都画有小箭头，箭头的方向代表发射结在正向电压下的电流方向。箭头向外的是 NPN 型三极管，箭头向内的是 PNP 型三极管。万用表测量三极管基极和发射极 PN 结的正向压降时，硅管的正向压降一般为 0.5 ～ 0.7V，锗管的正压降多为 0.2 ～ 0.4V。

（2）**NPN 型三极管的测量** 采用指针型万用表判别管型和基极时，首先将万用表置于 R×1k 挡，黑表笔接假设的基极、红表笔接另两个引脚时指针指示的阻值为 $10k\Omega$ 左右，则说明假设的基极正确，并且被判别的三极管是 NPN 型，如图 9-11 所示。

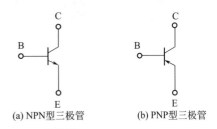

(a) NPN型三极管　　　　(b) PNP型三极管

图9-10 两种三极管的区别

（3）**集电极、发射极的判别（放大倍数检测）**

a. 如果万用户表内电池为 15V 以上电池，可直接将表调整到 R×10k 挡，红黑表笔分别测除 B 极以外的两个电极，并对调表笔测两次，表针摆动的一次红笔所接为 C 极，黑笔所接为 E 极。如图 9-12 所示。

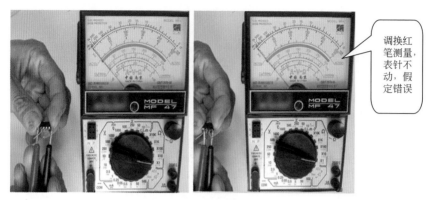

(a)第一次测量：黑表笔接假定第一个引脚为基极，红笔测另外两个电极

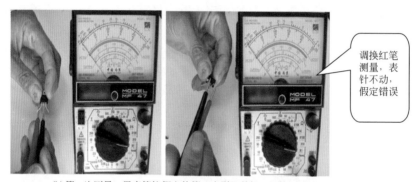

(b)第二次测量：黑表笔接假定的第二个引脚基极，红笔测另外两个电极

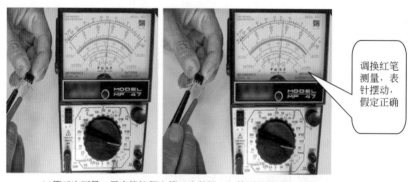

(c)第三次测量：黑表笔接假定第三个基极，红笔测另外两个电极

图9-11 用指针型万用表判别NPN型三极管基极示意图

提示：

• 此方法测量只限于硅管，且表内电池要为15V以上电池测量，另外，摆动的一次越大，说明管子的稳定性越差。

• 若表内电池为9V，用此方法不能判断出C、E电极，可用一个9V电池其正极接红表笔与表内电池串联代用15V电池，电池正极引出线测试。

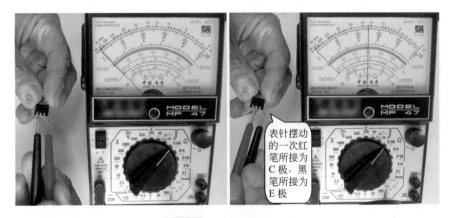

图9-12　集电极和发射极

b. 通过 hFE 挡判别的方法。如图 9-13 所示，万用表的面板都有 NPN、PNP 型三极管"B"、"C"、"E"引脚插孔，所以检测三极管的 h_{FE} 时，首先要确认被测三极管是 NPN 型还是 PNP 型，然后将它的基极（B）、集电极（C）、发射极（E）3个引脚插入面板上相应的"B"、"C"、"E"插孔内，再将万用表置于 hFE 挡，通过显示屏显示的数据就可以判断出三极管的 C 极、E 极。若数据较小或为 0，可能是假设的 C、E 极反了，再将 C、E 引脚调换后插入，此时数据较大，则说明插入的引脚就是正确的 C、E 极了。

该方法不仅可以识别出三极管的引脚，而且可以确认三极管的放大倍数，如图 9-13 所示。图 9-14 所示的三极管的放大倍数约为 200。

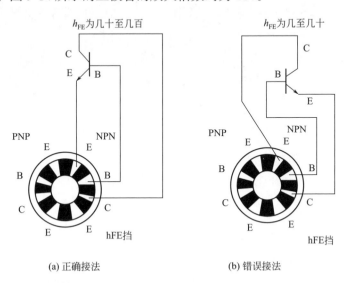

图9-13　通过hFE挡判别三极管C、E极的示意图

当三极管体积较大，不能插入插座，可将基极插入管座 B，用红黑表笔接触两个引脚测量，表针摆动的一次即为正确，摆动值仍为放大值。如图 9-14 所示。

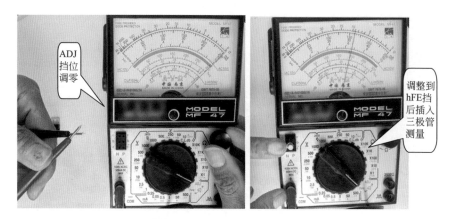

图9-14 直接插入三极管插座测试法

c. 无 hFE 插座或无法插入测量。将表调到 R×1k 或 R×10k 挡，用两表笔分别接除去 B 极的两个电极，用手碰触黑笔所接电极，如表针不摆动，调换表笔，表针摆动，则此次假定正确，黑笔所接为 C 极，表针摆动越大，则放大倍数越大。如图 9-15 所示。

图9-15 无hFE插座或无法插入测量

（4）用指针型万用表判别 PNP 型三极管

a. 采用指针型万用表电阻挡判别基极方法及导电类型。参见 NPN 管的测量方法。采用指针型万用表判别管型和基极时，首先将万用表置于 R×1 挡，红表笔接假设的基极、黑表笔接另两个引脚时表针指示的阻值为几十到几百欧左右，则说明红表笔接的引脚是基极，并且被测量的三极管是 PNP 型，如图 9-16 所示。

b. 判别集电极和发射极。如果万用表内电池为 15V 以上电池，可直接将表调整到 R×10k 挡，红黑表笔分别测除 B 极以外的两个电极，并对调表笔测两次，表针摆动的一次红笔所接为 E 极，黑笔所接为 C 极。如图 9-17 所示。

通过 h_{FE} 判别的方法。参见 NPN 管的测量方法，如图 9-18 所示，万用表的面板都有 NPN、PNP 型三极管 "b"、"c"、"e" 引脚插孔，所以检测三极管的 h_{FE} 时，首

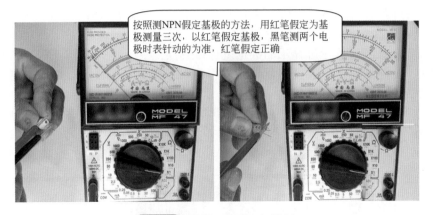

按照测NPN假定基极的方法，用红笔假定为基极测量三次，以红笔假定基极，黑笔测两个电极时表针动的为准，红笔假定正确

图9-16 判别PNP型三极管B极

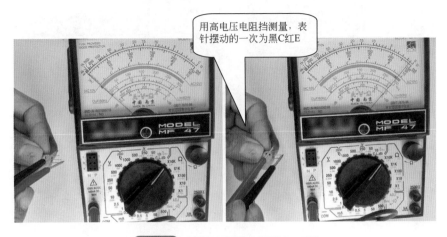

用高电压电阻挡测量，表针摆动的一次为黑C红E

图9-17 判别PNP型三极管C、E极

插入管座后，表针摆动值为放大倍数值，摆动大的一次极性正确，不摆动或摆动量很小为插错，应重新调换 C、E 极再测量

图9-18 判别PNP型三极管h_{FE}

先要确认被测三极管是NPN型还是PNP型，然后将它的基极（B）、集电极（C）、发射极（E）3个引脚插入面板上相应的"b"、"c"、"e"插孔内，再将万用表置于"hFE"挡，通过显示屏显示的数据就可以判断出三极管的C极、E极。若数据较小或为0，可能是假设的C、E极反了，再将C、E引脚调换后插入，此时数据较大，则说明插入的引脚就是正确的C、E极了。

（5）**判别硅材料管和锗材料管**　找到基极，测量基极与任意一电极电阻，如果阻值在几欧或几十欧，则为硅材料管，如为几十到几百欧，则为硅材料管。如图9-19所示。

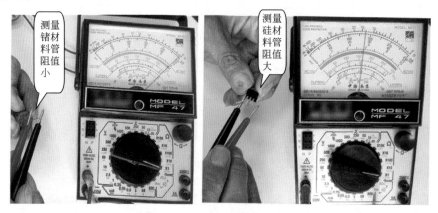

图9-19　判别硅材料管和锗材料管

提示：在整个测量过程中，如果两个电极之间正反向两次测量阻值都很大或很小，为三极管损坏。

（6）**电路中三极管好坏检测**　用万用表检测三极管的好坏，可采用在路检测和非在路检测的方法进行。

将指针型万用表置于R×1挡，在测量NPN型三极管时，黑表笔接三极管的B极，红表笔分别接C极和E极，所测的正向电阻都应在20Ω以内。用红表笔接B极，黑表笔接C极和E极，无论表笔怎样连接，反向电阻都应该是无穷大。而C、E极间的正向电阻的阻值应大于200Ω，反向电阻的阻值为无穷大。否则，说明该三极管已坏。所有管子的在路测量只能作为参考，准确值应拆下来再测量。

PNP型三极管的检测跟NPN型三极管正好相反，红表笔接在B极，黑表笔分别接C极和E极。如图9-20、图9-21所示。

9.9.2　用数字万用表测量通用三极管

（1）**极性判别**　首先用红笔假设三极管的某个引脚为基极，然后将数字型万用表置于"二极管"挡，用红表笔接三极管假设的基极，黑表笔分别接另外两个引脚，若显示屏显示数值都为"0.5～0.8"，说明假设的脚的确是基极，并且该管为NPN型三极管。基极、集电

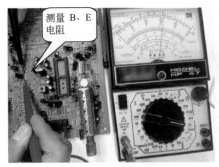

图9-20 在电路中测三极管（一）

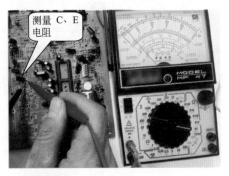

图9-21 在电路中测三极管（二）

指针表在路
测量三极管

极、发射极判别可扫二维码看视频详细学习。

（2）**判别硅材料和锗材料** 找到基极，测量基极与任意一电极，如果显示电压为 0.5 ～ 0.9V，则为硅材料管，如为 0.1 ～ 0.35V，则为锗材料管。如图 9-22 所示。

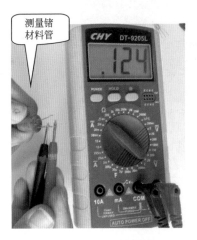
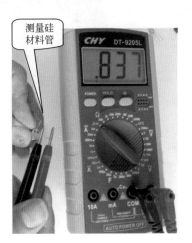

图9-22 判别硅材料和锗材料

（3）**好坏检测** 用万用表检测三极管的好坏，可采用在路检测和非在路检测的方法进行。在路检测方法如下。

将数字型万用表置于二极管挡，在测量 NPN 型三极管时，红表笔接三极管的 B 极，黑表笔分别接 C 极和 E 极，显示屏上显示的正向导通压降值为 0.5～0.8。用黑表笔接 B 极，红表笔接 C、E 极时，测它们的反向导通压降值为无穷大（显示 "1"）；而 C、E 极间的正向导压降值为 1 点几，反向导通压降值为无穷大（显示 "1."）。若测得的数值偏差较大，则说明该三极管已坏或电路中有小阻值元件与它并联，需要将该三极管从电路板上取下或引脚悬空后再测量，以免误判。PNP 型三极管的检测跟 NPN 型三极管正好相反，黑表笔接在 B 极，红表笔分别接 C 极和 E 极。如图 9-23、图 9-24 所示。

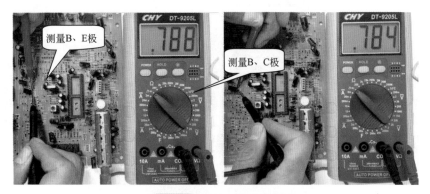

图9-23 在路测量（一）

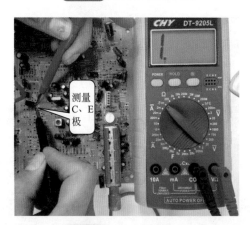

图9-24 在路测量（二）

9.2.3 穿透电流估测

利用万用表测量三极管的 C、E 极间电阻，可估测出该三极管穿透电流 I_{CEO} 的大小。

（1）PNP 型三极管 I_{CEO} 的估测 如图 9-25 所示，将万用表置于 R×1k 挡，黑表笔接 E 极、红表笔接 C 极时所测阻值应为几十千欧到无穷大。如果阻值过小或指针缓慢向左移动，说明该管的穿透电流 I_{CEO} 较大。

PNP 型锗三极管的穿透电流 I_{CEO} 比 PNP 型硅三极管大许多，采用 R×1k 挡测量 C、E 极电阻时都会有阻值。

（2）NPN 型三极管 I_{CEO} 的估测　如图 9-26 所示，将万用表置于 R×1k 挡，红表笔接 E 极、黑表笔接 C 极时所测阻值应为几百千欧，调换表笔后阻值应为无穷大。如果阻值过小或指针缓慢向左移动，说明该管的穿透电流 I_{CEO} 较大。

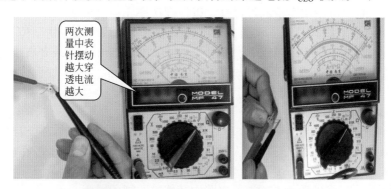

图9-25　估测PNP型三极管穿透电流的示意图

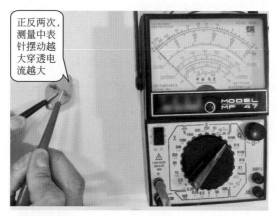

图9-26　估测NPN型三极管穿透电流的示意图

9.2.4　高频管、低频管的判断

根据三极管型号区分高频管、低频管比较方便，而对于型号模糊不清的三极管则需要通过万用表检测后进行确认。

将万用表置于 R×1k 挡，黑表笔接 E 极、红表笔接 B 极时阻值应大于几百千欧或为无穷大。然后，将万用表置于 R×10k 挡，若指针不变化或变化范围较小，则说明被测三极管是低频管；若指针摆动的范围较大，则说明被测三极管为高频管。

9.3　普通三极管的修理、代换与应用

（1）三极管的修理　普通三极管的故障多为击穿、开路、性能不良、失效衰老

和断极等。击穿、开路硬故障可用万用表电阻挡直接测出，而软故障不易测出，可用晶体管图示仪测出。管子击穿或衰老、性能不良、失效性故障是无法修复的，可用代换法检修，坏后更换管子。对于断路性故障，可根据具体情况采用下述方法进行修理：

① 管子的引脚折断后，先用万用表检查一下已断引脚是否与管壳相通。若已断引脚是与管壳相连的，只需将金属管壳上部锉光一小块，重新焊上一根导线作为引脚即可。焊接时，可使用少量的焊锡膏，以使焊接操作一次成功。

② 若折断的引脚与管壳不相通，则可先用小刀将断线处绝缘物刮掉一些，使引脚外露 0.5mm 以上，并刮干净，蘸好锡。再在断脚的根部串上一块开有小孔的薄纸，以防焊接时焊锡外流造成极间短路。然后用一根 $\phi 0.15$mm 左右的细铜线作引线，将铜线的一头刮净蘸锡后，在断脚蒂上缠绕一圈焊牢即可。

（2）三极管的代换

① 确定三极管是否损坏。在修理各种家用电器中，初步判断三极管是否损坏，要断开电源，将认为损坏的三极管从电路中焊下，并记清该管三个极在电路板上的排列。对焊下的管子作进一步测量，以确认该管是否损坏。

② 搞清管子损坏的原因，检查是电路中其他导致管子损坏，还是管子本身自然损坏。确认是管子本身不良而损坏时，就要更换新管。换新管时极性不能接错，否则，一是电路不能正常工作，二是可能损坏管子。

③ 更换三极管时，应该选用原型号，如无原型号，也应选用主要参数相近的管子。

④ 大功率管换用时应加散热片，以保证管子散热良好，另外还应注意散热片与管子之间的绝缘垫片，如果原来有引片，换管子时未安装或安装不好，可能会烧坏管子。

⑤ 在三极管代换时应注意以下原则和方法：

a. 极限参数高的管子代替较低的管子。如高反压代替低反压，中功率代替小功率管子。

b. 性能好的管子代替性能差的管子。例如，β 值高的管子代替 β 值低的管子（由于管子 β 值过高时稳定性较差，故 β 值不能选得过高）；I_{CEO} 小的管子代替 I_{CEO} 大的管子等。

c. 在其他参数满足要求时，高频管可以代替低频管。一般高频管不能代替开关管。

9.4 带阻尼二极管的检测

（1）带阻尼二极管的分类和特点　行输出管是彩电、彩显内行输出电路采用的一种大功率三极管。常用的行输出管从外形上分为两种：一种是金属封装，另一种是塑料封装。从内部结构上行输出管分为两种：一种是不带阻尼二极管和分流电阻的行输出管，另一种是带阻尼二极管和分流电阻的大功率管。其中，不带阻尼二极管和分流电阻的行输出管的检测和普通三极管的检测是一样的，而带阻尼二极管和分流电阻的行输出管的检测与普通三极管的检测有较大区别。带阻尼二极管和分流电阻的行输出管的外形和图形符号如图 9-27 所示。

  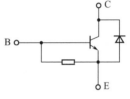

(a) 外形　　　　　　　　　　　　　　　　　(b) 图形符号

图9-27　行输出管的外形和图形符号

（2）**用指针万用表检测**　带阻尼二极管的三极管用万用表检测带阻尼二极管的行输出管好坏时，可采用非在路检测和在路检测的方法进行。检测时可采用数字型万用表的二极管挡，也可以采用指针型万用表的电阻挡。具体检测可扫二维码学习。

① 测量 B、E 极正反电阻找出基极　由于 BE 结上并联了分流电阻，所以测得的 B、E 极间正、反电阻的阻值基本上就是分流电阻的阻值，而不同的行输出管并联的分流电阻有所不同，但阻值为 20～40Ω 比较常见。

测量时将万用表置于 R×1 挡，任意测量两个脚正反电阻，若发现某次测量中正反都通，且一次阻值小，一次阻值大。则摆动大的一次黑笔为 B 极，红笔为 E 极。如图 9-28、图 9-29 所示。

图9-28　测量B、E极正反电阻（一）　　　　图9-29　测量B、E极正反电阻（二）

② 测量 B、C 极正反电阻　直接测量 B、C 两个引脚，正反两次，一次阻值小，一次阻值为无穷大为好。如图 9-30 所示。

测量 B、C 正向阻值，测量中 B、C 正向阻值应在几十到几百欧姆。如图 9-31 所示。

③ 测量 C、E 正反电阻　因为 C、E 上并联了阻尼二极管，所以测得 C、E 极间正、反向导通压降值也就是阻尼二极管的导通压降值。当黑表笔接 E 红笔接 C 时表针应摆动，反接后表针不摆动。如图 9-32、图 9-33 所示。

采用指针型万用表在路判别行输出管好坏时，首先将万用表置于 R×1 挡，黑表笔接 B 极、红表笔接 E 或 C 极时测得正向电阻阻值为几十欧；调换表笔后测 BC/BE 结反向电阻，阻值为无穷大。测得 C、E 极间的正向电阻，阻值为几十欧，反向电阻的阻值为无穷大，则说明管子是好的，否则说明该行输出管已损坏。

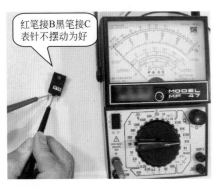

图9-30 测量B、C两个引脚反向电阻

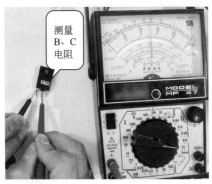

图9-31 测量B、C两个引脚正向电阻

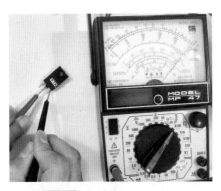

图9-32 测量C、E正向电阻

图9-33 测量C、E反向电阻

（3）用数字万用表测量带阻尼二极管的三极管（可扫二维码学习）

① 非在路检测　采用数字型万用表非在路检测行输出管时，应使用 R×200 电阻挡和二极管挡进行测量，测量步骤如图 9-34 所示。

用 R×200 挡测量 B、E 极间的正、反向电阻的阻值，显示约为 "45.5"。随后，将万用表置于二极管挡，红表笔接 B 极、黑表笔接 C 极，测 B、C 极的正向导通压降时，显示屏显示的数字约为 "0.568"；黑表笔接 B 极、红表笔接 C 极，测 B、C 极的反向导通压降时，显示的数字为 "1."，说明导通压降为无穷大。用红表笔接 E 极、黑表笔接 C 极，测量 C、E 极的正向导通压降时，显示屏显示的数字为 "0.598"；黑表笔接 E 极、红表笔接 C 极，所测的反向导通压降为无穷大，若数字偏差较大，则说明被测行输出管损坏。

② 在路检测　采用数字型万用表在路检测行输出管的方法和非在路检测的方法一样，但 B、E 极的阻值应是 0，这是由于行输出管的 B、E 极与行激励变压器的二次绕组并联所致。

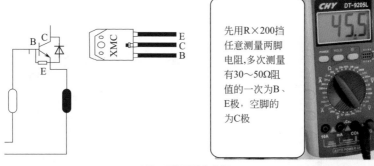

先用R×200挡任意测量两脚电阻,多次测量有30～50Ω阻值的一次为B、E极,空脚的为C极

(a)B、E极正反向电阻

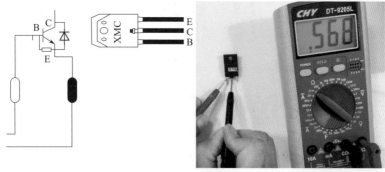

(b)B、C极正相电压

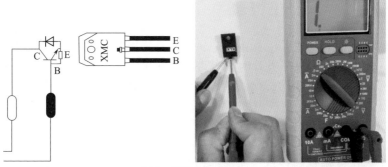

(c)B、C极反向电压

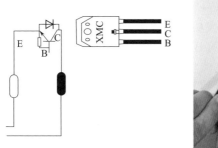

(d)C、E极正向电压

图9-34

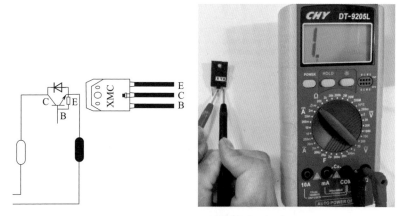

(e)C、E极反向电压

图9-34 用数字型万用表非在路检测行输出管好坏的示意图

（4）带阻尼三极管的代换　未带阻尼的行输出管多可以用作彩电开关电源的开关管，而部分开电源开关管因耐压低，却不能作为行输出管使用。因为彩显行输出管的关断时间极短，所以不能用彩电行输出管更换，而彩显行输出管可以代换彩电行输出管。大部分高频三极管可以代换低频三极管，但低频三极管一般不能代换高频三极管。

9.5 达林顿管

（1）达林顿管的构成　达林顿管是一种复合三极管，多由两只三极管构成。其中，第一只三极管的E极直接接在第二只三极管的B极上，最后引出B、C、E三个引脚。由于达林顿管的放大倍数是级联三极管放大倍数的乘积，所以可达到几百、几千，甚至更高，如2SB1020的放大倍数为6000，2SB1316的放大倍数达到15000。达林顿管检测可扫二维码学习。

（2）达林顿管的特点

a. 小功率达林顿管的特点。通常将功率不足1W的达林顿管称为小功率达林顿管，它仅由两只三极管构成，并且无电阻、二极管等构成的保护电路。常见的小功率达林顿管的外形及图形符号如图9-35所示。

b. 大功率达林顿管的特点。因为大功率达林顿管的电流较大，所以它内部的大功率管的温度较高，导致前级三极管的B极漏电流增大，被逐级放大后就会导致达林顿管整体的热稳定性能下降。因此，当环境温度较高且漏电流较大时，不仅容易导致大功率达林顿管误导通，而且容易导致它损坏。为了避免这种危害，大功率达林顿管的内部设置了保护电路。常见的大功率达林顿管的外形及图形符号如图9-36所示。

如图9-36（b）所示，前级三极管VT1和大功率管VT2的B、E极上还并联了泄放电阻R1、R2。R1和R2的作用是为漏电流提供泄放回路。因为VT1的B极漏电流较小，所以R1阻值可以选择为几千欧；VT2的漏电流较小，所以R2阻值可以选

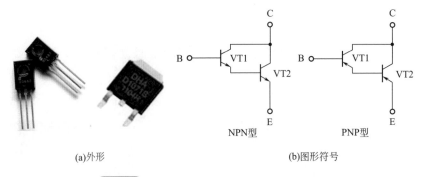

(a)外形   (b)图形符号

图9-35 小功率达林顿管的外形及图形符号

择几十欧。另外，大功率达林顿管的C、E极间安装了一只续流二极管。当线圈等感性负载停止工作后，该线圈的电感特性会使它产生峰值高的反向电动势。该电动势通过续流二极管VD泄放到供电电源，从而避免了达林顿管内大功率管被过高的反向电压击穿，实现了过电压保护功能。

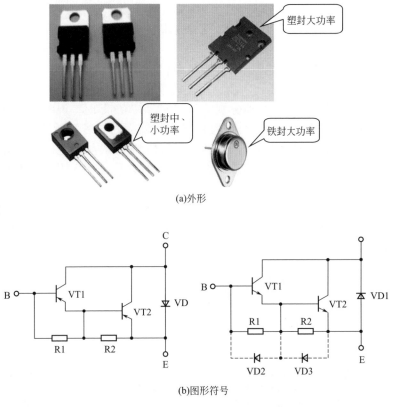

图9-36 常见的大功率达林顿管的外形及图形符号

（3）达林顿管的检测

① 引脚和管型的判别　判断达林顿管是电极与 NPN 型还是 PNP 型，基本与判

断普通三极管相同。判断时可采用数字型万用表的二极管挡，也可以采用指针型万用表的电阻挡。

如图 9-37（b）所示，大功率达林顿管的 B、C 极间仅有一个 PN 结，所以 B、C 极间应为单向导电特性；而 B、E 极上有两个 PN 结，所以正向导通电阻大，通过该特点就可以很快确认引脚名称。

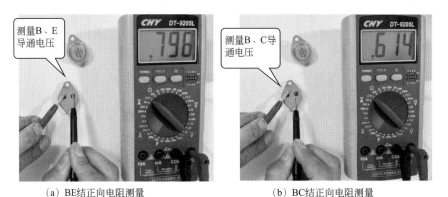

（a）BE结正向电阻测量　　　　　　　　（b）BC结正向电阻测量

图9-37 判别基极

② 用数字万用表判别　如图 9-38 所示，首先假设 MJ33012 的一个引脚为 B 极，然后将数字型万用表置"二极管"挡，用红表笔接在假设的 B 极上，再用黑表笔接另外两个引脚。若显示屏显示数值分别约为"0.7"、"0.6"时，说明假设的引脚就是 B 极，并且数值小时黑表笔接的引脚为 C 极，数值大时黑表笔所接的引脚为 E 极，同时还可以确认该管为 NPN 型达林顿管。测量过程中，若黑表笔接一个引脚，红表笔接另两个引脚时，显示屏显示的数据符合前面的数值，则说明黑表笔接的是 B 极，并且被测量的达林顿管是 PNP 型。

测量 C、E 极： 首先将数字型万用表置"二极管"挡，用红表笔接 E 极，黑表笔接 C 极时，显示屏显示的 C、E 极正向导通压降值为 $0.4 \sim 0.6\Omega$；调换表笔后，测 C、E 极的反向导通压降值为无穷大，如图 9-38 所示。

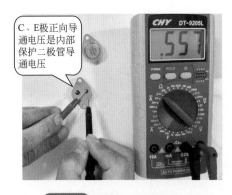

图9-38 测量C、E极（一）

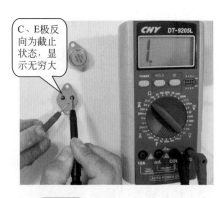

图9-39 测量C、E极（二）

　　另外，黑表笔接 B 极、红表接 E 极时，显示屏显示的数值为"1"，说明 B、E 极反向导通压值为无穷大；黑表笔接 B 极、红表笔接 C 极时，显示屏显示的数值为"1"，说明 C、E 极的反向导通压降也为无穷大。如图 9-39 所示。

　　③ 用指针型万用表判别　采用指针型万用表判别管型和引脚时，首先将指针型万用表置"R×1k"挡，黑表笔接假设的 B 极，红表笔接另两个引脚时表针摆动，则说明黑表笔接的是 B 极，并且数值小时红表笔接的引脚为 C 极，数值大时红表笔所接的引脚为 E 极，同时还可以确认该管为 NPN 型达林顿管。测量过程中，若红表笔接一个脚，黑表笔接另两个引脚时表针摆动，则说明红表笔接的是 B 极，并且被测量的达林顿管是 PNP 型。如图 9-40 所示。

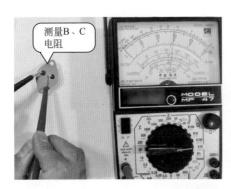

图9-40　判别基极

　　测量 C、E 极：首先将万用表置"R×10"挡，用黑表笔接 E 极，红表笔接 C 极时，表针正向摆动。调换表笔后，测 C、E 极的反向导通压降值为无穷大；如图 9-41、图 9-42 所示。

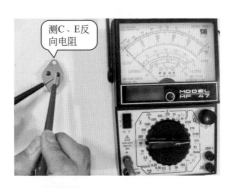

图9-41　测量C、E极（一）　　　　　　　图9-42　测量C、E极（二）

9.6 带阻三极管的检测

（1）认识带阻三极管　带阻三极管在外观上与普通的小功率三极管几乎相同，

但其内部构成不同，它是由 1 只三极管和 1 ～ 2 只电阻构成的。在家电设备中，带阻三极管多由 2 只电阻和 1 只三极管构成。图 9-43（a）所示为带阻三极管的内部构成。带阻三极管在电路中多用字母 QR 表示。因为带阻三极管多应用在国外或合资的电子产品中，所以图形符号及文字符号有较大的区别，图 9-43（b）所示为几种常见的带阻三极管的图形符号。

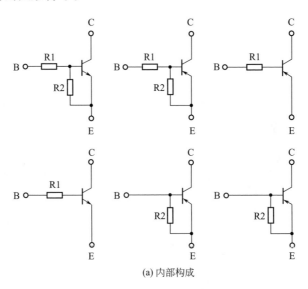

(a) 内部构成

公司 类型	松下、东芝、蓝宝	三洋、日电、罗兰士	夏普、飞利浦	日立	富丽、珠波
PNP型					
NPN型					

(b) 几种常见的带阻三极管的图形符号

图9-43 带阻三极管

带阻三极管通常被用作开关，当三极管饱和导通时 I_C 很大，C、E 极压降较小；当三极管截止时，C、E 极压降较大，约等于供电电压 U_{CC}。管中内置的 B 极电阻 R 越小，当三极管截止时 C、E 极压降就越低，但该电阻不能太小，否则会影响开关速度，甚至导致三极管损坏。

（2）**带阻三极管的检测** 带阻三极管的检测方法与普通三极管基本相同，不过在测量 B、C 极的正向电阻时需要加上 R1 的阻值；而测量 B、E 极的正向电阻时需要加上 R2 的阻值，不过因为 R2 并联在 B、E 极两端，所以实际测量的 B、E 极阻值要小于 B、C 极阻值。另外，B、C 极的反向电阻阻值为无穷大，但 B、E 极的反向电阻阻值为 R2 的阻值，所以阻值不再是无穷大。

第10章

场效应晶体管的检测与应用

10.1 认识各种场效应晶体管

场效应晶体管（Field Effect Transistor，FET）简称场效应管。它是一种外形与三极管相似的半导体器件，但它与三极管的控制特性截然不同。三极管是电流控制型器件，通过控制基极电流达到控制集电极电流或发射极电流的目的，即需要信号源提供一定的电流才能工作，所以它的输入阻抗较低；而场效应管则是电压控制型器件，它的输出电流取决于输入电压的大小，基本上不需要信号源提供电流，所以它的输入阻抗较高。此外，场效应管具有噪声小、功耗低、动态范围大、易于集成、没有二次击穿现象、安全工作区域宽等优点，特别适用于大规模集成电路，在高频、中频、低频、直流、开关及阻抗变换电路中应用广泛。

场效应管的品种有很多，按其结构可分为两大类，一类是结型场效应管，另一类是绝缘栅型场效应管，而且每种结构又有 N 沟道和 P 沟道两种导电沟道。

场效应管一般都有 3 个极，即栅极 G、漏极 D 和源极 S，为方便理解可以把它们分别对应于三极管的基极 B、集电极 C 和发射极 E。场效应管的源极 S 和漏极 D 结构是对称的，在使用中可以互换。

N 沟道型场效应管对应 NPN 型三极管，P 沟道型场效应管对应 PNP 型三极管。常见场效应管的外形如图 10-1 所示，其图形符号如图 10-2 所示。

（a）插入焊接式　　　　　　（b）贴面焊接式

图10-1　场效应管的外形

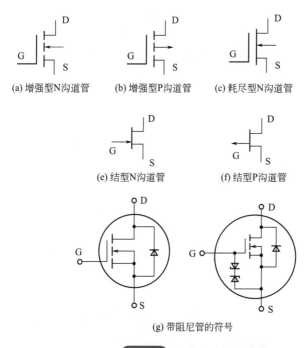

(a) 增强型N沟道管　(b) 增强型P沟道管　(c) 耗尽型N沟道管　(d) 耗尽型P沟道管

(e) 结型N沟道管　　　(f) 结型P沟道管

(g) 带阻尼管的符号

图10-2　场效应管的图形符号

10.2 场效应管的主要参数

（1）结型场效应管的主要参数

① 饱和漏 - 源电流 I_{DSS}。将栅极、源极短路，使栅、源极间电压 U_{GS} 为 0，此时在漏、源极间加规定电压后，产生的漏极电流就是饱和漏 - 源电流 I_{DSS}。

② 夹断电压 U_P。能够使漏 - 源电流 I_{DS} 为 0 或小于规定值的源 - 栅偏置电压就是夹断电压 U_P。

③ 直流输入电阻 R_{GS}。当栅、源极间电压 U_{GS} 为规定值时，栅、源极之间的直流电阻称为直流输入电阻 R_{GS}。

④ 输出电阻 R_D。当栅、源极电压 U_{GS} 为规定值时，U_{GS} 变化与其产生的漏极电流的变化之比称为输出电阻 R_D。

⑤ 跨导 g_m。当栅、源极间电压 U_{GS} 为规定值时，漏 - 源电流的变化量与 U_{GS} 的比值称为跨导 g_m。跨导的原单位是 mA/V，新单位是毫西（mS）。跨导是衡量场效应管栅极电压对漏 - 源电流控制能力的一个参数，也是衡量场效应管放大能力的重要参数。

⑥ 漏 - 源击穿电压 U_{DSS}。使漏极电流 I_D 开始剧增的漏源电压 U_{DS} 为漏源击穿电压 U_{DSS}。

⑦ 栅 - 源击穿电压 U_{GSS}。使反向饱和电流剧增的栅 - 源电压就是栅 - 源击穿电压 U_{GSS}。

（2）绝缘栅型场效应管的主要参数　绝缘栅型场效应管的直流输入电阻、输出电阻、漏 - 源击穿电压 U_{DSS}、栅源击穿电压 U_{GSS} 和结型场效应管相同，下面介绍其他参数的含义。

① 饱和漏源电流 I_{DSS}。对于耗尽型绝缘栅场效应管，将栅极、源极短路，使栅、源极间电压 U_{GS} 为 0，再使漏、源极间电压 U_{DS} 为规定值后，产生的漏 - 源电流就是饱和漏 - 源电流 I_{DSS}。

② 夹断电压 U_P。对于耗尽型绝缘栅场效应管，能够使漏 - 源电流 I_{DS} 为 0 或小于规定值的源 - 栅偏置电压就是夹断电压 U_P。

③ 开启电压 U_T。对于增强型绝缘栅场效应管，当在漏 - 源电压 U_{DS} 为规定值时，使沟道可以将漏、源极连接起来的最小电压就是开启电压 U_T。

10.3 场效应管的检测

（1）用指针表检测大功率场效应管　引脚的判别：首先给场效应管引脚进行断路放电，如图 10-3 所示。

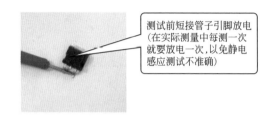

测试前短接管子引脚放电（在实际测量中每测一次就要放电一次，以免静电感应测试不准确）

短接管子引脚放电

提示：在测量过程中，只要发现测量结果两次阻值很小，不要盲目地判断击穿，应短路放电后再测量一次。

由于大功率绝缘栅场效应管的漏极（D 极）、源极（S 极）间并联了一只二极管，所以测量 D、S 极间正、反向电阻，也就是该二极管的阻值，就可以确认大功率场效应管的引脚功能。下面介绍使用指针型万用表判别绝缘栅大功率 N 沟道 75n75 型场效应管引脚的方法，如图 10-4 所示。

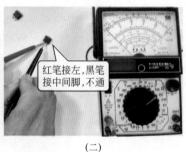

红笔接左，黑笔接右，不通

红笔接左，黑笔接中间脚，不通

（一）　　　　　　　　　　（二）

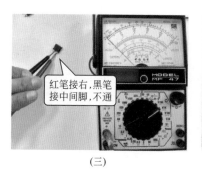
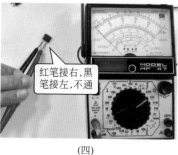

（三）　　　　　　　　　　　（四）

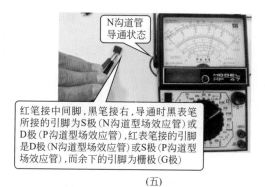

（五）

图10-4　大功率绝缘栅场效应管引脚的判别

（2）用数字万用表检测大功率绝缘栅场效应管

引脚的判别：首先给场效应管引脚进行断路放电，如图 10-5 所示。

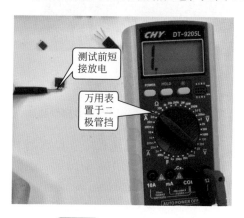

图10-5　测试前短接放电

由于大功率绝缘栅场效应管的漏极（D 极）、源极（S 极）间并联了一只二极管，所以测量 D、S 极间的正、反向电阻，也就是该二极管的阻值，就可以确认大功率场效应管的引脚功能。下面介绍使用数字型万用表判别绝缘栅大功率 N 沟道 75n75型场效应管引脚的方法，如图 10-6 所示。

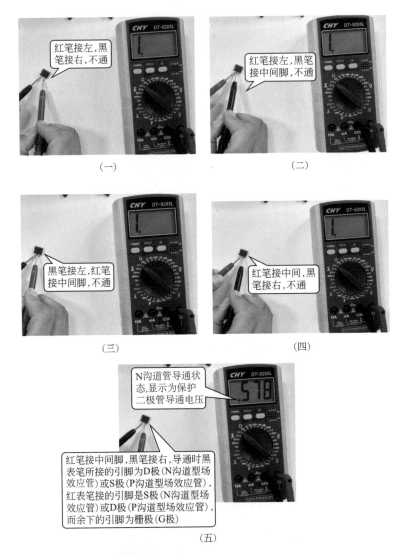

红笔接左,黑笔接右,不通

（一）

红笔接左,黑笔接中间脚,不通

（二）

黑笔接左,红笔接中间脚,不通

（三）

红笔接中间,黑笔接右,不通

（四）

N沟道管导通状态,显示为保护二极管导通电压

红笔接中间脚,黑笔接右,导通时黑表笔所接的引脚为D极（N沟道型场效应管）或S极（P沟道型场效应管）,红表笔接的引脚是S极（N沟道型场效应管）或D极（P沟道型场效应管）,而余下的引脚为栅极（G极）

（五）

图10-6 大功率绝缘栅场效应管测试

    首先,将万用表置于 R×1k 挡,测量场效应管任意两引脚之间的正、反向电阻值。其中一次测量两引脚时,表针指示到 10k 的刻度,这时黑表笔所接的引脚为 S 极（N 沟道型场效应管）或 D 极（P 沟道型场效应管）,红表笔接的引脚是 D 极（N 沟道型场效应管）或 S 极（P 沟道型场效应管）,而余下的引脚为栅极（G 极）。

10.4 场效应管的选配与代换

    场效应管损坏后,最好用同类型、同特性、同外形的场效应管更换。如果没有同型号的场效应管,则可以采用其他型号的场效应管代换。

    一般 N 沟道场效应管与 N 沟道场效应管进行代换,P 沟道场效应管与 P 沟道场效应管进行代换，大功率场效应管可以代换小功率场效应管。小功率场效应管代换时，应考虑其输入阻抗、低频跨导、夹断电压或开启电压、击穿电压等参数；大功率场效应管代换时，应考虑其击穿电压（应为功放工作电压的 2 倍以上）、耗散功率（应达到放大器输出功率的 0.5 ～ 1 倍）、漏极电流等参数。

　　彩色电视机的高频调谐器、半导体收音机的变频器等高频电路一般采用双栅场效应管，音频放大器的差分输入、调制、放大、阻抗变换等电路通常采用结型场效应管。音频功率放大、开关电源电路、镇流器、驻电器、电动机驱动等电路则采用MOS 场效应管。

第11章

IGBT 绝缘栅双极型晶体管及IGBT功率模块的检测与应用电路

11.1 认识IGBT

（1）IGBT 的基本结构　绝缘栅双极型晶体管（Insulated Gate Bipolar Transistor，IGBT）是功率场效应管与双极型（PNP 或 NPN）管复合后的一种新型复合型器件。

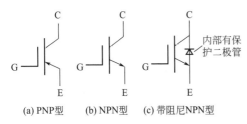

(a) PNP型　(b) NPN型　(c) 带阻尼NPN型

图11-1　IGBT的图形符号

其图形符号如图 11-1 所示。IGBT 基本结构如图 11-1（a）所示，是由栅极 G、发射极 C、集电极 E 组成的三端口电压控制器件，常用 N 沟道 IGBT 内部结构简化等效电路如图 11-1（b）所示。IGBT 的封装与普通双极型大功率三极管相同，有多种封装形式，如图 11-2 所示。

大功率IGBT模块

图11-2　多种封装形式IGBT

（2）IGBT 的主要参数

① 最大集电极电流 I_{CM}：表征 IGBT 的电流容量，分为直流条件下的 I_C 和 1ms 脉冲条件下的 I_{CP}。

② 集电极 - 发射极最高电压 U_{CES}：表征 IGBT 集电极 - 发射极的耐压能力。目前 IGBT 耐压等级有 600V、1000V、1200V、1400V、1700V、3300V。

③ 栅极 - 发射极击穿电压 U_{GEM}：表征 IGBT 栅极 - 发射极之间能承受的最高电压，其值一般为 ±20V。

④ 栅极 - 发射极开启电压 $U_{GE(th)}$：指 IGBT 器件在一定的集电极 - 发射极电压 U_{CE} 下，流过一定的集电极电流 I_C 时的最小开栅电压。当栅源电压等于开启电压 $U_{GE(th)}$

时，IGBT 开始导通。

⑤ 输入电容 c_{IES}：指 IGBT 在一定的集电极 - 发射极电压 U_{CE} 和栅极 - 发射极电压 $U_{GE}=0$ 下，栅极 - 发射极之间的电容，表征栅极驱动瞬态电流特征。

⑥ 集电极最大功耗 P_{CM}：表征 IGBT 最大允许功能。

⑦ 开关时间：它包括导通时间 t_{on} 和关系时间 t_{off}。导通时间 t_{on} 又包含导通延迟时间 t_d 和上升时间 t_r。关断时间 t_{off} 又包含关断延迟时间 t_d 和下降时间 t_f。部分 IGBT 的主要参数见表 11-1。

> **提示**：新型 IGBT 的最高工作频率 f_r 已超过 150kHz、最高反压 $U_{CBS} \geqslant 1700V$、最大电流 I_{CM} 已达 800A、最大功率 P_{CM} 达 3000W、导通时间 $t_{on}<50ns$。

11.2 用数字万用表检测 IGBT

检测之前最好用镊子短路一下 G、E 极，否则可能会因为干扰信号而导通，另外测量时可每一步放一次电，确保测量的准确度。

IGBT 有三个电极，分别是 G、C、E 极，G 极跟 C，E 极绝缘，C 极跟 E 极绝缘。常见的 IGBT 管在 C 极和 E 极里面集成了一个阻尼二极管，万用表笔可以测到这个二极管。常见的 IGBT 管管脚排列顺序如图 11-3 所示，从左到右分别是 G、C、E。有散热片类型的，散热片跟 C 极是相通的，这种类型在有的电路中需要做绝缘措施。

常见IGBT引脚排列

G C E

图11-3 IGBT的三个电极

万用表打到二极管挡，分别测 G 极和 C 极，万用表均显示过量程。如图 11-4 所示。

测试 G 极和 E 极，万用表显示过量程。如图 11-5 所示。

C 极接红表笔，E 极接黑表笔，显示过量程状态。如图 11-6 所示。

C 极接黑表笔，E 极接红表笔，测到里面的二极管，万用表显示二极管的导通值。如图 11-7 所示。

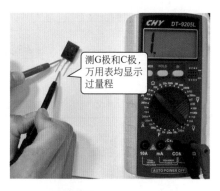

测G极和C极，万用表均显示过量程

图11-4 测G极和C极

测G极和E极，万用表显示过量程

图11-5 测G极和E极

表11-1 部分IGBT的主要参数

型号	最高反压 U_{CES}/V	最大电流 I_{CM}/A	最大耗散功率 P_{CM}/W	型号	最高反压 U_{CES}/V	最大电流 I_{CM}/A	最大耗散功率 P_{CM}/W
IRGPH20M	1200	7.9	60	※GT40Q321	1500	40	300
IRGPH30K	1200	11	100	GT60M302	1000	75	300
IRGPH30M	1200	15	100	IXGH10N100AUT	1000	10	100
CT60AM-20	1000	60	250	IXGH10N100UI	1000	20	100
※CT60AM-20D	1000	60	250	HF7753	1200	50	250
IRGKIK050M12	1200	100	455	HF7757	1700	20	150
IRGNIN025M12	1200	35	355	IRG4PH30K	1200	20	100
IRGNIN050M12	1200	100	455	※IRG4PH30KD	1200	20	100
APT50GF100BN	1000	50	245	IRG4PH40/KU	1200	30	160
CT15SM-24	1200	15	250	※IRG4PH40KD/DD	1200	30	160
T60AM-18B	1000	60	200	IRG4PH50K/U	1200	45	200
IRGPH40K	1200	19	160	※IRG4PH50KD/UD	1200	45	200
IRGPH40M	1200	28	160	IRG4PH50S	1200	57	200
GT40T101	1500	40	300	※IRG4ZH50KD	1200	54	210
※GT40T301	1500	40	300	※IRG4ZH70UD	1200	78	350
※GT40150D	1500	40	300	IRGIG50F	1200	45	200

注：1. 表中最高反压 U_{CES} 是指集电极与发射极之间反向击穿电压，对于同一管子而言，它低于 U_{CBS}（集电极与基极之间反向击穿电压）；最大电流 I_{CM} 是指集电极最大输出电流；最大耗散功率 P_{CM} 是指集电极最大耗散功率。型号前面带 ※ 号者为 C、E 极间附有阻尼二极管。

2. 表中均为 NPN 型 IGBT。

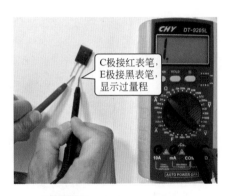

图11-6 测C极和E极（一）

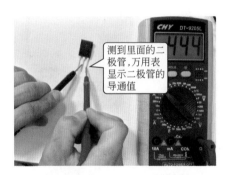

图11-7 测C极和E极（二）

11.3 用指针万用表测量大功率 IGBT

　　加有阻尼管的测量：用 R×10～R×100 挡测三个电极。其中有一次阻值为几百欧，另一次为几千欧，此两脚即为 C、E，且阻值小的一次，黑笔所接为 E 极，红笔为 C 极，另一脚为 B 极（G 极）。

　　在上述两项测试中，如 CB、CE 正、反电阻均很小或为零，则击穿，CE 阻值为无穷大，则为开路。如图 11-8～图 11-13 所示（可扫二维码详细学习）。

图11-8 测量G、C极（一）

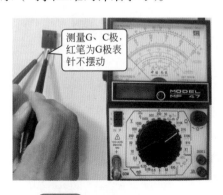

图11-9 测量G、C极（二）

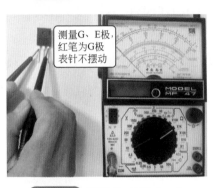

图11-10 测量G、E极（一）

图11-11 测量G、E极（二）

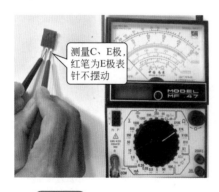

测量C、E极，红笔为E极表针不摆动

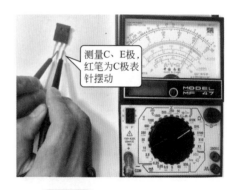

测量C、E极，红笔为C极表针摆动

图11-12 测量C、E极（一）   图11-13 测量C、E极（二）

在以上测量中，如不按照上述规律，测量阻值都很小则为管子击穿，但测试过程中如管子开路则无法测出。要想测出管子是否有放大能力，可用图 11-14 所示方法再进一步测试。

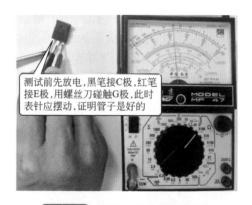

测试前先放电,黑笔接C极,红笔接E极,用螺丝刀碰触G极,此时表针应摆动,证明管子是好的

图11-14 测管子是否有放大能力

11.4 IGBT模块检测

（1）单单元的检测 测量时，利用万用表 R×10 挡测 IGBT 的 C-E、C-B 和 B-E 之间的阻值，应与带阻尼管的阻值相符。若该 IGBT 组件失效，集电极和发射极、集电极和栅极间可能存在短路现象。

　　注意：IGBT 正常工作时，栅极与发射极之间的电压约为 9V，发射极为基准。

若采用在路测量法，应先断开相应引脚，以防电路中内阻影响，造成误判断。

（2）多单元的检测 检测多单元时，先找出多单元中的独立单元，再按单单元检测。

第12章

晶闸管的检测与应用

12.1 认识晶闸管

（1）**结构**　如图 12-1 所示，晶闸管（俗称可控硅）是由 PNPN 四层半导体结构组成的，包括阳极（用 A 表示）、阴极（用 K 表示）和控制极（用 G 表示）三个极，其内部结构如图 12-2 所示。

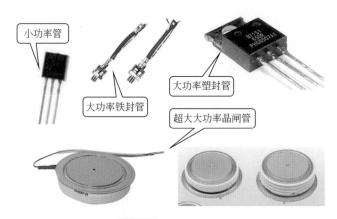

小功率管

大功率铁封管

大功率塑封管

超大大功率晶闸管

图12-1　晶闸管外形

如果仅是在阳极和阴极间加电压，无论是采取正接还是反接，晶闸管都是无法导通的。因为晶闸管中至少有一个 PN 结总是处于反向偏置状态。如果采取正接法，即在晶闸管阳极接正电压、阴极接负电压，同时在门极再加相对于阴极而言的正向电压（足以使晶闸管内部的反向偏置 PN 结导通），晶闸管就导通了（PN 结导通后就不再受极性限制）。而且一旦导通再撤去控制极电压，晶闸管仍可保持导通的状态。如果此时想使导通的晶闸管截止，只有使其电流降到某个值以下或将阳极与阴极间的电压减小到零。

由于晶闸管只有导通和关断两种工作状态，所以它具有开关特性，这种特性需要一定的条件才能

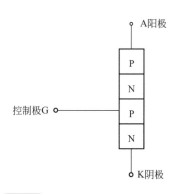

A阳极

P

N

控制极G

P

N

K阴极

图12-2　晶闸管的内部结构示意图

转化，条件如下：

① 从关断到导通时，阳极电位高于阴极电位，门极有足够的正向电压和电流，两者缺一不可。

② 维持导通时，阳极电位高于阴极电位；阳极电流大于维持电流，两者缺一不可。

③ 从导通到关断时，阳极电位低于阴极电位；阳极电流小于维持电流，任一条件即可。

（2）晶闸管的图形符号　晶闸管是电子电路中最常用的电子元器件之一，一般用字母"K"、"VS"加数字表示。晶闸管的图形符号如图 12-3 所示。

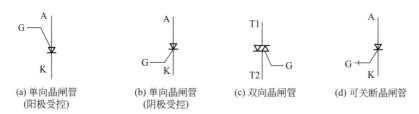

(a) 单向晶闸管　　(b) 单向晶闸管　　(c) 双向晶闸管　　(d) 可关断晶闸管
(阳极受控)　　　　(阴极受控)

图12-3　晶闸管的图形符号

（3）晶闸管的型号命名　国产晶闸管型号命名一般由四个部分组成，分别为名称、类别、额定电流值和重复峰值电压级数，如图 12-4 所示。

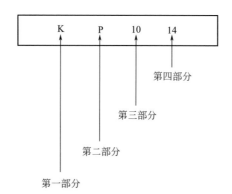

图12-4　晶闸管型号命名示意图

第一部分为名称，晶闸管用字母 K 表示。

第二部分为晶闸管的类别，用字母表示。P 表示普通反向阻断型。

第三部分为晶闸管的额定通态电流值，用数字表示。10 表示额定通态电流为 10A。

第四部分为晶闸管的重复峰值电压级数，用数字表示。14 表示重复峰值电压为 1400V。

KP10-14 表示通态平均电流为 10A，正、反向重复峰值电压为 1400V 的普通反向阻断型晶闸管。

表 12-1 ～表 12-3 分别列出了晶闸管类别代号含义对照表、晶闸管额定通态电流

符号含义对照表和晶闸管重复峰值电压级数符号含义对照表。

表12-1 晶闸管类别代号含义对照表

符 号	含 义
P	普通反向阻断型
K	快速反向阻断型
S	双向型

表12-2 晶闸管额定通态电流符号含义对照表

符 号	含 义	符 号	含 义
1	1A	100	100A
5	5A	200	200A
10	10A	300	300A
20	20A	400	400A
30	30A	500	500A
50	50A		

表12-3 晶闸管重复峰值电压级数符号含义对照表

符 号	含 义	符 号	含 义
1	100V	7	700V
2	200V	8	800V
3	300V	9	900V
4	400V	10	1000V
5	500V	12	1200V
6	600V	14	1400V

12.2 晶闸管的主要参数

（1）**正向转折电压 U_{BO}**　正向转折电压 U_{BO} 是指晶闸管在门极开路且额定结温状态下，在阳极（A极）与阴极（K极）之间加正弦半波正向电压，使它由关断状态进入导通状态时所需要的峰值电压。

（2）**断态重复峰值电压 U_{DRM}**　断态重复峰值电压 U_{DRM} 是指晶闸管在正向阻断时，允许加在 A、K 极或 T1、T2 极间最大的峰值电压。此电压约为正向转折电压减去 100V 后的电压值。

（3）**通态平均电流 I_T**　通态平均电流 I_T 是指在规定的环境温度和标准散热条件下，晶闸管正常工作时 A、K 极或 T1、T2 极间所允许通过电流的平均值。

（4）**反向击穿电压 U_{BR}**　反向击穿电压 U_{BR} 是指晶闸管在额定结温下，为它的 A、K 极或 T1、T2 极加正弦半波正向电压，使反向漏电电流急剧增加时对应的峰值电压。

（5）**反向重复峰值电压 U_{RRM}** 反向重复峰值电压 U_{RRM} 是指晶闸管在门极开路时，为它的 A、K 或 T1、T2 极允许的最大反向峰值。此电压为反向击穿电压减去 100V 后的峰值电压。

（6）**反向重复峰值电流 I_{RRM}** 反向重复峰值电流 I_{RRM} 是指晶闸管在关断状态下的反向最大漏电电流。此电流值应该低于 10μA。

（7）**正向平均电压 U_F** 正向平均电压 U_F 也称通态平均电压或通态压降 U_T。它是指晶闸管在规定的环境温度和标准散热状态下，其 A、K 极或 T1、T2 极间压降的平均值。晶闸管的正向平均电压 UF 通常为 0.4～1.2V。

（8）**门极触发电压 U_{GT}** 门极触发电压 U_{GT} 是指晶闸管在规定的环境温度下，为它的 A、K 极加正弦半波正向电压，使它由关断状态进入导通状态所需要的最小控制极电压。

（9）**门极触发电流 I_{GT}** 门极触发电流 I_{GT} 是指晶闸管在规定的环境温度下，为它的 A、K 极加正弦半波正向电压，使它由关断状态进入导状态所需要最小控制极电流。

（10）**门极反向电压** 门极反向电压是指晶闸管门极上所加的额定电压。该电压通常不足 10V。

（11）**维持电流 I_H** 维持电流 I_H 是指维持晶闸管导通的最小电流。当最小电流小于维持电流 I_H 时，晶闸管会关断。

（12）**断态重复峰值电流 I_{DR}** 断态重复峰值电流 I_{DR} 是指在关断状态下的正向最大平均漏电流。此电流值一般不能大于 10μA。

12.3 单向晶闸管及检测

单向晶闸管也称单向可控硅。由于单向晶闸管具有成本低、效率高、性能可靠等优点，所以被广泛应用在可控整流、交流调压、逆变电源、开关电源等电路中。

（1）**单向晶闸管的构成** 单向晶闸管由 PNPN4 层半导体构成，而它等效为 2 只三极管，它的 3 个引脚功能分别是：G 为门极，A 为阳极，K 为阴极。单向晶闸管的结构、等效电路及图形符号如图 12-5 所示。

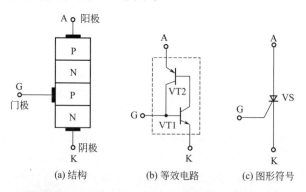

图12-5 单向晶闸管的结构、等效电路及图形符号

（2）**单向晶闸管的基本特性**　由单向晶闸管的等效电路可知，单向晶闸管由 1 只 NPN 型三极管 VT1 和 1 只 PNP 型三极管 VT2 组成，所以单向晶闸管的 A 极和 K 极之间加上正极性电压时，它并不能导通；只有当它的 G 极有触发电压输入后，它才能导通。这是因为单向晶闸管 G 极输入电压加到 VT1 的 B 极，使 VT1 导通，VT1 的 C 极电位为低电压，致使 VT2 导通，此时 VT2 的 C 极输出电压又加到 VT1 的 B 极，维持 VT1 的导通状态。因此，单向晶闸管导后，即使 G 极不再输入导通电压，它也会维持导通状态。只有使 A 极输入的电压足够小或为 A、K 极间加反向电压，单向晶闸管才能关断。

（3）**用指针万用表检测单向可控硅**

① 测试判断单向可控硅的引脚极性　如图 12-6 ～图 12-9 所示，可控硅的控制极与阴极之间有一个 PN 结，类似于一只二极管，具有单向导电特性，而阳极与控制极和阴极之间有多个 PN 结，因这些 PN 结是反串在一起的，正反向电阻均是很大的。根据这些特点，就可利用万用表很方便地判别出各电极来。将万用表置于 R×1k（或 R×100）挡，任意测试两个电极间的正反向电阻，如果测得其中两个电极的电阻较小（正向，几到十几千欧），而交换表笔后测得的电阻很大（反向，几十到几百千欧），那么，以阻值较小的为准，黑表笔所接的电极就是控制极，而红表笔所接电极就是阴极，剩下的电极便是阳极了。

图12-6　测试判断单向可控硅（一）

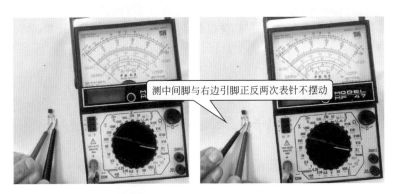

测中间脚与右边引脚正反两次表针不摆动

图12-7　测试判断单向可控硅（二）

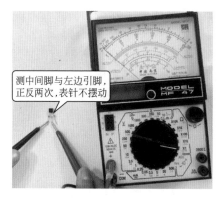

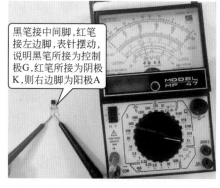

图12-8　测试判断单向可控硅（三）　　图12-9　测试判断单向可控硅（四）

②触发能力的测量　如图 12-10 所示，将万用表置于 R×1 挡，黑表笔接 K 极，红表笔接 A 极，导通压降值应为无穷大。此时用红表笔瞬间短接 A、G 极，表针摆动，说明晶闸管被触发。如图 12-11 所示。断开 G 晶闸管被触发后能够维持导通状态；说明是好的。否则，说明该晶闸管已损坏。如图 12-12 所示。

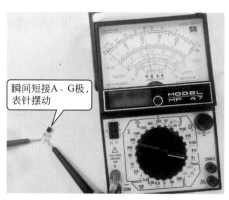

图12-10　触发能力的测量（一）　　图12-11　触发能力的测量（二）

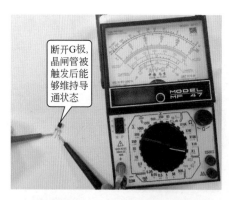

图12-12　触发能力的测量（三）

（4）用数字万用表测试单向可控硅

①单向晶闸管引脚的判别　由于单向晶闸管的 G 极与 K 极之间仅有 1 个 PN 结，所以这 2 个引脚间具有单向导通特性，而其余引脚间的阻值或导通压降值应为无空大。下面介绍用数字型万用表检测的方法。

首先，将数字型万用表置于"二极管"挡，表笔任意接单向晶闸管两个引脚，测试中出现 0.6 ~ 0.7 左右的数值时，说明此时红表笔接的是 G 极，黑表笔接的是 K 极，剩下的引脚是 A 极。

②单向晶闸管触发导通能力的检测　如

图 12-13、图 12-14 所示，黑表笔接 K 极，红表笔接 A 极，导通压降值应为无穷大，此时用红表笔瞬间短接 A、G 极，随后测 A、K 极之间的导通压降值，若导通压降值迅速变小，说明晶闸管被触发并能够维持导通状态；否则，说明该晶闸管已损坏。

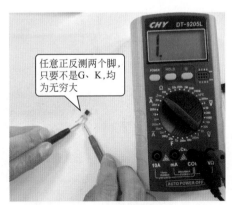

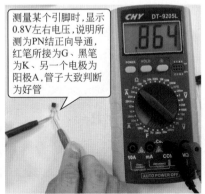

图12-13 二极管挡测可控硅（一）　　图12-14 二极管挡测可控硅（二）

如在测量过程中不显示 PN 结电压，或正反都为无穷大，则管子损坏。

12.4 双向晶闸管及检测

双向晶闸管也称双向可控硅。由于双向晶闸管具有成本低、效率高、性能可靠等优点，所以被广泛应用在交流调压、电机调速、灯光控制等电路中。双向晶闸管的外形和单向晶闸管基本相同。

（1）**双向晶闸管的构成**　双向晶闸管由两个单向晶闸管反向并联组成，所以它具有双向导通性能，即只要 G 极输入触发电流后，无论 T1、T2 间的电压方向如何，它都能够导通。双向晶闸管的等效电路及图形符号如图 12-15 所示。

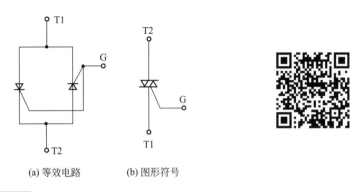

(a) 等效电路　　　(b) 图形符号

图12-15 双向晶闸管的等效电路及图形符号

（2）**用指针万用表检测双向可控硅**

引脚和触发性能的判断：如图 12-16 所示，将指针型万用表置于 R×1 挡，任意测双向晶闸管两个引脚间的电阻，当一组的阻值为几十欧时，说明这两个引脚为 G 极和 T1 极，剩下的引脚为 T2 极（图 12-16）。

假设 T1 和 G 极中的任意一脚为 T1，红表笔接 T2 极，此时的阻值应为无穷大（图 12-17）。用表笔瞬间短接 T2、G 极，如果阻值由无穷大变为几十欧，说明晶闸管被触发并维持导通（图 12-18、图 12-19）。

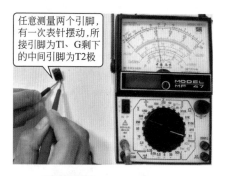

图12-16 引脚判断（一）

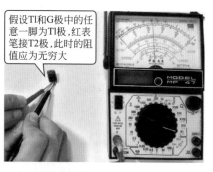

图12-17 引脚判断（二）

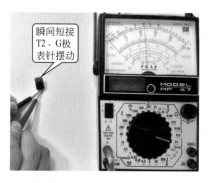

图12-18 触发能力判别（一）

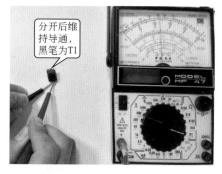

图12-19 触发能力判别（二）

假设正确调换表笔重复上述操作，黑表笔接 T2 极，红笔接 T1 极，如图 12-20 所示。

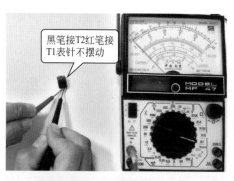

图12-20 触发能力判别（三）

用黑表笔瞬间短接 T2、G 极，如果阻值由无穷大变为几十欧，说明晶闸管被触发并维持导通正确，如图 12-21、图 12-22 所示。

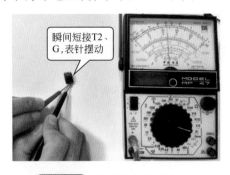

瞬间短接T2、G，表针摆动

分开T2、G，维持导通，正确

图12-21　触发能力判别（四）　　　　图12-22　触发能力判别（五）

12.5 晶闸管的选配代换及使用注意事项

（1）**晶闸管的选配代换**　晶闸管的种类繁多，根据使用的不同需求，通常采用不同类型的晶闸管。在对晶闸管进行代换时，主要考虑其额定峰值电压、额定电流、正向压降、门极触发电流及触发电压、开关速度等参数。最好选用同类型号、同特性、同外形的晶闸管进行代换。

① 对于逆变电源、可控整流、交直流电压控制、交流调压、开关电源保护等电路，一般使用普通晶闸管。

② 对于交流调压、交流开关、交流电动机线性调速、固态继电器、固态接触器及灯具线性调光等电路，一般使用双向晶闸管。

③ 对于超声波电路、电子镇流器、开关电源、电磁灶及超导磁能储存系统等电路，一般使用逆导晶闸管。

④ 对于光探测器、光报警器、光计数器、光电耦合器、自动生产线的运行监控及光电逻辑等电路，一般使用光控晶闸管。

⑤ 对于过电压保护器、锯齿波发生器、长时间延时器及大功率三极管触发等电路，一般使用 BTC 晶闸管。

⑥ 对于斩波器、逆变电源、电子开关及交流电动机变频调速等电路，一般使用门极关断晶闸管。

另外，代换时新晶闸管应与旧晶闸管的开关速度一致。如高速晶闸管损坏后，只能选用同类型的高速晶闸管，而不能用普通晶闸管来代换。

（2）**晶闸管的使用注意事项**

① 选用晶闸管的额定电压时，应参考实际工作条件下峰值电压的大小，并留出一定的余量。

② 选用晶闸管的额定电流时，除了考虑通过元件的平均电流外，还应注意正常工作时导通角的大小、散热通风条件等因素。在工作中还应注意管壳温度不超过相应电流下的允许值。

③ 使用晶闸管之前，应该用万用表检查晶闸管是否良好。发现有短路或断路现

象时，应立即更换。

④ 严禁用兆欧表（即摇表）检查元件的绝缘情况。

⑤ 电流在 5A 以上的晶闸管要装散热器，并且保证所规定的冷却条件。为保证散热器与晶闸管管心接触良好，它们之间应涂上一薄层有机硅油或硅脂，以利于良好散热。

⑥ 按规定对主电路中的晶闸管采用过电压及过电流保护装置。

⑦ 要防止晶闸管控制极的正向过载和反向击穿。

第13章

开关与继电器的检测与应用

13.1 开关元件检修与应用

　　作为电气控制部件的各种开关的工作原理虽有不同，但是其结构和性能有很多相同之处。下面介绍各种开关的通用结构和要求及检查方法。

　　（1）**开关的一般结构**　各种开关的外形及结构如图 13-1 所示。开关的主要工作元件是触点（又称接点），依靠触点的闭合（即接触状态）和分离来接通和断开电

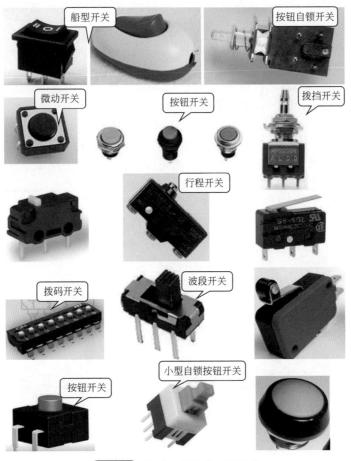

船型开关　　按钮自锁开关　　微动开关　　按钮开关　　拨挡开关　　行程开关　　拨码开关　　波段开关　　按钮开关　　小型自锁按钮开关

图13-1　各种开关的外形及结构

路。在电路要求接通时，通过手动或机械作用使触点闭合；在电路要求断开时，通过手动或机械作用使触点分离。触点或簧片都要具有良好的导电性。触点的材料为铜、铜合金、银、银合金、表面镀银、表面镀银合金。用于低电压（如直流2V）的开关，甚至还要求触点表面镀金或金合金。簧片要求具有良好的弹性，多采用厚度为0.35～0.50mm的磷青铜、铍青铜材料制成。

簧片安装于绝缘体上，绝缘体的材料多为塑料制成，有些开关还要求采用阻燃材料。簧片或穿插入绝缘体的孔中，用簧片的刺定位，或直接在注塑时固定于绝缘体中。

（2）开关的性能要求

① 触点能可靠的通断。为了保证触点在闭合位置时能可靠接通，主要有两点技术要求：一是要求两触点在闭合时要具有一定的接触压力，二是要求两触点接触时的接触电阻要小于某一值。

② 如作电源开关的触点（如定时器的主触点、多数开关的触点），初始接触电阻不能大于30mΩ，经过寿命试验后接触电阻不能大于200mΩ。接触压力不足将会产生接触不良、开关时通时断的故障，常说的触点"抖动"现象就是接触压力不足的表现。接触电阻大将会使触点温升高，严重时会使触点熔化而黏结在一起。

③ 要求开关安装位置固定，簧片和触点定位可靠。

④ 开关的带电部分与有接地可能的非带电金属部分及人体可能接触的非金属表面之间要保持足够的绝缘距离，绝缘电阻应在20MΩ以上。

（3）开关的检测　常用检查方法有三种，即观察法、万用表检查法、短接检查法。

① 观察法。对于动作明显、触点直观的开关，可采用目视观察法检查。将开关置于正常工作时应该闭合或分离的状态，观察触点是否接触或分离，同时观察触点表面是否损坏、是否积炭、是否有腐蚀性气体腐蚀生成物（如针状结晶的硫化银、氯化银）、触点表面是否变色、两触点位置是否偏移。对于不正常工作的开关，通过手动和观察，也可检查出动作是否正常及故障原因。

② 万用表检查法。对于触点隐蔽、难于观察到通断状态的开关（如自动型洗衣机上的水位开关、封闭型琴键开关），可以用万用表测电阻的方法来检查。在开关应该接通的位置，测定输入端和输出端的电阻，如阻值为无穷大，则说明开关接通；如果阻值为零或近于零，则说明开关正常；若有一定阻值，则说明接触不良（阻值越大，接触不良的现象就越严重）。如图 13-2 ～图 13-4 所示。

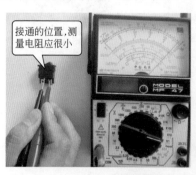

图13-2　开关通断判断（一）

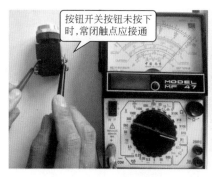

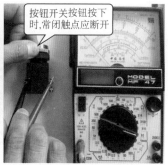

按钮开关按钮未按下时，常闭触点应接通

按钮开关按钮按下时，常闭触点应断开

图13-3　开关通断判断（二）

按钮开关按钮未按下时，常开触点应断开

按钮开关按钮按下时，常开触点应接通

图13-4　开关通断判断（三）

③ 短接检查法。对于装配于整机上的开关，最简单的检查方法是短接检查法。当包含某一个开关的电路不能正常工作时，如怀疑该开关有故障，那么可以将此开关的输入端和输出端用导线连接起来，即通常所说的短接，短接后就相当于没有这个开关。如果短接后，原来的不正常状态转为正常状态了，则说明这个开关有故障。

13.2 电磁继电器

（1）继电器的作用　继电器是具有隔离功能的自动开关元件，电磁继电器如图 13-5 所示。

继电器一般都有能反映一定输入变量（如电流、电压、功率、阻抗、频率、温度、压力、速度、光等）的感应机构（输入部分）；有能对被控电路实现"通"、"断"控制的执行机构（输出部分）；在继电器的输入部分和输出部分之间，还有对输入量进行耦合隔离，功能处理和对输出部分进行驱动的中间机构（驱动部分）。

电磁继电器一般由铁芯、线圈、衔铁、触点簧片等组成的。只要在线圈两端加上一定的电压，线圈中就会流过一定的电流，从而产生电磁效应，衔铁就会在电磁力吸引的作用下克服返回弹簧的拉力吸向铁芯，从而带动衔铁的动触点与静触点（常开触点）吸合。当线圈断电后，电磁吸力也随之消失，衔铁就会在弹簧的反作用力作用下返回原来的位置，使动触点与静触点（常闭触点）释放。这样吸合、释放，从而达到

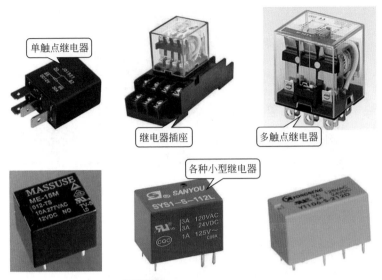

图13-5 电磁继电器实物图

了在电路中导通、切断的目的。对于继电器的"常开、常闭"触点，可以这样来区分：继电器线圈未通电时处于断开状态的静触点称为"常开触点"，处于接通状态的静触点称为"常闭触点"。继电器一般有两个电路，即低压控制电路和高压工作电路。电磁继电器的结构如图13-6所示。

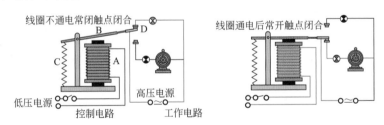

图13-6 电磁继电器的结构

A—电磁铁；B—衔铁；C—弹簧；D—触点

（2）电磁继电器的主要技术参数

① 额定工作电压和额定工作电流。额定工作电压是指继电器在正常工作时线圈两端所加的电压，额定工作电流是指继电器在正常工作时线圈需要通过的电流。使用中必须满足线圈对工作电压、工作电流的要求，否则继电器不能正常工作。

② 线圈直流电阻。线圈直流电阻是指继电器线圈直流电阻的阻值。

③ 吸合电压和吸合电流。吸合电压是指使继电器能够产生吸合动作的最小电压值，吸合电流是指使继电器能够产生吸合动作的最小电流值。为了确保继电器的触点能够可靠吸合，必须给线圈加上稍大于额定电压（电流）的实际电压值，但也不能太高，一般为额定值的1.5倍，否则会导致线圈损坏。

④ 释放电压和释放电流。释放电压是指使继电器从吸合状态到释放状态所需的

最大电压值，释放电流是指使继电器从吸合状态到释放状态所需的最大电流值。为保证继电器按需要可靠地释放，在继电器释放时，其线圈所加的电压必须小于释放电压。

⑤ 触点负荷。触点负荷是指继电器触点所允许通过的电流和所加的电压，也就是触点能够承受的负载大小。在使用时，为避免触点过电流损坏，不能用触点负荷小的继电器去控制负载大的电路。

⑥ 吸合时间。吸合时间是指给继电器线圈通电后，触点从释放状态到吸合状态所需要的时间。

（3）电磁继电器的识别　根据线圈的供电方式，电磁继电器可以分为交流电磁继电器和直流电磁继电器两种，交流电磁继电器的外壳上标有"AC"字符，而直流电磁继电器的外壳上标有"DC"字符。根据触点的状态，电磁继电器可分为常开型继电器、常闭型继电器和转换型继电器3种。3种电磁继电器的图形符号如图13-7所示。

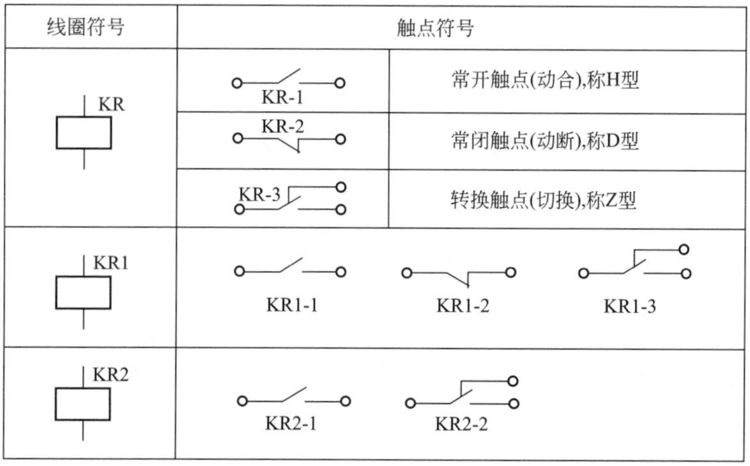

线圈符号	触点符号	
KR	KR-1	常开触点(动合),称H型
	KR-2	常闭触点(动断),称D型
	KR-3	转换触点(切换),称Z型
KR1	KR1-1　　　　KR1-2　　　　KR1-3	
KR2	KR2-1　　　　KR2-2	

图13-7　3种电磁继电器的图形符号

常开型继电器也称动合型继电器，通常用"合"字的拼音字头"H"表示，此类继电器的线圈没有电流时，触点处于断开状态，当线圈通电后触点就闭合。

常闭型继电器也称动断型继电器，通常用"断"字的拼音字头"D"表示，此类继电器的线圈没有电流时，触点处于接通状态，当线圈通电后触点就断开。

转换型继电器用"转"字的拼音字头"Z"表示，转换型继电器有3个一字排开的触点，中间的触点是动触点，两侧的是静触点，此类继电器的线圈没有导通电流时，动触点与其中的一个静触点接通，而与另一个静触点断开；当线圈通电后动触点移动，与原闭合的静触点断开，与原断开的静触点接通。

电磁继电器按控制路数可分为单路继电器和双路继电器两大类。双控型电磁继电器就是设置了两组可以同时通断的触点的继电器，其结构及图形符号如图13-8所示。

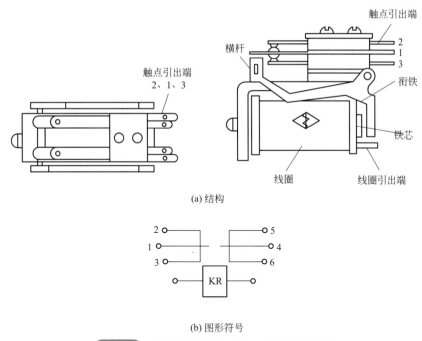

(a) 结构

(b) 图形符号

图13-8 双控型电磁继电器的结构及图形符号

（4）电磁继电器的检测

① 判别类型（交流或直流） 电磁继电器分为交流与直流两种，在使用时必须加以区分。凡是交流继电器，因为交流电不断呈正弦变化，当电流经过零值时，电磁铁的吸力为零，这时衔铁将被释放；电流过了零值，吸力恢复又将衔铁吸入，这样，伴着交流电的不断变化，衔铁将不断地被吸入和释放，势必产生剧烈的振动。为了防止这一现象的发生，在其铁芯顶端装有一个铜制的短路环。短路环的作用是，当交变的磁通穿过短路环时，在其中产生感应电流，从而阻止交流电过零时原磁场的消失，使衔铁和磁轭之间维持一定的吸力，从而消除了工作中的振动。另外，在交流继电器的线圈上常标有"AC"字样，直流电磁继电器则没有铜环。在直流继电器上标有"DC"字样。有些继电器标有 AC/DC，则要按标称电压正确使用。

② 测量线圈电阻 根据继电器标称直流电阻值，将万用表置于适当的电阻挡，可直接测出继电器线圈的电阻值。即将两表笔接到继电器线圈的两引脚，万用表指示应基本符合继电器标称直流电阻值。如果阻值无穷大，说明线圈有开路现象，可查一下线圈的引出端，看看是否线头脱落；如果阻值过小，说明线圈短路，但是通过万用表很难判断线圈的匝间短路现象；如果断头在线圈内部或看上去线包已烧焦，那么只有查阅数据，重新绕制，或换一个相同的线圈（图 13-9）。

③ 判别触点的数量和类别 在继电器外壳上标有触点及引脚功能图，可直接判别；如无标注，可拆开继电器外壳，仔细观察继电器的触点结构，即可知道该继电器有几对触点，每对触点的类别以及哪个簧片构成一组触点，对应的是哪几个引出端（图 13-10、图 13-11）。

测量线圈通断,不通或阻值太小为损坏

图13-9 测量线圈电阻

不通电状态时测常闭触点应导通

图13-10 测量常闭触点

给线圈加电压,使继电器工作,常开触点吸合,测量时应导通

图13-11 通电后测量常开触点

④ 检查衔铁工作情况　用手拨动衔铁,看衔铁活动是否灵活,有无卡滞的现象。如果衔铁活动受阻,应找出原因加以排除。另外,也可用手将衔铁按下,然后再放开,看衔铁是否能在弹簧(或簧片)的作用下返回原位。注意,返回弹簧比较容易被锈蚀,应作为重点检查部位。

⑤ 测量吸合电压和吸合电流　给继电器线圈输入一组电压,且在供电回路中串入电流表进行监测。慢慢调高电源电压,听到继电器吸合声时,记下该吸合电压和吸合电流。为求准确,可以多试几次而求平均值。

⑥ 测量释放电压和释放电流　也是像上述那样连接测试,当继电器发生吸合后,再逐渐降低供电电压,当听到继电器再次发生释放声音时,记下此时的电压和电流,亦可多试几次而取得平均的释放电压和释放电流。一般情况下,继电器的释放电压为吸合电压的 10% ~ 50%。如果释放电压太小(小于 1/10 的吸合电压),则不能正常使用了,这样会对电路的稳定性造成威胁,工作不可靠。

13.3 固态继电器

(1) 认识固态继电器　固态继电器(SSR)是一种全电子电路组合的元件,它依靠半导体器件和电子元件的电磁和光特性来完成其隔离和继电切换功能。固态继电器的输入端用微小的控制信号直接驱动大电流负载,被广泛应用于工业自动化控制。洗衣机、消防保安系统等都有大量应用。固态继电器的外形如图 13-12 所示。

图13-12　固态继电器的外形

表 13-1 和表 13-2 列出了几种交流固态继电器（ACSSR）和直流固态继电器（DCSSR）的主要参数，其中输出负载电压和输出负载电流在选用器件时应加以注意。

表13-1　几种ACSSR的主要参数

参数 型号	输入 电压 /V	输入 电流 /mA	输出负载 电压 /V	断态漏 电流 /mA	输出负载 电流 /A	通态压降 /V
V23103-S 2192-B402	3 ～ 30	<30	24 ～ 280	4.5	2.5	1.6
G30-202P	3 ～ 28		75 ～ 250	<10	2	1.6
GTJ-1AP	3 ～ 30	<30	30 ～ 220	<5	1	1.8
GTJ-2.5AP	3 ～ 30	<30	30 ～ 220	<5	2.5	1.8
SP1110		5 ～ 10	24 ～ 140	<1	1	
SP2210		10 ～ 20	24 ～ 280	<1	2	
JGX-10F	3.2 ～ 14	20	25 ～ 250	10	10	

表13-2　几种DCSSR主要参数

参数名称	型号 #675	GTJ-0.5DP	GTJ-1DP	16045580
输入电压 /V	10 ～ 32	6 ～ 30	6 ～ 30	5 ～ 10
输入电流 /mA	12	3 ～ 30	3 ～ 30	3 ～ 8

续表

参数名称 \ 型号	#675	GTJ-0.5DP	GTJ-1DP	16045580
输出负载电压 /V	4 ～ 55	24	24	25
输出负载电流 /A	3	0.5	1	1
断态漏电流 /mA	4	10（μA）	10（μA）	
通态压降 /V	2（2A 时）	1.5（1A 时）	1.5（1A 时）	0.6
开通时间 /μs	500	200	200	
关断时间 /ms	2.5	1	1	

（2）固态继电器的检测

① 输入部分检测　检测固态继电器输入部分如图 13-13 所示。固态继电器输入部分一般为光电隔离器件，因此可用万用表检测输入两引脚的正反向电阻。测试结果应为一次有阻值，一次无穷大。如果测试结果均为无穷大，说明固态继电器输入部分已经开路损坏；如果两次测试阻值均很小或者几乎为零，说明固态继电器输入部分短路损坏。

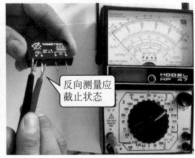

(a) 正向测量　　　　　　　　　　　　　(b) 反向测量

图13-13　检测输入部分

② 输出部分检测　检测固态继电器输出部分如图 13-14 所示。用万用表测量固态继电器输出端引脚之间的正反向电阻，均应为穷大。单向直流型固态继电器除外，因为单向直流型固体继电器输出器件为场效应管或 IGBT，这两种管在输出两脚之间会并有反向二极管，因此使用万用表测量时也会呈现出一次有阻值、一次无穷大的现象。

③ 通电检测固态继电器　在上一步检测的基础上，给固态继电器输入端接入规定的工作电压，这时固态继电器输出端两引脚之间应导通，万用表指针指示阻值很小，如图 13-15 所示。断开固态继电器输入端的工作电压后，其输出端两引脚之间应截止，万用表指针指示为无穷大，如图 13-16 所示。

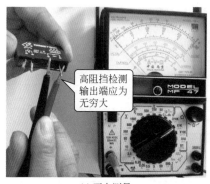

(a) 正向测量   (b) 反向测量

图13-14 检测输出部分

图13-15 接入工作电压时   图13-16 断开工作电压时

13.4 干簧管继电器及检测

干簧管继电器利用线圈通过电流产生的磁场切换触点。干簧管继电器的外形、结构及图形符号如图 13-17 所示。将线圈及线圈中的干簧管封装在磁屏蔽盒内。干簧管继电器结构简单、灵敏度高，常用在小电流快速切换电路中。

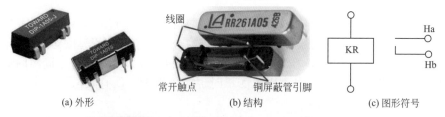

(a) 外形   (b) 结构   (c) 图形符号

图13-17 干簧管继电器外形、结构及图形符号

干簧管继电器的检测 方法：可先用万用表电阻挡找出控制线圈端和干簧管开关端，然后直接给继电器加额定电压，应能听到触点吸合声音，测开关脚阻值应为零，这说明是好的，否则为坏的。如图 13-18 ～图 13-20 所示。

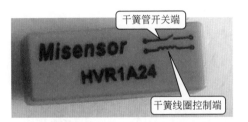

图13-18 干簧管继电器标识

图13-19 测量线圈

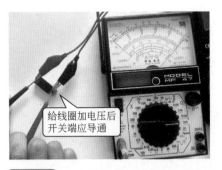

图13-20 加电测量干簧管继电器开关部分

第14章

扬声器等电声器件的检测与维修

14.1 电声器件的型号命名

国产电声器件的型号命名由四部分组成，各部分的主要含义见表 14-1。

14.2 扬声器

扬声器是一种把电信号转变为声信号的换能器件，扬声器的性能优劣对音质的好坏影响很大。扬声器音频电能通过电磁、压电或静电效应，使其纸盆或膜片振动并与周围的空气产生共振（共鸣）而发出声音。常见扬声器的外形、结构及图形符号如图 14-1 所示，在电路中常用字母"B"或"BL"表示。

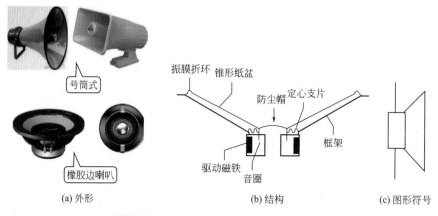

图14-1 扬声器的外形、结构及图形符号

（1）好坏检测 检测扬声器时，将万用表置于 R×1 挡，用万用表两表笔（不分正、负）继续触碰扬声器两引出端（见图 14-2），扬声器中应发出"喀喀……"，否则说明该扬声器已损坏。"喀喀……"声越大越清脆越好。如"喀喀……"声小或不清晰，说明该扬声器质量较差。

若手头没有万用表，也可以利用一节 5 号电池和一根导线对扬声器的音圈是否正常进行判断，方法是：将电池负极与音圈的一个接线端子相接，电池正极接导线的一端，用导线的另一端点击音圈的另一个接线端子，正常时扬声器也能发生"喀

表14-1 电声器件各部分的主要含义

第一部分：主称		第二部分：类型		第三部分：特征				第四部分：序号
字母	含义	字母	含义	字母	含义	数字	含义	
Y	扬声器	C	电磁式	C	手持式；测试用	I	1级	用数字表示产品序号
C	传声器	D	电动式（动圈式）	D	头戴式；低频	II	2级	
E	耳机			F	飞行用	III	3级	
O	送话器	A	带式	G	耳挂式；高频	025	0.25W	
H	两用换能器	E	平膜音圈式	H	号筒式	04	0.4W	
S	受话器	Y	压电式	I	气导式	05	0.5W	
N, OS	送话器组	R	电容式、静电式	J	舰艇用；接触式	1	1W	
EC	耳机传声器组	T	炭粒式	K	抗噪式	2	2W	
HZ	号筒式组合扬声器	Q	气流式	L	立体声	3	3W	
				P	炮兵用	5	5W	
YX	扬声器箱	Z	驻极体式	Q	球顶式	10	10W	
						15	15W	
YZ	声柱扬声器	J	接触式	T	椭圆形	20	20W	

喀"的声音。

（2）**扬声器阻抗检测** 扬声器铁芯的背面通常有一个直接打印或贴上去的铭牌，该铭牌上一般都标有阻抗的大小。检测扬声器阻抗时，将万用表置于 R×1 挡并调零，用万用表两表笔（不分正、负）接扬声器两引出端，万用表指针所指示的即为扬声器音圈的直流电阻，应为扬声器标称阻抗的 0.8 左右。如音圈的直流电阻过小，说明音圈有局部短路。如万用表指针不动，则说明音圈已断路，如图 14-3 所示。

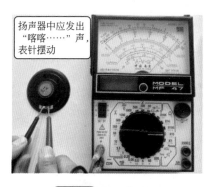
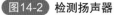

图14-2 检测扬声器

图14-3 测量扬声器音圈电阻

（3）**极性判断** 在多只扬声器组成的音箱中，为了保持各扬声器的相位一致，必须搞清楚扬声器两引出端的正与负，否则会因相位失真而影响音质。大部分扬声器在背面的接线支架上通过标注"+"、"-"的符号标出两根引线的正、负极性，而有的扬声器并未标注，为此需要对此类扬声器的极性进行判别，采用的判别方法主要有电池检测法和万用表检测法两种。

① 电池检测法。利用电池判别扬声器的极性时，将一节 5 号电池的正、负极通过引线点击扬声器音圈的两个接线端子，点击的瞬间及时观察扬声器的纸盆振动方向，若纸盆向上振动，说明电池正极接的接线端子是音圈的正极，电池负极接的接线端子是音圈的负极；反之，若纸盆向下（靠近磁铁方向）振动，说明电池负极接的引脚是扬声器的正极。

② 万用表检测法。万用表检测法有两种，其中一种和电池检测法类似，将万用表置于 R×1 挡，用两个表笔分别点击扬声器音圈的两个接线端子，在点击的瞬间及时观察扬声器的纸盆振动方向，若纸盆向上振动，说明黑表笔接的端子是音圈正极；若纸盆向下振动，说明黑表笔接的端子是扬声器音圈的负极。

还有一种利用万用表检测扬声器极性的方法，那就是利用万用表的直流电流挡识别出扬声器引脚极性。具体方法为：将扬声器纸盆口朝上放置，万用表置于最小的直流电流挡（50μA 挡），两个表笔任意接扬声器的两个引脚，用手指轻轻而快速地将纸盆向里推动，此时指针有一个向左或向右的偏转。当指针向右偏转时（如果向左偏转，将红黑表笔互相反接一次），红表笔所接的引脚为正极，黑表笔所接的引脚为负极，如图 14-4 所示。

（4）**扬声器的故障修理**

① **从外观结构上检查** 从外表观察扬声器的铁架是否生锈，纸盆是否受潮、发

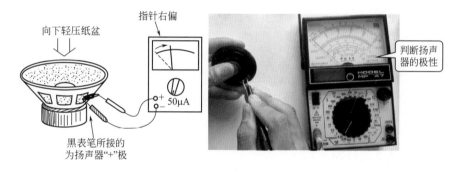

图14-4 判别扬声器相位

霉、破裂，引线有无断线、脱焊或虚焊（若有则应焊接），磁体是否摔跌开裂、移位；用螺丝刀靠近磁体检查其磁力的强弱。

② 线圈与阻抗的测试　将万用表置于 R×1 挡，用两表笔（不分正、负极）点触其接线端，听到明显的"喀喀"响声，表明线圈未断路。再观察指针停留的地方，若测出来的阻抗与所标阻抗相近，说明扬声器良好；如果实际阻值比标称阻值小得多，说明扬声器线圈存在匝间短路；若阻值为 ∞，说明线圈内部断路，或接线端有可能断线、直脱焊或虚焊（可焊接处理）。

③ 声音失真

a. 纸盆破裂。纸盆是发声的重要部件，应重点检查纸盆是否破损。当扬声器纸盆破裂时，放音时会产生一种"吱吱"声；如果纸盆破损不严重，则可用胶水修补。纸盆破损严重，损坏面积较大，不能修补，可弃之不用。

b. 音圈与磁钢相碰。音圈在磁钢的磁缝隙中运动，损坏的机会较多。可用手指轻按纸盆，若纸盆难以上下动作，说明线圈被磁钢卡住。其原因有两个：一个是扬声器摔跌后，磁芯发生偏移；另一个是纸盆与连着的线圈发生偏移或变形，导致音圈在振动时与磁钢产生相互摩擦，使声音发闷或发不出声音，轻者使声音产生"沙沙"声而失真，重者使音圈松脱或断线。

c. 对于号筒式扬声器，音圈烧坏后可用相同型号的音圈代用。使用时，主要注意的是凹膜和凸膜（区分方法是音圈向上，下凹的为凹膜，凸起的为凸膜）。代用时，可用凸膜代凹膜，方法是将凸起部分按下去即可，但凹膜不能代凸膜。装音膜时应先清理磁钢中的磁粉，再装入。拧螺钉时应对角拧，以防变形。

（5）扬声器的代换

① 注意扬声器的口径及外形。新、旧扬声器口径应尽可能相同。例如，代换用于收录机的扬声器，要根据收录机机壳内的容积来选择扬声器。若扬声器的磁体太大，会使磁体刮碰电路板上的元器件；若磁体太高，则可能导致机壳的前、后盖合不上。对于固定孔位置与原固定位置不同的扬声器，可根据机壳前面板固定柱的位置，重新钻孔安装，或采用卡子来固定扬声器。

② 注意扬声器的阻抗，扬声器阻抗非常重要。阻抗匹配不能相差太大。当负载阻抗减小时，则输出功率就增大。其输出电流也增大，这就要考虑到电路中某些晶体管的一些相关指标是否满足要求。例如，功率放大管的集电极最大电流 I_{CM} 和

耗散功率 P_{CM} 是否够用。若管的上述参数指标不够用而随意降低其负载阻抗值，在放大器功率输出时势必将管烧毁。当然，这个情况也包括采用功放集成电路的功放级。

③ 注意扬声器的额定功率。代换扬声器时，不要选配额定功率太大的扬声器，否则当音量电位器开小时，其输出功率没有足够力量推动纸盆振动或振动幅度太小，声音便显得很不好听；当音量电位器开足后，放大器失真度又相应地增大。但是，也不能使扬声器与放大器的输出功率相差太多，两者相差悬殊也容易将扬声器的音圈烧坏或使纸盆移动。

除上述三项外，在选用时还应注意扬声器的电性能指标，即要求失真度小、频率特性好和灵敏度高等。

14.3 耳机

耳机也是常用的电声转换器件，其特点是体积小、重量轻、灵敏度高、音质好和音量较小，主要用于个人聆听。耳机可分为头戴式耳机、耳塞机、单声道耳机、立体声耳机等，如图 14-5（a）所示。耳机的文字符号是 "BE"，图形符号如图 14-5（b）所示。

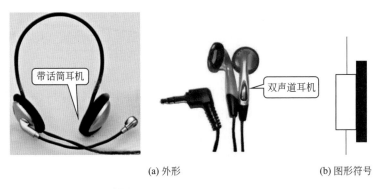

(a) 外形　　　　　　　　　　(b) 图形符号

图14-5　耳机的外形及图形符号

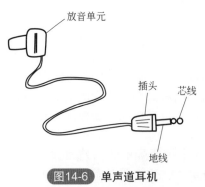

图14-6　单声道耳机

（1）耳机插头　单声道耳机只有一个放音单元，其插头上有两个接点，分别是芯线接点和地线接点，如图 14-6 所示。双声道耳机具有两个独立工作的放音单元，可以分别插放不同声道的声音。双声道耳机插头上有 3 个接点，其中两个是芯线接点，另一个是公共地线接点，如图 14-7 所示。

（2）耳机的检测　耳机好坏的判断方法和扬声器基本相同，将万用表置于 R×1 挡，红表笔接插头的接地端，用黑表笔点击信号端，若耳机能够发出"咔咔"的声音,说明耳机正常;否则说明耳机的音圈、引线或插头开路,如图14-8所示。对于立体声耳机,应分别对每一声道的耳机单元进行检测。

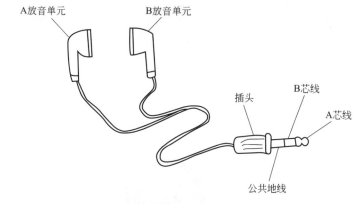

图14-7 双声道耳机

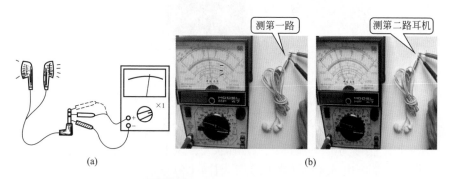

图14-8 检测耳机好坏的示意图

14.4 压电陶瓷片及检测

(1)认识压电陶瓷片 压电陶瓷片是一种电子发音元件,在两片铜制圆形电极中间放入压电陶瓷介质材料,当在两片电极上面接通交流音频信号时,压电片会根据信号的大小频率发生振动而产生相应的声音。压电陶瓷片由于结构简单,造价低廉,被广泛地应用于电子电器方面,如玩具、发音电子表、电子仪器、电子钟表、定时器等。

目前应用的压电陶瓷片有裸露式和密封式两种。裸露式压电陶瓷片的外形和图形符号如图14-9所示,在电路中通常用字母"B"表示。密封式压电陶瓷片的外形和图形符号如图14-10所示,在电路中通常用字母"BX"和"BUZ"表示。

(2)压电陶瓷片的检测 第一种方法:将万用表的量程开关拨到直流电压2.5V挡,左手拇指与食指轻轻捏住压电陶瓷片的两面,右手持万用表表笔,红表笔接金属片,黑表笔横放陶瓷表面上,然后左手稍用力压一下,随后又松一下,这样在压

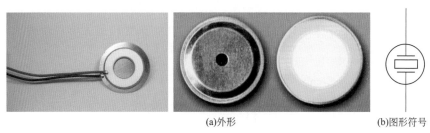

(a)外形　　　　　　　　　　　　　(b)图形符号

图14-9　裸露式压电陶瓷片的外形、图形符号

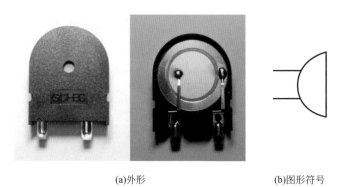

(a)外形　　　　　　　　　　　(b)图形符号

图14-10　密封式压电陶瓷片的外形、图形符号

电陶瓷片上产生两个极性相反的电压信号，使万用表指针先向右摆，接着回零，随后向左摆一下，摆幅为0.1～0.15V，摆幅越大，说明灵敏度越高。若万用表指针静止不动，说明内部漏电或破损（图14-11、图14-12）。

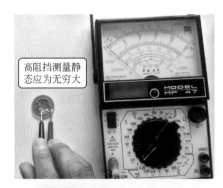

图14-11　压电陶瓷片静态测量

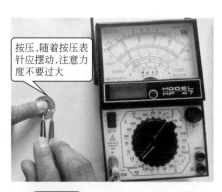

图14-12　压电陶瓷片动态测量

切记不可用湿手捏压电片，测试时万用表不可用交流电压挡，否则观察不到指针摆动，且测试之前最好用 R×10k 挡，测其绝缘电阻应为无穷大。

第二种方法：用 R×10k 挡测两极电阻，正常时应为无穷大，然后轻轻敲击陶瓷片，指针应略微摆动。

14.5 蜂鸣器

蜂鸣器是一种一体化结构的电子讯响器，采用直流电压供电，广泛应用于计算机、打印机、复印机、报警器、电子玩具、汽车电子设备、电话机、定时器等电子产品中作发声器件。蜂鸣器在电路中用字母"H"或"HA"（旧标准用"FM"、"LB"、"JD"等）表示。蜂鸣器的外形如图14-13所示。

图14-13 蜂鸣器的外形

（1）区分有源蜂鸣器和无源蜂鸣器 用万用表电阻挡R×1挡测试：用黑表笔接蜂鸣器"+"引脚，红表笔在另一引脚上来回碰触，如果能发出咔咔声且电阻只有8Ω（或16Ω）的是无源蜂鸣器，如果能发出持续声音且电阻在几百欧以上的是有源蜂鸣器。有源蜂鸣器直接接上额定电源（新的蜂鸣器在标签上都有注明）就可连续发声；而无源蜂鸣器则和电磁扬声器一样，需要接在音频输出电路中才能发声。

（2）好坏检测

① 检测无源蜂鸣器。将指针型万用表置于R×1挡，用红表笔接在它的一个接线端子上，黑表笔点击另一个接线端子，若蜂鸣器能够发出"咔咔"的声音，并且指针摆动，说明蜂鸣器正常，如图14-14所示；否则，说明蜂鸣器异常或引线开路。

② 检测有源蜂鸣器。对于采用直流供电（如采用8V供电）的蜂鸣器，将待测蜂鸣器通过导线与直流稳压器的输出端相接（正极接正极、负极接负极），再将稳压器的输出电压调到8V，打开稳压器的电源开关，若蜂鸣器能发出响声，说明蜂鸣器正常；否则，说明蜂鸣器已损坏。如图14-15所示。

对于采用交流供电（如采用220V供电）的蜂鸣器，将待测蜂鸣器通过导线与市电电压相接后，若蜂鸣器能发出响声，说明蜂鸣器正常；否则，说明蜂鸣器已损坏。

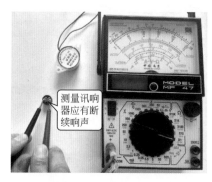

图14-14 检测无源蜂鸣器

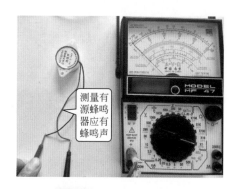

图14-15 检测有源蜂鸣器

14.6 传声器

　　传声器（俗称话筒，又称麦克风）是一种将声音信号转换成相应电信号的声能转换器件。以前传声器在电路中用"S"、"M"或"MIC"表示，现在多用"B"或"BM"表示。常见传声器外形、结构及接线如图14-16～图14-19所示。

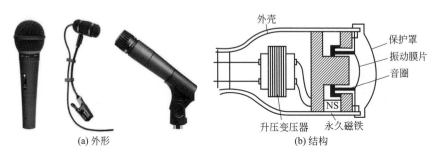

(a) 外形　　　　　　　　　　　(b) 结构

图14-16 动圈式传声器的外形及结构

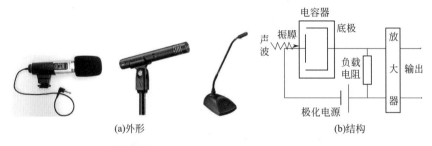

(a)外形　　　　　　　　　　　(b)结构

图14-17 普通电容式传声器的外形及结构

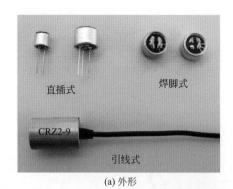

(a) 外形

(b) 结构

图14-18 驻极体传声器的外形及结构

驻极体传声器与电路的接法有两种：源极输出与漏极输出如图 14-19 所示。源极输出类似三极管的射极输出。需用三根引出线。漏极 D 接电源正极，源极 S 与地之间接一电阻 R_S 来提供源极电压，信号由源极经电容 C 输出。编织线接地起屏蔽作用。源极输出的输出阻抗小于 $2k\Omega$，电路比较稳定，动态范围大。但输出信号比漏极输出小。

漏极输出类似三极管的共发射极放大器。只需两根引出线。漏极 D 与电源正极间接一漏极电阻 R_D，信号由漏极 D 经电容 C 输出。源极 S 与编织线一起接地。漏极输出有电压增益，因而传声器灵敏度比源极输出时要高，但电路动态范围略小。

提示： 不管是源极输出或漏极输出，驻极体传声器必须提供直流电压才能工作，因为它内部装有场效应管。

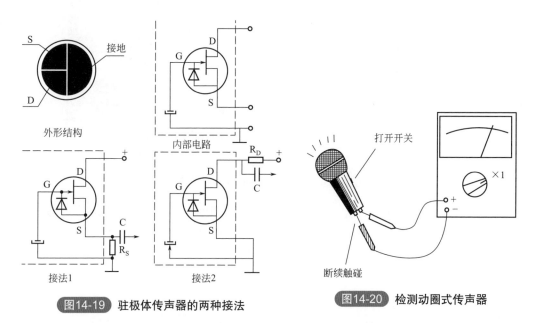

图14-19 驻极体传声器的两种接法   图14-20 检测动圈式传声器

（1）**动圈式传声器的检测**　检测动圈式传声器时，将万用表置于 R×1 挡，两表笔（不分正、负）断续触碰传声器的两引出端（设有控制开关的传声器应先打开开关），如图 14-20 所示。传声器中应发出清脆的"喀喀……"声，如果无声，说明该传声器已损坏；如果声小或不清晰，说明该传声器质量较差。

还可进一步测量动圈式传声器输出端的电阻值（实际上就是传声器内部输出变压器的二次侧电阻值）。将万用表置于 R×1 挡，两表笔（不分正、负）与传声器的两引出端相接，低阻传声器应为 $50 \sim 200\Omega$，高阻传声器应为 $500 \sim 2000\Omega$。如果相差太大，说明该传声器质量有问题。

（2）**驻极体传声器的检测**

① 极性判别。驻极体传声器由声电转换系统和场效应管两部分组成。由于其内部场效应管有两种接法，所以在使用驻极体传声器之前首先要对其进行极性的判别。

由于在场效应管的栅极与源极之间接有一只二极管，因而可利用二极管的正反向电阻特性来判别驻极体传声器的漏极 D 和源极 S。其方法是：将万用表拨至 R×1k 挡，黑表笔接任一极，红表笔接另一极。再对调两表笔测试，比较两次测量结果，阻值较小时，黑表笔接的是源极，红表笔接的是漏极。

② 好坏判别。检测驻极体传声器时，将万用表置于 R×1k 挡。对于两端式驻极体传声器，万用表黑表笔（表内电池正极）接传声器 D 端，红表笔（表内电池负极）接传声器的接地端，如图 14-21 所示。这时用嘴向传声器吹气，万用表指针应有摆动。指针摆动范围越大，说明该传声器灵敏度越高。如果指针无摆动，说明该传声器已损坏。

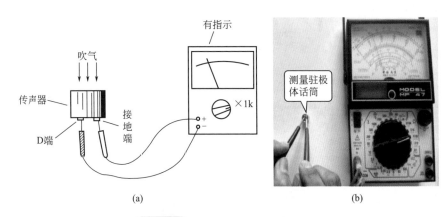

(a)　　　　　　　　　(b)

图14-21　检测两端式驻极体传声器

对于三端式驻极体传声器，万用表黑表笔（表内电池正极）接传声器的 D 端，红表笔（表内电池负极）接传声器的 S 端和接地端（见图 14-22），然后按相关方法吹气检测。

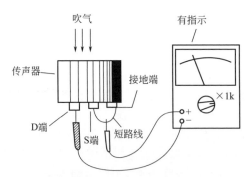

图14-22　检测三端式驻极体传声器

（3）驻极体传声器的常见故障与检修

① 灵敏度低。此故障多为场效应管性能变差或传声器本身受剧烈振动使膜片发生位移。应更换新的同型号驻极体传声器。

② 断路或短路故障。断路故障多是由内部引线折断或内部场效应管电极烧断损

坏造成的；短路故障多是传声器内部引出线的芯线与外层的金属编织线相碰短路或内部场效应管击穿所造成的。检修断路或短路故障时，应先将传声器外部引线剪断，用万用表测量传声器残留引线间的阻值，检查是否还有断路或短路现象。如无断路或短路现象，则说明被剪掉的引线有问题，用新软线重新接在残留引线两端即可；如仍有断路或短路现象，则应检查内部场效应管是否异常，是则应更换。

提示：内部加有场效应管的传声器，使用时应加偏置电压，不加偏置电压而直接加在音频放大器输入端不能工作。

第15章

石英谐振器的检测与维修

15.1 认识石英谐振器

晶振是晶体振荡器（有源晶振）和晶体谐振器（无源晶振）的统称，其作用在于产生原始的时钟频率，这个频率经过频率发生器的放大或缩小后就成了电路中各种不同的总线频率。通常无源晶振需要借助于时钟电路才能产生振荡信号，自身无法振荡起来。有源晶振是一个完整的谐振振荡器。电路中常见的晶振如图15-1所示。

直插型　　　　　　　　　　　　　贴片式振荡器

图15-1　电路中常见的晶振

晶振是电子电路中最常用的电子元件之一，一般用字母"X"、"G"或"Z"表示，单位为 Hz。晶振的图形符号如图 15-2 所示。

国产晶振型号命名一般由三个部分构成，分别为外壳的形状和材料、石英片的切片型和主要性能及外形尺寸，如图 15-3 所示。

第一部分为外壳的形状和材料。J 表示金属壳。

第二部分为石英切片型，用字母表示。F 表示为 FT 切割方式。

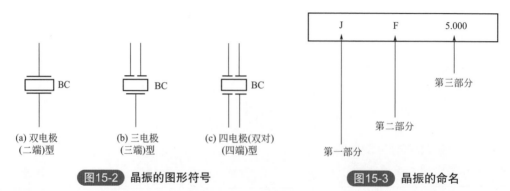

(a) 双电极　　　(b) 三电极　　　(c) 四电极(双对)
(二端)型　　　　(三端)型　　　　(四端)型

图15-2　晶振的图形符号

图15-3　晶振的命名

15.2 晶振的检测

（1）**用指针万用表检测** 电阻测量法：将指针型万用表置于 R×10k 挡，用表笔接晶体的两个引脚，测量正常晶体的阻值应为无穷大；若阻值过小，说明晶体漏电或短路（图 15-4、图 15-5）。

图15-4 高阻挡测量晶体（一）　　图15-5 高阻挡测量晶体（二）

（2）**用数字万用表检测** 电容测量法：晶体在结构上类似一只小电容，所以可用电容表测量晶体的容量，通过所测和的容量值来判断它是否正常（图 15-6）。表 15-1 是常用晶体的容量参考值。

表15-1 常用晶体的容量参考值

频　率	容量 /pF（塑料或陶瓷封装）	容量 /pF（金属封装）
400 ～ 503kHz	320 ～ 900	—
3.58MHz	56	3.8
4.4MHz	42	3.3
4.43MHz	40	3

图15-6 数字表测晶体

15.3 石英晶体的修理及代换应用

（1）**石英晶体的修理**　石英晶体出现内部开路故障，一般是不能修理的，只能更换新的同型号晶体。如晶体出现击穿或漏电而阻值不是无穷大（如有的彩电用的是500kHz晶体遇到此故障较多），而一时又无原型号晶体更换，可采用下面应急修理：

① 用小刀沿原晶体的边缝将有字母的测盖剥开，将电极支架及晶振片从另一盖中取出；

② 用镊子夹住晶片从两极间抽出；

③ 把晶振倒置或转向90°后，再放入两电极间，使晶片漏电的微孔离开电极触点；

④ 测量两电极的电阻应为∞，然后重新组装好，盖好盖将边缝用502胶外涂即可。

（2）**石英晶体的代换**　表15-2列出了常用石英晶体的代换型号，供参考。

表15-2 常用石英晶体的代换型号表

型号	可直接代换的型号
A74994	JA18A
KSS-4.3MHZ	JA24A、JA18A、JA18
RCRS-B002CFZZ	JA18
TSS116M1	JA24A、JA18A
EX0005XD	XZT500
4.43MHZPAL-APL	JA24A、JA18、JA18A
EX0004AC	JA188、JA24、ZFWF：2S-B

第16章

光电耦合器件的检测与维修

16.1 认识光电耦合器

光电耦合器内部的发光二极管和光电三极管只是把电路前后级的电压或电流变化转换为光的变化，两者之间没有电气连接，因此能有效隔断电路间的电位联系，实现电路之间的可靠隔离。发光源的引脚为输入端，受光器的引脚为输出端。常见的发光源为发光二极管，受光器为光电二极管、光电三极管等。

光电耦合器的种类较多，常见有光电二极管型、光电三极管型、光敏电阻型、光控晶闸管型、光电达林顿型、集成电路型等。如图16-1所示，光电耦合器的外形有金属圆壳封装、塑封双列直插等。光电耦合器的内部结构见图16-2。

图16-1　光电耦合器的外形

光电耦合器可作为线性耦合器使用。在发光二极管上提供一个偏置电流，再把信号电压通过电阻耦合到发光二极管上，这样光电三极管接收到的是在偏置电流上增、减变化的光信号，其输出电流将随输入的信号电压作线性变化。光电耦合器也可工作于开关状态，传输脉冲信号。在传输脉冲信号时，输入信号和输出信号之间存在一定的延迟时间，不同结构的光电耦合器输入、输出延迟时间相差很大。

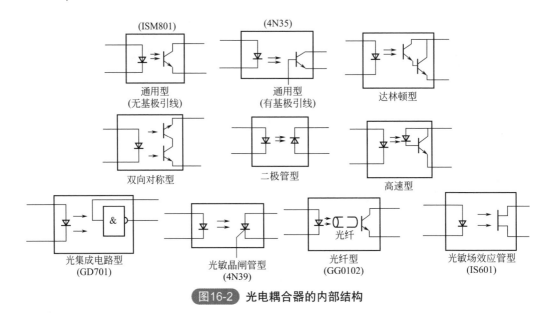

（ISM801）　　　　（4N35）

通用型
（无基极引线）　　　通用型
（有基极引线）　　　达林顿型

双向对称型　　　　二极管型　　　　高速型

光集成电路型
（GD701）　　　光敏晶闸管型
（4N39）　　　光纤型
（GG0102）　　　光敏场效应管型
（IS601）

图16-2 光电耦合器的内部结构

16.2 光电耦合器的测试

因为光电耦合器的方式不尽相同，所以测试时应针对不同结构进行测量判断。例如对于三极管结构的光电耦合器，检测接收管时应按测试三极管的方法检查。

（1）输入输出判断　由于输入为发光二极管，而输出端为其他元件，所以用R×1k挡测某两脚正向电阻为数百欧，而反向电阻在几十千欧以上，则说明被测脚为输入端，另外引脚则为输出端。

（2）用万用表判断好坏　用R×1k挡测输入脚电阻，正向电阻为几百欧，反向电阻为几十千欧，输出脚间电阻应为无限大。再用万用表R×10k挡依次测量输入端（发射管）的两引脚与输出端（接收管）各引脚间的电阻值都应为无穷大，发射管与接收管之间不应有漏电阻存在。如图16-3～图16-7所示。

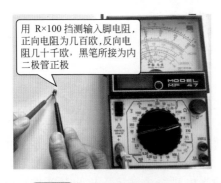

用 R×100 挡测输入脚电阻，正向电阻为几百欧，反向电阻几十千欧，黑笔所接为内二极管正极

图16-3 光电耦合器测量（一）

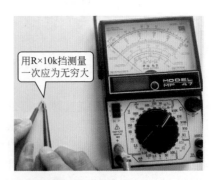

用R×10k挡测量一次应为无穷大

图16-4 光电耦合器测量（二）

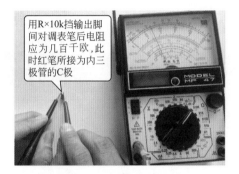

用R×10k挡输出脚间对调表笔后电阻应为几百千欧,此时红笔所接为内三极管的C极

图16-5 光电耦合器测量(三)

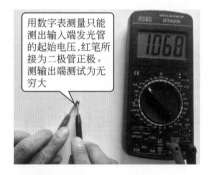

用数字表测量只能测出输入端发光管的起始电压,红笔所接为二极管正极。测输出端测试为无穷大

图16-6 数字表测量光电耦合器(一)

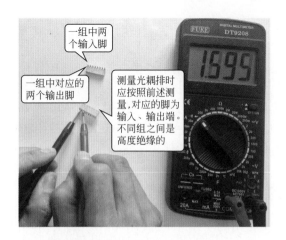

一组中两个输入脚

一组中对应的两个输出脚

测量光耦排时应按照前述测量,对应的脚为输入、输出端。不同组之间是高度绝缘的

图16-7 数字表测量光电耦合器(二)

第17章

集成电路与稳压器件的检测

17.1 常用集成电路

集成电路，又称为 IC，按其功能、结构的不同，可以分为模拟集成电路、数字集成电路和数/模混合集成电路三大类。

模拟集成电路又称线性电路，用来产生、放大和处理各种模拟信号（指幅度随时间变化的信号。例如半导体收音机的音频信号、录放机的磁带信号等），其输入信号和输出信号成比例关系。而数字集成电路用来产生、放大和处理各种数字信号（指在时间上和幅度上离散取值的信号。例如 3G 手机、数码相机、电脑 CPU、数字电视的逻辑控制和重放的音频信号和视频信号）。

17.2 集成电路的封装及引脚排列

集成电路明显特征是引脚比较多（远多于三个引脚），各引脚均匀分布。大功率集成电路带金属散热片，小功率集成电路没有散热片。

（1）单列直插式封装　单列直插式封装（SIP）集成电路引脚从封装一个侧面引出，排列成一条直线。通常，它们是通孔式的，引脚插入印制电路板的金属孔内。当装配到印制基板上时封装呈侧立状。单列直插式封装集成电路的外形如图 17-1 所示。

图17-1　单列直插式封装集成电路的外形

单列直插式封装集成电路的封装形式很多，集成电路都有一个较为明显的标记来指示第一个引脚的位置，而且是自左向右依次排序，这是单列直插式封装集成电路的引脚分布规律。

若无任何第一个引脚的标记，则将印有型号的一面朝着自己，且将引脚朝下，最左端为第一个引脚，依次为各引脚，如图 17-2 所示。

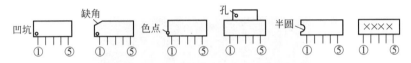

图17-2 单列直插式封装集成电路引脚排列

（2）单列曲插式封装 锯齿形单列式封装（ZIP）是单列直插式封装形式的一种变化，它的引脚仍是从封装体的一边伸出，但排列成锯齿形。这样，在一个给定的长度范围内，提高了引脚密度。引脚中心距通常为 2.54mm，引脚数为 2 ~ 23，多数为定制产品。单列曲插式封装集成电路的外形如图 17-3 所示。

图17-3 单列曲插式封装集成电路的外形

单列曲插式封装集成电路的引脚呈一列排列，但是引脚是弯曲的，即相邻两个引脚弯曲排列。单列曲插式封装集成电路还有许多，它们都有一个标记是指示第一个引脚的位置，然后依次从左向右为各引脚，这是单列曲插式封装集成电路的引脚分布规律。

当单列曲插式封装集成电路上无明显的标记时，可按单列直插式集成电路引脚识别方法来识别，如图 17-4 所示。

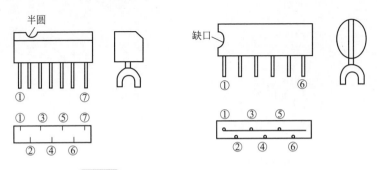

图17-4 单列曲插式封装集成电路引脚排列

（3）双列直插式封装 双列直插式封装也称 DIP 封装（Dual Inline Package），是一种最简单的封装方式。绝大多数中小规模集成电路均采用双列直插形式封装，其引脚数一般不超过 100。DIP 封装的 CPU 芯片有两排引脚，需要插入到具有 DIP

结构的芯片插座上。双列直插式封装集成电路的外形如图 17-5 所示。

图17-5 双列直插式封装集成电路的外形

双列直插式集成电路引脚分布规律也很一般，有各种形式的明显标记，指明是第一个引脚的位置，然后沿集成电路外沿逆时针方向依次为各引脚。

无任何明显的引脚标记时，将印有型号的一面朝着自己正向放置，左侧下端第一个引脚为①脚，逆时针方向依次为各引脚。如图 17-6 所示。

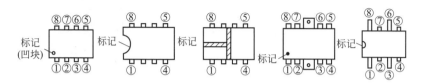

图17-6 双列直插式封装集成电路引脚排列

（4）四列表贴封装 随着生产技术的提高，电子产品的体积越来越小，体积较大的直插式封装集成电路已经不能满足需要。故设计者又研制出一种贴片封装集成电路，这种封装的集成电路引脚很小，可以直接焊接在印制电路板的印制导线上。四列表贴封装集成电路的外形如图 17-7 所示。

图17-7 四列表贴封装集成电路的外形

四列表贴封装集成电路的引脚分成四列，集成电路左下方有一个标记，左下方第一个引脚为①脚，然后逆时针方向依次为各引脚。

四列表贴封装集成电路引脚排列如图 17-8 所示。

（5）**金属封装** 金属封装是半导体器件封装的最原始形式，它将分立器件或集成电路置于一个金属容器中，用镍作封盖并镀上金。金属圆形外壳采用由可伐合金材料冲制成的金属底座，借助封接玻璃，在氮气保护气氛下将可伐合金引线按照规定的布线方式熔装在金属底座上，经过引线端头的切平和磨光后，再镀镍、金等惰性金属给予保护。在底座中心进行芯片安装和在引线端头用铝硅丝进行键合。组装完成后，用 10 号钢带所冲制成的镀镍封帽进行封装，构成气密、坚固的封装结构。金属封装的优点是气密性

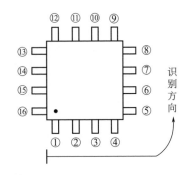

图17-8 四列表贴封装集成电路引脚排列

好，不受外界环境因素的影响；它的缺点是价格昂贵，外形单一，不能满足半导体器件日益快速发展的需要。现在，金属封装所占的市场份额已越来越小，几乎已没有商品化的产品。少量产品用于特殊性能要求的军事或航空航天技术中。金属封装集成电路的外形如图 17-9 所示。

图17-9 金属封装集成电路的外形

图17-10 金属封装集成电路引脚排列

采用金属封装集成电路，外壳呈金属圆帽形，引脚识别方法：将引脚朝上，从突出键标记端起，顺时针方向依次为各引脚。

金属封装集成电路引脚排列图如图 17-10 所示。

（6）**反方向引脚排列集成电路** 前面介绍的集成电路均为引脚正向分布的集成电路，引脚从左向右依次分布，或从左下方第一个引脚逆时针方向依次分布各引脚。

引脚反向分布的集成电路则是从右向左依次分布，或从左上端第一个引脚为①脚，顺时针方向依次分布各引脚，与引脚正向分布的集成电路规律恰好相反。

引脚正、反向分布规律可以从集成电路型号上识别，例如，HA1366W 引脚为正向分布，HA1366WR 引脚为反向分布，型号后多一个大写字母 R 表示这一集成电路的引脚为反向分布，它们的电路结构、性能参数相同，只是引脚分布相反。

（7）**厚膜电路** 厚膜电路也称为厚膜块，其制造工艺与半导体集成电路有很大不同。它将晶体管、电阻、电容等元器件在陶瓷片上或用塑料封装起来。其特点是集成度不是很高，但可以耐受的功率很大，常应用于大功率单元电路中。图 17-11 所示为厚膜电路，引出线排列顺序从标记开始从左至右依次排列。

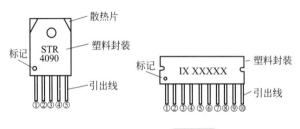

图17-11 厚膜电路

17.3 集成电路的型号命名

国产集成电路型号命名一般由五个部分构成，依次分别为符合的标准、器件的类型、集成电路系列和品种代号、工作温度范围、集成电路的封装形式，如图 17-12 所示。

第一部分为集成电路符合的标准，C 表示中国国标产品。

第二部分为器件的类型，用字母表示。W 表示稳压器。

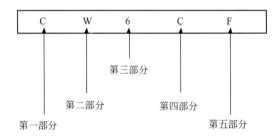

图17-12 集成电路的命名

第三部分为集成电路系列和品种代号，用数字表示。6 表示代码 6。

第四部分为工作温度范围，用字母表示。C 表示 0 ～ 70℃。

第五部分为集成电路的封装形式，用字母表示。F 表示全密封扁平。

例如 CW6C2 表示为国产全密封扁平稳压器，代码为 6，工作温度范围在 0 ～ 70℃之间。

表 17-1 ～表 17-3 分别列出了集成电路类型符号含义对照表、集成电路工作温度范围符号含义对照表以及集成电路封装形式符号含义对照表。

表17-1 集成电路类型符号含义对照表

符号	类 型	符号	类 型
T	TTL 电路	B	非线性电路
H	HTTL 电路	J	接口电路
E	ECL 电路	AD	A/D 转换器

续表

符号	类　型	符号	类　型
C	CMOS 电路	DA	D/A 转换器
M	存储器	SC	通信专用电路
U	微型机电路	SS	敏感电路
F	线性放大器	SW	钟表电路
W	稳压器	SJ	机电仪电路
D	音响、电视电路	SF	复印机电路

表17-2　集成电路工作温度范围符号含义对照表

符号	工作温度范围	符号	工作温度范围
C	0 ～ 70℃	E	–40 ～ 85℃
G	–25 ～ 70℃	R	–55 ～ 85℃
L	–25 ～ 85℃	M	–55 ～ 125℃

表17-3　集成电路封装形式符号含义对照表

符号	封装形式	符号	封装形式
W	陶瓷扁平	P	塑料直插
B	塑料扁平	J	黑陶瓷直插
F	全密封扁平	K	金属菱形
D	陶瓷直插	T	金属圆形

17.4 集成电路的主要参数

（1）**集成电路的电气参数**　不同功能的集成电路，其电气参数的项目也各不相同，但多数集成电路均有最基本的几项参数（通常在典型直流工作电压下测量）。

① 静态工作电流。静态工作电流是指在集成电路的信号输入脚无信号输入的情况下，电源脚与接地脚回路中的直流电流。该参数对确认集成电路是否正常十分重要。集成电路的静态工作电流包括典型值、最小值、最大值 3 个指标。若集成电路的静态工作电流超出最大值和最小值范围，而它的供电脚输入的直流工作电压正常，并且接地端子也正常，就可确认被测集成电路异常。

② 增益。增益是指集成电路内部放大器的放大能力。增益又分开环增益和闭环增益两项，并且也包括典型值、最小值、最大值 3 个指标。

用万用表无法测出集成电路的增益，需要使用专门仪器来测量。

③ 最大输出功率。最大输出功率是指输出信号的失真度为额定值（通常为

10%）时，集成电路输出脚所输出的电信号功率。一般也分别给出典型值、最小值、最大值3项指标。该参数主要用于功率放大型集成电路。

（2）集成电路的极限参数 集成电路的极限参数主要有以下几项：

① 最大电源电压。最大电源电压是指可以加在集成电路供电脚与接地脚之间的直流工作电压的极限值。使用中不允许超过此值，否则会导致集成电路过电压损坏。

② 允许功耗。允许功耗是指集成电路所能承受的最大耗散功率，主要用于功率放大型集成电路（简称功放）。

③ 工作环境温度。工作环境温度是指集成电路能维持正常工作的最低环境温度和最高环境温度。

④ 储存温度。储存温度是指集成电路在储存状态下的最低温度和最高温度。

17.5 集成电路的检测

在修理集成电路的电子产品时，要先对集成电路进行判断，否则会事倍功半。首先要掌握该集成电路的用途、内部结构原理、主要电特性等，必要时还要分析内部电路原理图。除了这些之外，如果再有各引脚对地直流电压、波形、对地正反向直流电阻值，就更容易判断了。然后按现象判断其故障部位，并按部位查找故障元件，有时需要多种判断方法证明该器件是否损坏。一般对集成电路的检查判断方法有两种：一是不在线检查判断，即集成电路未焊入印制电路板的判断，在没有专用仪器设备的条件下，要确定集成电路的质量好坏是很困难的，一般情况下可用直流电阻法测量各引脚对应于接地脚之间的正反向电阻值，并与完好集成电路进行比较，也可以采用替换法，把可疑的集成电路插到正常电路同型号的集成电路的位置上来确定其好坏；二是在线检查判断，即集成电路连接在印制电路板上的判断方法。在线判断是检修集成电路电视机最实用和有效的方法。下面对几种方法进行简述。

（1）电压测量法 用万用表测出各引脚对地的直流工作电压值，然后与标称值相比较，依此来判断集成电路好坏。但要区别非故障性的电压误差（图17-13～图17-16）。

图17-13 在路测量集成电路
引脚电压（一）

图17-14 在路测量集成电路
引脚电压（二）

黑笔接地，红笔测量，直接由显示屏读出电压值

屏显有负号说明此脚电压为负值电压

图17-15 数字表在路测量（一）　　**图17-16** 数字表在路测量（二）

测量集成电路各引脚的直流工作电压时，如遇到个别引脚的电压与原理图或维修技术资料中所标电压值不符，不要急于断定集成电路已损坏，应该先排除以下几个因素后再确定：

① 原理图上标称电压是否有误。因为常有一些说明书、原理图等资料上所标的数值与实际电压值有较大差别，有时甚至是错误的。此时，应多找一些有关资料进行对照，必要时分析内部图与外围电路，对所标电压进行计算或估算来验证所标电压是否正确。

② 标称电压的性质应区别开，即电压是静态工作电压还是动态工作电压。因为集成电路的个别引脚随着注入信号的有无而明显变化，此时可把频道开关置于空频道或有信号频道，观察电压是否恢复正常。如后者正常，则说明标称电压属动态工作电压，而动态工作电压又是指在某一特定的条件下而言，当测试时动态工作电压随接收场强不同或音量不同有变化。

③ 外围电路可变元件可能引起引脚电压变化。当测出电压与标称电压不符时，可能因为个别引脚或与该引脚相关的外围电路连接的是一个阻值可变的电位器（如音量电位器、色饱和度电位器、对比度电位器等）。这些电位器所处的位置不同，引脚电压会有明显不同，所以当出现某一引脚电压不符时，要考虑该引脚或与该引脚相关联的电位器的位置变化，可旋动看引脚电压能否与标称值相近。

④ 使用万用表不同，测得数值有差别。由于万用表表头内阻不同或不同直流电压挡会造成误差，一般原理图上所标的直流电压都是以测试仪表的内阻大于 $20k\Omega/V$ 进行测试的。当用内阻小于 $20k\Omega/V$ 的万用表进行测试时，将会使被测结果低于原来所标的电压。

综上所述，就是在集成电路没有故障的情况下，由于某种原因而使所测结果与标称值不同。所以总的来说，在进行集成电路直流电压或直流电阻测试时要规定一个测试条件，尤其是要作为实测经验数据记录时更要注意这一点。通常把各电位器旋到机械中间位置，信号源采用一定场强下的标准信号。当然，如能再记录各电位器同时在最小值和最大值时的电压值，那就更具有代表性。如果排除以上几个因素后，所测的个别引脚电压还是不符合标称值时，需进一步分析原因，但不外乎两种可能：一是集成电路本身故障引起，二是集成外围电路造成。如何区分这两种故障源，是修理集成电路的关键。

（2）在线直流电阻普测法　如果发现引脚电压有异常，可以先测试集成电路的外围元器件好坏以判定集成电路是否损坏。断电情况下测定阻值比较安全，而且可以在没有资料和数据以及不必要了解其工作原理的情况下，对集成电路的外围电路进行在线检查。在相关的外围电路中，以快速方法对外围元器件进行一次测量，以确定是否存在较明显的故障。方法是用万用表 R×10 挡分别测量二极管和三极管的正反向电阻值。此时由于电阻挡位定得很低，外围电路对测量数据的影响较小，可很明显地看出二极管、三极管的正反向电阻值，尤其是 PN 结的正向电阻增大或短路更容易发现，其次可对电感是否开路进行普测，正常时电感两端的在线直流电阻只有零点几欧最多至几十欧，具体阻值要看电感的结构而定。如测出两端阻值较大，那么即可断定电感开路。继而根据外围电路元件参数的不同，采用不同的电阻挡位测量电容和电阻，检查是否有较为明显的短路和开路性故障，先排除由于外围电路引起个别引脚的电压变化，再判定集成电路是否损坏（图 17-17、图 17-18）。

用电阻挡测量集成电路在路电阻时，黑表笔接公用端测量值和表笔对调后应有差别，若阻值相同应考虑外围元件是否有并联的，若无为故障

用电阻挡测量集成电路在路电阻时，红表笔接公用端测量值和表笔对调后应有差别，若阻值相同应考虑外围元件是否有并联的，若无为故障

图17-17 电阻挡测量（一）　　　**图17-18** 电阻挡测量（二）

（3）电流流向跟踪电压测量法　此方法是根据集成电路内部和外围元器件所构成的电路，并参考供电电压（即主要测试点的已知电压）进行各点电位的计算或估算，然后对照所测电压是否符合正常值来判断集成电路的好坏。本方法必须具备完整的集成电路内部电路图和外围电路原理图。

（4）在线直流电阻测量对比法　它是利用万用表测量待查集成电路各引脚对地正、反向直流电阻值与正常值进行对照来判断好坏。这一方法是一种机型同型号集成电路的正常可靠数据，以便和待查数据相对比。测试时，应注意如下事项：

① 测试条件要规定好，测验记录前要记下被测机牌号、机型、集成电路型号，并设定与该集成电路相关电路的电位器应在机械中心位置，测试后的数据要注明万用表的直流电阻挡位，一般设定在 R×1k 或 R×10 挡，红表笔接地或黑表笔接地测两个数据。

② 测量造成的误差应注意：测试用万用表要选内阻≥20kΩ/V，并且确认该万用表的误差值在规定范围内，并尽可能用同一块万用表进行数据对比。

③ 原始数据所用电路应和被测电路相同：牌号机型不同，但集成电路型号相同，还是可以参照的。不同机型不同电路要区别，因为同一块集成电路可以有不同的接法，所得直流电阻值也有差异。

（5）非在线数据与在线数据对比法 集成电路未与外围电路连接时所测得的各引脚对应于地脚的正、反向电阻值称为非在线数据。非在线数据通用性强，可以对不同机型、不同电路、集成电路型号相同的电路作对比。具体测量对比方法如下：首先应把被查集成电路的接地脚用空心针头和电烙铁使之与印制电路板脱离，然后对应于某一怀疑引脚进行测量对比。如果被怀疑引脚有较小阻值电阻连接于地与电源之间，为了不影响被测数据，该引脚也可以与印制板开路。例如：CA3065E 只要把第②、⑤、⑥、⑨、⑫五个引脚与印制电路板脱离后，各引脚应和非在路原始数据相同，否则说明集成电路有故障。

（6）代换法 用代换法判断集成电路的好坏确是一条捷径之路，可以减少由许多检查分析而带来的各种麻烦。

集成电路的使用注意事项如下。

① 使用前应对集成电路的功能、内部结构、电特性、外形封装及与该集成电路相连接的电路作全面的分析和理解，使用情况下的各项电性能参数不得超出该集成电路所允许的最大使用范围。

② 安装集成电路时要注意方向，不要搞错，在不同型号间互换时更要注意。

③ 正确处理好空脚。遇到空的引脚时，不应擅自接地，这些引脚为更替或备用脚，有时也作为内部连接。CMOS 电路不用的输入端不能悬空。

④ 注意引脚承受的应力与引脚间的绝缘。

⑤ 对功率集成电路需要有足够的散热器，并尽量远离热源。

⑥ 切忌带电插拔集成电路。

⑦ 集成电路及其引线应远离脉冲高压源。

⑧ 防止感性负载的感应电动势击穿集成电路，可在集成电路相应引脚接入保护二极管，以防止过电压击穿。

> **提示：** 供电电源的极性和稳定性，可在电路中增设诸如二极管组成的保证电源极性正确的电路和浪涌吸收电路。

17.6 三端稳压器件及检测

三端稳压器主要有两种，一种输出电压是固定的，称为固定输出三端稳压器；另一种输出电压是可调的，称为可调输出三端稳压器。其基本原理相同，均采用串联型稳压电路。在线性集成稳压器中，由于三端稳压器只有三个引出端子，具有外接元器件少、使用方便、性能稳定和价格低廉等优点，因而得到广泛应用。

（1）固定式三端稳压器的封装 固定式三端稳压器是目前应用最广泛的稳压器。常见的固定式三端稳压器封装如图 17-19 所示。

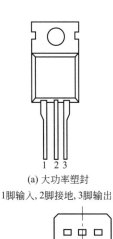

(a) 大功率塑封
1脚输入, 2脚接地, 3脚输出

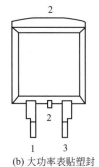

(b) 大功率表贴塑封
1脚输入, 2脚接地, 3脚输出

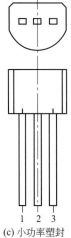

(c) 小功率塑封
1脚输入, 2脚接地, 3脚输出(78××系列);
1脚接地, 2脚输入, 3脚输出(79××系列)

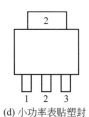

(d) 小功率表贴塑封
1脚输出, 2脚接地, 3脚输入

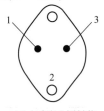

(e) 大功率金属封装
1脚输入, 2脚接地, 3脚输出(78××系列)
1脚接地, 2脚输入, 3脚输出(79××系列)

图17-19 常见固定式三端稳压器封装

（2）固定式三端稳压器的检测

①正、反向电阻检测

a. 检测 78×× 系列三端稳压器。将万用表置于 R×1k 挡，分别测量各引脚与接地引脚之间的正、反向电阻，如图 17-20 所示。一般正反电阻相差较大为好，如测量结果与正常值出入很大，则说明该集成稳压器已损坏。部分 78×× 系列集成稳压器各引脚对地电阻值见表 17-4 和表 17-5。

一般来讲，集成稳压器的内部电阻呈现无穷大或零，说明元器件已经损坏。

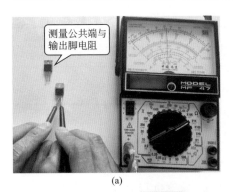
(a)

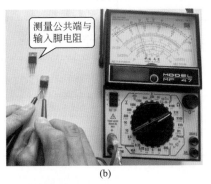
(b)

图17-20 检测78××系列稳压器

表17-4 MC7805集成稳压器各引脚对地电阻值

引　脚	①	②	③
正向电阻 /kΩ	26	地	5
反向电阻 /kΩ	4.7	地	4.8

表17-5 AN7812集成稳压器各引脚对地电阻值

引　脚	①	②	③
正向电阻 /kΩ	29	地	15.6
反向电阻 /kΩ	5.5	地	6.9

b. 检测 79×× 系列三端稳压器。将万用表置于 R×1k 挡，分别测量各引脚与接地引脚之间的正、反向电阻，如图 17-21 所示。如测量结果与正常值出入很大，则说明该集成稳压器已损坏。部分 79×× 系列集成稳压器各引脚对地电阻值见表 17-6 和表 17-7。

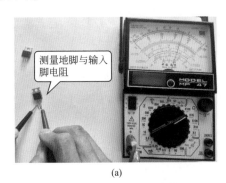
(a)

(b)

图17-21 检测79××系列稳压器

表17-6 AN7905T集成稳压器各引脚对地电阻值

引　脚	①	②	③
正向电阻 /kΩ	地	5.2	6.5
反向电阻 /kΩ	地	24.5	8.5

表17-7 LM7912CT集成稳压器各引脚对地电阻值

引　脚	①	②	③
正向电阻 /kΩ	地	5.3	6.8
反向电阻 /kΩ	地	120	13.9

② 电压检测　下面以三端稳压器 KA7812 为例进行介绍，检测过程如图 17-22 所示。

(a) 测量输入电压

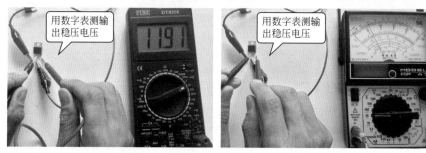

(b) 测量输出电压

图17-22 三端稳压器KA7812的检测示意图

　　将 KA7812 的供电端和接地端通过导线接在稳压电源的正、负极输出端子上，将稳压电源调在 16V 直流电压输出挡上，测得 KA7812 的供电端与接地端之间的电压为 15.85V，输出端与接地端间的电压为 11.97V，说明该稳压器正常。若输入端电压正常，而输出端电压异常，则说明稳压器异常。

　　若稳压器空载电压正常，而接上负载时输出电压下降，则说明负载过电流或稳压器带载能力差。在这种情况下，缺乏经验的人员最好采用代换进行判断，以免误判。

　　（3）可调式三端稳压器的封装　目前，可调式三端稳压器应用最多的是 LM117/217/317 系列。该系列三端稳压器输入电压最高为 60V，输入 - 输出之间压差为 3 ～ 37V 可调，可调式 LM117/217/317 三端稳压器封装如图 17-23 所示。

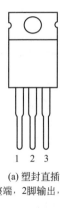

(a) 塑封直插
1脚调整端，2脚输出，3脚输入

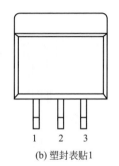

(b) 塑封表贴1
1脚调整端，2脚输出，3脚输入

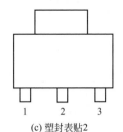

(c) 塑封表贴2
1脚调整端，2脚输出，3脚输入

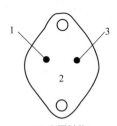

(d) 金属封装1
1脚调整端，2脚输出，3脚输入

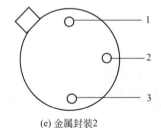

(e) 金属封装2
1脚输入，2脚调整端，3脚输出

图17-23 可调式LM117/217/317三端稳压器封装

（4）可调式三端稳压器的检测

① 正、反向电阻检测　将万用表置于 R×1k 挡，分别测量各引脚与调整端引脚之间的正、反向电阻，如图 17-24 所示。如测量结果与正常值出入很大，则说明该集成稳压器已损坏。CW317K 集成稳压器各引脚对地电阻值见表 17-8。

表17-8 CW317K集成稳压器各引脚对地电阻值

引　脚	①	②	③
正向电阻 /kΩ	地	8.7	∞
反向电阻 /kΩ	地	4.1	26

② 电压检测　下面以三端稳压器 LM317 为例进行介绍，检测电路如图 17-25 所示。

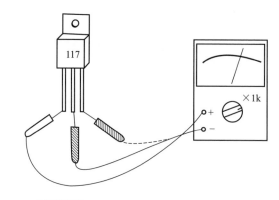

图17-24 检测三端可调正输出集成稳压器

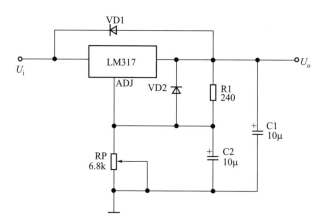

图17-25 三端稳压器LM317的检测电路

将可调电阻 RP 左旋到头，使 ADJ 端子电压为 0 时，用数字型万用表或指针型万用表的电压挡测量滤波电容 C1 两端电压，应低于 1.25V；随后慢慢向右旋转 RP 时，测 C1 两端电压，应逐渐增大，最大电压能够达到 37V。否则，说明 LM317 异常。当然，R1、C2、RP 异常使 ADJ 端子电压不能增大时，稳压器的电压也不能增大。

C2 的作用是软启动控制，使该稳压器在工作瞬间输出电压由低逐渐升高到正常，以免稳压器工作瞬间输出电压过高可能导致工作异常。二极管 VD1、VD2 是钳位二极管，以免内部的调整管等元器件过电压损坏。

17.7 三端误差放大器的检测

（1）认识三端误差放大器 三端误差放大器 TL431（或 KIA431、KA431、LM431、HA17431）在电源电路中应用得较多。TL431 属于精密型误差放大器，它有 8 脚直插式和 3 脚直插式两种封装形式，如图 17-26 所示。

目前，常用的是 3 脚封装（外形类似 2SC1815）。它有 3 个引脚，分别是误差信号输入端 R（有时也标注为 G）、接地端 A、控制信号输出端 K。

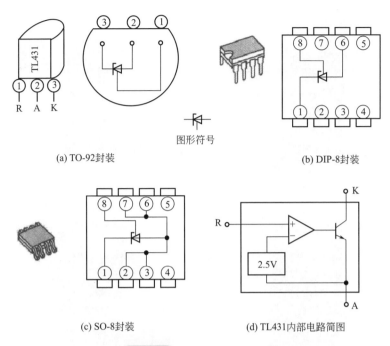

(a) TO-92封装

图形符号

(b) DIP-8封装

(c) SO-8封装

(d) TL431内部电路简图

图17-26 误差放大器TL431

当R脚输入的误差采样电压超过2.5V时,TL431内比较器输出的电压升高,使三极管导通加强,TL431的K极电位下降;当R脚输入的电压低于2.5V时,K脚电位升高。

（2）三端误差放大器的检测 TL431可采用非在路电阻检测和在路电压检测两种检测方法。下面介绍非在路电阻检测方法,如图17-27所示,TL431的非在路电阻检测主要是测量R、A、K脚间正、反向电压导通值。

提示:实际检测中,只要输入输出脚对地有导通电压,就基本认为是好的,若不是,则大致判断为坏。

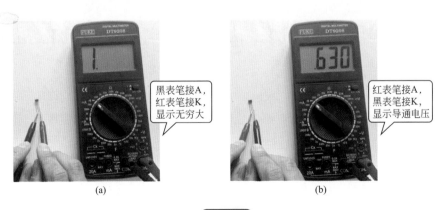

黑表笔接A,
红表笔接K,
显示无穷大

红表笔接A,
黑表笔接K,
显示导通电压

(a)   (b)

图17-27

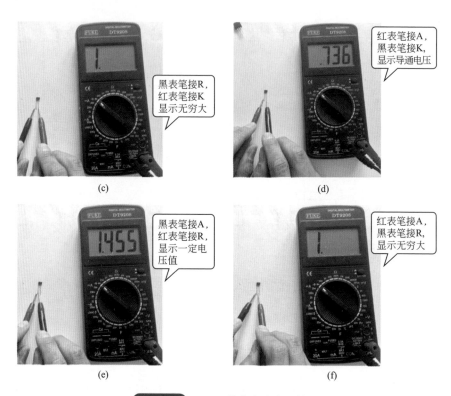

图17-27 TL431的非在路电阻检测

第18章

用万用表检测集成运算放大器和555时基电路

18.1 用万用表检测集成运算放大器

集成运算放大器简称集成运放，是具有高放大倍数的集成电路。它的内部是直接耦合的多级放大器，整个电路可分为输入级、中间级、输出级三部分。输入级采用差分放大电路以消除零点漂移和抑制干扰；中间级一般采用共发射极电路，以获得足够高的电压增益；输出级一般采用互补对称功放电路，以输出足够大的电压和电流，其输出电阻小，负载能力强。目前，集成运放已广泛用于模拟信号的处理和产生电路之中，因其高性能、低价位，在大多数情况下，已经取代了分立元件放大电路。

18.1.1 集成运算放大器的型号与结构

（1）集成运算放大器的电路符号 集成运放的文字符号为"IC"，如图 18-1 所示。集成运放一般具有两个输入端，即同相输入端 U_+ 和反相输入端 U_-；具有一个输出端 U_0。

（2）集成运算放大器的结构 集成运放内部电路结构如图 18-2 所示，由高阻抗输入级、中间放大级、低阻抗输出级和偏置电路等组成。输入信号由同相输入端 U_+ 或反相输入端 U_- 输入，经中间放大级放大后，通过低阻抗输出级输出。中间放大级由若干级直接耦合放大器组成，提供极大的开环电压增益（100dB 以上）。偏置电路为各级提供合适的工作点。

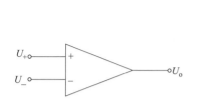

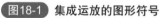

图18-1 集成运放的图形符号

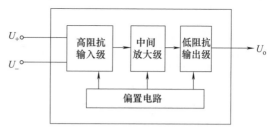

图18-2 集成运放内部电路结构

（3）常用型号 集成运算放大器型号较多，常用型号有 LM324、LM339、MJC30205、LM393、LM358 等型号，其中 LM339、MJC30205 等可直接互换使用，LM324、LM339 供电电压不同，原理相同。

18.1.2 LM324 集成运算放大器

LM324 是四运放集成电路，它采用 14 脚双列直插塑料封装，外形如图 18-3 所示。它的内部包含四组形式完全相同的运算放大器，除电源共用外，四组运放相互独立。LM324 的封装及内部结构如图 18-3 所示。

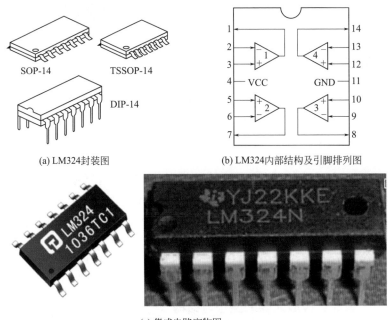

(a) LM324封装图   (b) LM324内部结构及引脚排列图

(c) 集成电路实物图

图18-3 LM324集成运算放大器

（1）各引脚功能 LM324 各引脚功能如表 18-1 所示。

表18-1 LM324各引脚功能和电压值

引脚	①	②	③	④	⑤	⑥	⑦
功能	A 输出	A 反相输入	A 同相输入	电源	B 同相输入	B 反相输入	B 输出
电压 /V	3	2.7	2.8	5	2.8	2.7	3
引脚	⑧	⑨	⑩	⑪	⑫	⑬	⑭
功能	C 输出	C 反相输入	C 同相输入	地	D 同相输入	D 反相输入	D 输出
电压 /V	3	2.7	2.8	0	2.8	2.7	3

（2）各引脚对地正反向阻值 LM324 各引脚对地正反向阻值如表 18-2 所示。

表18-2 LM324各引脚对地正反向阻值

引脚	①	②	③	④	⑤	⑥	⑦
正向电阻 /kΩ	150	∞	∞	20	∞	∞	150
反向电阻 /kΩ	7.6	8.7	8.7	5.9	8.7	8.7	7.6
引脚	⑧	⑨	⑩	⑪	⑫	⑬	⑭
正向电阻 /kΩ	150	∞	∞	地	∞	∞	150
反向电阻 /kΩ	7.6	8.7	8.7	地	8.7	8.7	7.6

18.1.3 集成运算放大器的检测

（1）检测对地电阻值　检测时，万用表置于"R×1k"挡，先用红表笔（表内电池负极）接集成运放的接地引脚，黑表笔（表内电池正极）接其余各引脚，测量各引脚对地的正向电阻；然后对调两表笔，测量各引脚对地的反向电阻，如图18-4所示。

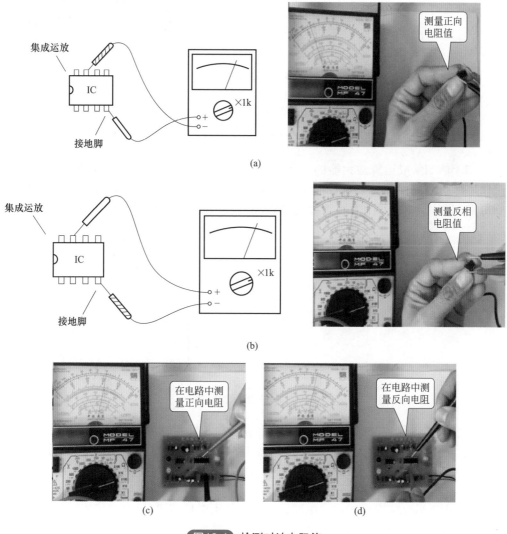

图18-4 检测对地电阻值

将测量结果与正常值比较，以判断该集成运放的好坏。如果测量结果与正常值出入较大，特别是电源端对地电阻值为0Ω或无穷大，则说明该集成运放已损坏。

（2）检测静态电压值　检测时，根据被测电路的电源电压将万用表置于适当的直流"V"挡。例如，被测电路的电源电压为5V，则万用表置于直流"10V"挡，测量集成运放各引脚对地的静态电压值，如图18-5所示。

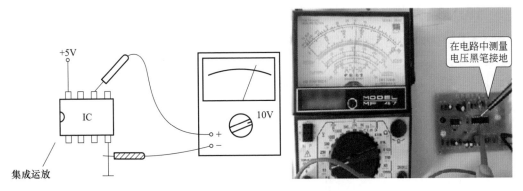

图18-5 检测集成运放各引脚电压

将测量结果与各引脚电压的正常值相比较，即可判断该集成运放的工作是否正常。如果测量结果与正常值出入较大，而且外围元器件正常，则说明该集成运放已损坏。

（3）估测集成运算放大器的放大能力　检测时，按图 18-6 所示给集成运放接上工作电源。为简便起见，可只使用单电源接在集成运放正、负电源端之间，电源电压可取 10 ～ 30V。万用表置于直流"V"挡，测量集成运放输出端电压，应有一定数值。

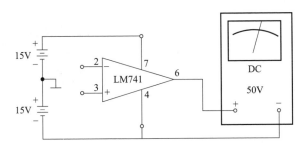

图18-6 估测放大能力

用小螺丝刀分别触碰集成运放的同相输入端和反相输入端，万用表指针应有摆动，摆动越大说明集成运放开环增益越高。如果万用表指针摆动很小，说明该集成运放放大能力差。如果万用表指针不摆动，说明该集成运放已损坏。

（4）检测集成运放的正相放大特性　检测电路如图 18-7 所示，工作电源取±15V，集成运放构成同相放大电路，输入信号由电位器 R_P 提供并接入同相输入端。万用表置于直流"50V"挡，红表笔接集成运放输出端，黑表笔接负电源端，这样连接可以不必使用双向电压表。

将电位器 R_P 置于中间位置，接通电源后，万用表指示应为"15V"。调节 R_P 改变输入信号，万用表指示的输出电压应随之变化。向上调节 R_P，万用表指示应从15V 起逐步上升，直到接近 30V 达到正向饱和。向下调节 R_P，万用表指示应从 15V 起逐步下降，直至接近 0V 达到负向饱和，如果上下调节 R_P 时，万用表指示不随之变化，或变化范围太小，或变化不平稳，说明该集成运放已损坏或性能太差。

（5）检测集成运放的反相放大特性　检测电路类似图18-7，只是将电位器 R_P 提供的输入信号由反相输入端接入，集成运放构成反相放大电路，如图18-8所示。万用表仍置于直流"50V"挡，红表笔接集成运放输出端，黑表笔接负电源端。

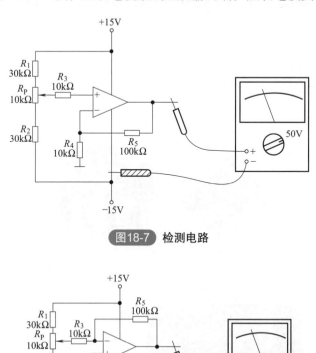

图18-7　检测电路

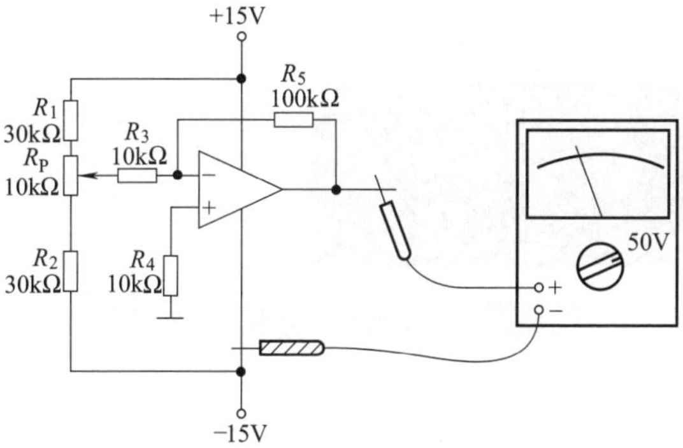

图18-8　检测反相放大特性

将电位器 R_P 置于中间位置，接通电源后，万用表指示应为"15V"。向上调节 R_P，万用表指示应从15V起逐步下降，直至接近0V达到负向饱和。向下调节 R_P，万用表指从15V起逐步上升，直到接近30V达到正向饱和，如果上下调节 R_P 时，万用表指示不随之变化，或变化范围太小，或变化不平稳，说明该集成运放已损坏或性能太差。

18.2 使用万用表检测555时基电路

555时基电路是目前应用十分广泛的一种电路，用它再加少量外围元件，就可构成施密特触发器、单稳态触发器、RS触发器和多谐振荡器等多种不同功能的电路。

18.2.1　各引脚功能及内部结构

单时基电路是一种能产生时间基准和能完成各种定时或延时功能的非线性模拟集成电路，包括单时基电路、双时基电路、双极型时基电路和 CMOS 型时基电路等，如图 18-9 所示。

555 时基电路有 AN1555、CA555、FX555、HA7555、LM1555C、NE555、NJM555、TA7555、μA555、μPC15555C、5G1555 等多种型号，均为双列插式塑料封装结构。其中，单时基电路一般为 8 脚双列直插式封装，双时基电路一般为 14 脚双列直插式封装。如图 18-10 所示。

各引脚功能如表 18-3 所示。

图18-9　时基电路的外形及图形符号

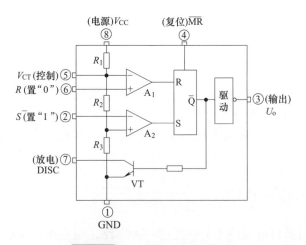

图18-10　555时基电路内部结构

表18-3 时基电路的引脚功能

功 能	符 号	引 脚	
		单时基	双时基
正电源	V_{CC}	⑧	⑭
地	GND	①	⑦
置"0"	R	⑥	②、⑫
置"1"	$\bar{S}$	②	⑥、⑧
输出	U_o	③	⑤、⑨
控制	V_{CT}	⑤	③、⑪
复位	$\overline{MR}$	④	④、⑩
放电	DISC	⑦	①、⑬

18.2.2 时基电路的检测

（1）检测各引脚对地阻值 检测时，万用表置于"R×1k"挡，红表笔（表内电池负极）接时基电路接地端（单时基电路为1脚，双时基电路为7脚），黑表笔（表内电池正极）依次分别接其余各引脚，测量时基电路各引脚对地的正向电阻，如图18-11所示。然后对调红、黑表笔，测量时基电路各引脚对地的反向电阻，如图18-12所示。

如果电源端（单时基电路为8脚，双时基电路为14脚）对地电阻为0Ω或无穷大，则说明该时基电路已损坏。如果各引脚的对地正、反向电阻与正常值比相差很大，也说明该时基电路已损坏。时基电路各引脚对地的正、反向电阻值见表18-4。

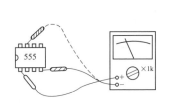

图18-11 检测时基电路各引脚对地的正向电阻

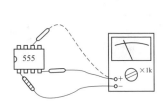

图18-12 检测时基电路各引脚对地的反向电阻

表18-4 时基电路各引脚对地的正、反向电阻值

引脚	①	②	③	④	⑤	⑥	⑦	⑧
正向电阻 /kΩ	地	∞	26	∞	9.5	70	∞	14
反向电阻 /kΩ	地	11	9.5	11	8.3	∞	9.5	8.2

（2）**检测静态直流电压** 检测时，万用表置于直流"10V"挡，测量在路时基电路各引脚对地的静态电压值，如图18-13所示。

将测量结果与各引脚电压的正常值相比较，即可判断该时基电路是否正常。如果测量结果与正常值出入较大，而且外围元器件正常，则说明该时基电路已损坏。

（3）**检测静态直流电流** 检测电源可用一个直流稳压电源，输出电压为12V或15V。如用电池作电源，6V或9V也可。万用表置于直流"50mA"挡，红表笔接电源正极，黑表笔接时基电路电源端，时基电路接地端接电源负极，如图18-14所示。接通电源，万用表即指示出时基电路的静态电流。

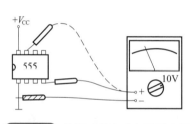

图18-13 检测时基电路各引脚电压

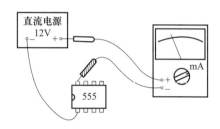

图18-14 检测时基电路静态电流

正常情况下时基电路的静态电流不超过10mA。如果测得静态电流远大于10mA，说明该时基电路性能不良或已损坏。

上述检测时基电路静态电流的方法，还可用于区分双极型时基电路和CMOS型时基电路。静态电流为8～10mA的是双极型时基电路，静态电流小于1mA的是CMOS型时基电路。

（4）**检测输出电平** 检测电路如图18-15所示，时基电路接成施密特触发器，万用表置于直流"10V"挡，检测时基电路输出电平。

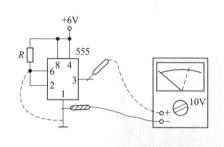

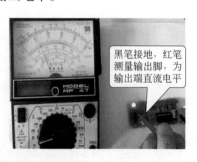

黑笔接地，红笔测量输出脚，为输出端直流电平

图18-15 检测时基电路输出电平

接通电源后，由于两个触发端（2脚和6脚）均通过R接正电源，输出端（3脚）为"0"，万用表指示应为0V。当用导线将两个触发端接地时，输出端变为"1"，万

用表指示应为 6V。检测情况如不符合上述状态，说明该时基电路已损坏。

（5）**动态检测**　检测电路如图 18-16 所示，时基电路接成多谐振荡器，万用表置于直流"10V"挡，检测时基电路输出电平。

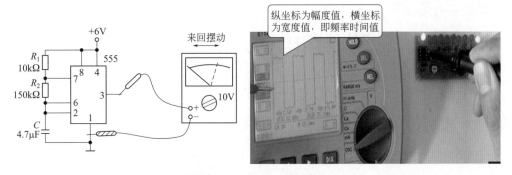

图18-16　动态检测时基电路

该电路振荡频率约为 1Hz，因此可用万用表看到输出电平的变化情况。接通电源后，万用表指针应以 1Hz 左右的频率在 0～6V 之间摆动，说明该时基电路是好的。如果万用表指针不摆动，说明该时基电路已损坏。

第19章

用万用表检测专用电子元器件

19.1 一位与多位 LED 数码管的检测

　　LED 数码管（LED Segment Displays）由多个发光二极管封装在一起组成"8"字形的器件，引线已在内部连接完成，只需引出它们的各个笔画，公共电极。应用较多的是 7 段数码管，又名半导体数码管或 7 段数码管，内部还有 1 个小数点，又称为 8 段数码管。图 19-1 所示为 LED 数码管内部结构。由内部结构可知，可分为共阴极数码管和共阳极数码管两种。图 19-1（b）所示为共阴数码管电路，8 个 LED（7 段笔画和 1 个小数点）的负极连接在一起接地，译码电路按需给不同笔画的 LED 正极加上正电压，使其显示出相应数字。图 19-1（c）所示为共阳数码管电路，8 个 LED（7 段笔画和 1 个小数点）的正极连接在一起接地，译码电路按需给不同笔画的 LED 负极加上负电压，使其显示出相应数字。

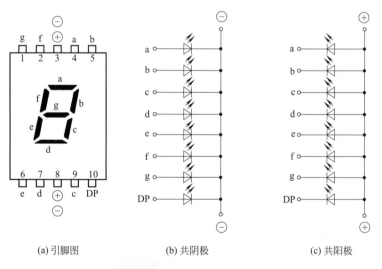

(a) 引脚图　　　　　(b) 共阴极　　　　　(c) 共阳极

图19-1　LED数码管内部结构

　　LED 数码管的 7 个笔段电极分别为 0 ～ 9（有些资料中为大写字母），DP 为小数点，如图 19-1（a）所示。LED 数码管的字段显示码如表 19-1 所示。

表19-1　LED数码管的字段显示码

显示字符	共阴极码	共阳极码	显示字符	共阴极码	共阳极码
0	3fh	Coh	9	6fh	90h
1	06h	F9h	A	77h	88h
2	5bh	A4h	b	7ch	83h
3	4fh	Boh	C	39h	C6h
4	66h	99h	d	5eh	A1h
5	6dh	92h	E	79h	86h
6	7dh	82h	F	71h	8eh
7	07h	F8h	P	73h	8ch
8	7fh	80h	熄灭	00h	ffh

19.1.1　一位数码管的检测

（1）从外观识别引脚　LED数码管一般有10个引脚，通常分为两排，当字符面朝上时，左上角的引脚为第1脚，然后顺时针排列其他引脚。一般情况上、下中间的引脚相通，为公共极。其余8个引脚为7段笔画和1个小数点。数码管检测可扫二维码学习。

（2）万用表检测管脚排列及结构类型

① 判别数码的结构类型（共阴极还是共阳极）：将万用表置于 R×10k 挡，然后用红表笔接触其他任意管脚。当指针大幅度摆动时（应指示数值为 30kΩ 左右，如为 0 则说明红黑笔接的均是公共电极），黑表笔接的为阳极，黑表笔不动，然后用红表笔依次去触碰数码管的其他管脚，表针均摆动，同时笔段均发光，说明为共阳极，如黑表笔不动，用红表笔依次去触碰数码管的其他管脚，表针均不摆动，同时笔段均不发光，说明为共阴极，此时可对调表笔再次测量。表针应摆动，同时各笔段均应发光。

② 好坏的判断：按上述测量，找到公用电极，共阳极黑表笔接公用电极，用红表笔依次去触碰数码管的其他管脚，表针均摆动，同时笔段均发光，共阴极红表笔接公用电极，用黑表笔依次去触碰数码管的其他管脚，表针均摆动，同时笔段均发光，触到哪个管脚，哪个笔段就应发出光点。若触到某个管脚时，所对应的笔段不发光，指针也不动，则说明该笔段已经损坏。

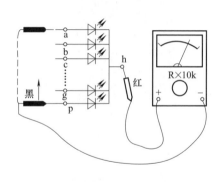

图19-2　好坏的判断及判别管脚排列

③ 判别管脚排列：使用万用表 R×10k 挡，分别测笔段引脚，使各笔段分别发出光点，即可绘出该数码管的管脚排列图（面对笔段的一面）和内部的边线（图19-2）。

注意：

• 多数 LED 数码管的小数点不是独立设置的，而是在内部与公共电极连通的。但是，有少数产品的小数点是在数码管内部独立存在的，测试时要注意正确区分。

• 采用串接干电池法检测时，必须串接一只几千欧的电阻，否则很容易损坏数码管。

（3）LED 数码管的修复　LED 数码管损坏时，现象为某一个或几个笔段不亮，即出现缺笔画现象。用万用表测试确定为内部发光二极管损坏时，可将数码管的前盖小心地打开，取下基板。如图19-3所示。所有笔段的发光二极管均是直接制作在基板的印刷电路上的。用小刀刮去已经损坏笔段的发光二极管，用一相同颜色的扁平形状的发光二极管，装入原管位置，连接时注意极性不要装错。

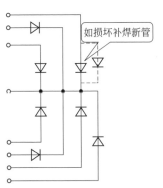

图19-3 LED数码管基板图

19.1.2　多位 LED 数码管的检测

对多位 LED 数码管的检测，基本方法与检测一位 LED 数码管大体相同。也是采用直接用万用表 R×10k 挡（可使用两节电池串连后再串接一只几千欧的电阻）测量的方法进行判断。

（1）检测管脚排列顺序　如图19-14所示。将红表笔任接一个引脚，用黑表笔去依次接触其余管脚，如果同一位上先后能有七个笔段发光，则说明被测数码管为共阳极结构，且红表笔所接的是该位数码管的公共阳极。如果将黑表笔任接某一引脚，用红表笔去触碰其他管脚，能测出同一位数码管有七个笔段发光，则说明被测数码管是属于共阴极结构，此时，黑表笔所接的是该位数码管的公共阳极。

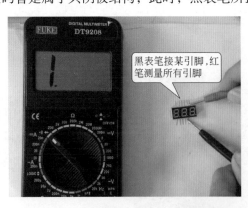

黑表笔接某引脚,红笔测量所有引脚

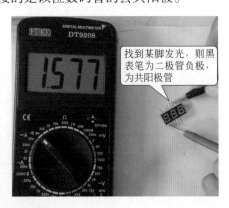

找到某脚发光,则黑表笔为二极管负极,为共阳极管

图19-4 找公共电极

注：此图为判断数码管是否为共阳极结构实物图，若判断数码管是否为共阴极结构，将红黑表笔对调即可。

（2）**判别管脚排列位置** 采用上述方法将个、十、百、千……的公共电极确定后，再逐位进行检查测试。即可按一位数码管的方法绘制出数码管的内部接线图和管脚排列图。

（3）**检测全笔段发光性能** 按前述以测出 LED 数码管的结构类型、管脚排列测出后，再检测数码管的各笔段发光性能是否正常。以共阴极为例，用两节电池串一只 1k 左右电阻，将负极接在数码公共阴极上，如图 19-5 所示，把多位数码管其他笔段端全部短接在一起。然后将其接在电池正极，此时，所有位笔端均应发光，显示出"8"字。仔细观察，发光颜色应均匀，无笔段残缺及局部变色等现象。

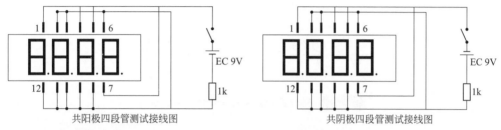

共阳极四段管测试接线图　　　　　　　　共阴极四段管测试接线图

(a) 实际接线图

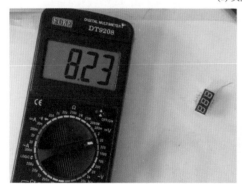

(b) 实际测量效果图

图19-5 检测全笔段发光性能

19.2 单色与彩色LED点阵显示器的检测

LED 点阵显示器是实现大屏幕显示功能的一种通用型组件，又称 LED 矩阵板。

19.2.1 单色 LED 点阵显示器的检测

（1）**性能特点** 单色 LED 点阵显示器是以单色发光二极管为按照行与列的结构排列而成。根据其内部发光二极管的大小、数量、发光强度、发光颜色的不同可分为多种规格。常见的有 5×7、7×7、8×8 点阵。5×7 为 5 只发光二极管，每列有 7 只发光二极管，共 35 个像素。发光颜色有红、绿、橙等几种，图 19-6 是 5×7 系列的外形及管脚排列图。由 $\phi 5$ 的高亮度橙红色发光二极管组成。双列直插 14 脚封装。不同型号内部接线及输出引脚的极性不同。图 19-7（a）、（b）分别为两种不同的内部接线图，分共阳极和共阴极结构两种。共阳极结构则是将发光二极管的正极接行驱动线，共阴极结构是将发光二极管负极接行驱动线。图 19-6 中的数字代表管脚序号，A～G 为行驱动端，a～e 是列驱动端。

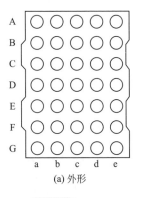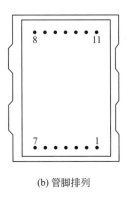

(a) 外形　　　　　　　　　(b) 管脚排列

图19-6　5×7系列外形及管脚排列图、外形

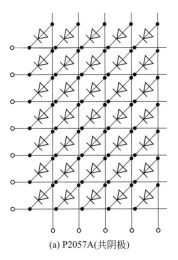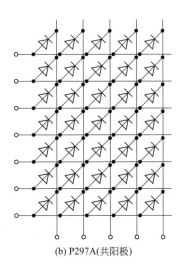

(a) P2057A(共阴极)　　　　　　(b) P297A(共阳极)

图19-7　内部接线图

（2）检测行、列线　利用万用表或电池可检测出各二极管像素发光状态，以判断好坏。先用万用表 R×10k 挡判别出共阴、共阳极，（参见 LED 数码管检测）。并判别出行线和列线。对于共阴极，黑笔所接为列线，对于共阳极，则红笔所接为a～e 列线。

（3）判别发光效果（以共阳极为例）　按图 19-8 中方法接线，图（a）为短接列线方法，即将 a、b、c、d、e（13、3、4、11、10、6 脚）短接合并为一个引出端 E，行引出脚用导线分别引出。测试时，将电池负极接 E 端，用正极依次去接触 A、B、C、D、E、F、G（9、14、8、5、12、1、7、2 脚）行引出脚的导线，相应的行像素应点亮发光。例如，当用正极线触碰 8 脚时，C 行的五个像素应同时发光。

图（b）为短接行线方法，即将行引出脚 A、B、C、D、E、F、G（9、14、8、

5、12、1、7、2脚）用导线短接合并为一个引出端E，将列引出脚单独引出。测试时，将正极线接E端，用负极线去接触a、b、c、d、e（13、3、4、11、10、6脚）列引出脚的导线，相应的列像素应点亮发光。例如，当用红表笔接触3脚时，b列的7个像素应同时发光。

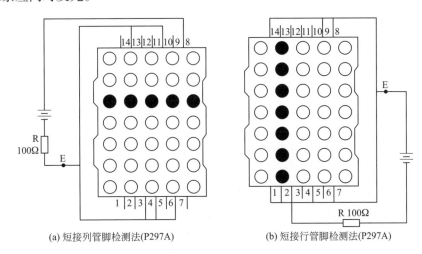

(a) 短接列管脚检测法(P297A)　　　(b) 短接行管脚检测法(P297A)

图19-8 检测时接线图

检测时，如果某个或几个像素不发光，则器件的内部发光二极管已经损坏。若发现亮度不均匀，则表明器件参数的一致性较差。

检测共阴极LED点阵显示器的性能好坏时，与上述方法相同。只是在操作时，需将正、负极线位置对调即可。

注意：高亮度LED管的测试电压应在5～8V，否则不能点亮LED。

（4）检修　如确定某只或某排管不发光，可拆开外壳，将坏管拆下，用相同直径和颜色的管换上即可。注意极性不能接反（参见LED数码管检修）。

19.2.2 彩色LED点阵显示器的检测

（1）性能特点　彩色LED点阵显示器是一种新型显示器件，具有密度高、工作可靠、色彩鲜艳等优点，非常适合组成彩色智能显示屏。彩色LED点阵显示器是以变色发光二极管为像素按照行与列的结构排列而成的。

国产彩色LED点阵显示器的典型产品型号有BFJφ30R/G（5×7）、BFJφ5OR/G（8×8）、BS2188（φ5，8×8R/G）等。型号中的φ3和φ5表示所使用变色发光二极管的直径，OR、R、G，是英文单词缩写，分别代表橙红、红和绿三种颜色。

（2）检测　检测彩色LED点阵显示器与单色相同。可采用短接列或行的方法进行检查，只是操作时要稍繁琐一些，每个像素要测试3次，以检查相应的3种颜色显示是否正常。

先按检测单色LED点阵显示器方法判别出各行、列及相应排列好坏，再按下述方法判别发光情况。

① 短接列驱动线检测法：检测电路见图 19-9 所示。

a. 检查发绿光情况：将列引出线 a′、b′、c′、d′、e′、f′、g′、h′（23、20、17、14、2、5、8、10）短接为一个引出端，设为 Z 端，将电池的负极接 Z 端，用电池的正极线依次去接触 A、B、C、D、E、F、G、H（22、19、16、13、3、6、9、12）端行驱动线，相应的 8 只行像素应同时发绿光。例如，电池的正极线触碰 22 脚时，相应的 A 行 8 个像素应同时发出绿色光。

b. 检查发红光情况：将列引出线 a、b、c、d、e、f、g、h（24、21、18、9、1、4、7、10）短接为一个引出端 Z′，电池的负极接 Z′ 端，用电池的正极线依次去接触 A、B、C、D、E、F、G、H（22、19、16、13、3、6、9、12）端行驱动线，相应的 8 只行像素应同时发红光。例如，电池的正极线触碰 22 脚时，A 行的 8 个像素应同时发出红光。

c. 检查发复全光（橙色）的情况：在前两步检测的基础上，将 Z 和 Z′ 两端短接后引出 Z″ 端，即相当于把所有的列引出端均短接在一起。电池的负极接 Z″ 端，用电池的正极线依次去接触 A、B、C、D、E、F、G、H（22、19、16、13、3、6、9、12）端行驱动线，相应的 8 只行像素应发橙光。

② 短接行驱动线检测法：检测电路见图 19-10。

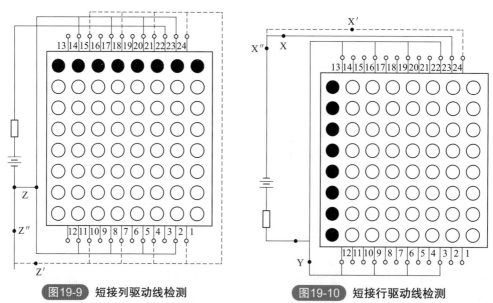

图19-9 短接列驱动线检测   图19-10 短接行驱动线检测

a. 检查发绿光情况：将行驱动线 A、B、C、D、E、F、G、H（22、19、16、13、3、6、9、12）短接合并一个引出端，设为 Y，电池的正极线接 Y 端，电池的负极接线依次去接触 a′、b′、c′、d′、e′、f′、g′、h′（23、20、17、14、2、5、8、11）列驱动线，相应列像素应同时发绿光。例如，当用电池的负极接 23 脚（X 端）时，a 列的 8 个像素应同时发出绿色光。

b. 检查发红光情况：用电池的正极线接法与第一步相同。用电池的负极线去接触列驱动线的 a、b、c、d、e、f、g、h（24、21、18、9、1、4、7、10）端，相应的列像素应同时发红光。例如，当用电池的负极接 24 脚（X′ 端）时，a 列的 8 个像素应同时发出红光。

　　c. 检查发复全光（橙色）的情况：电池的正极线不变。将 X 和 X′ 两端短接（即把 23 脚与 24 脚短路），引出 X″ 端时，a 列的 8 个像素应同时发橙色光。按此法将 20 脚和 22 脚、17 脚和 18 脚、14 脚和 9 脚、2 脚和 1 脚、5 脚和 4 脚、8 脚和 7 脚、11 脚和 10 脚分别短接后进行测试，相对应的 b、c、d、e、f、g、h 列的像素均应分别发出橙光。

　　使用高亮度 LED 管时注意：测试电压应在 5 ～ 8V，否则不能点亮 LED。

　　d. 快速检测方法：将所有行线短接、列线短接，电池正极接行线，负极接列线，检查发光情况，此时所有二极管应全部发光。说明 LED 点阵是好的，如有某点不发光或某行、某列不发光，则 LED 点阵是坏的。

19.3 液晶显示器件的检测

19.3.1　液晶显示器基本构造

　　液晶的组成物质是一种有机化合物，是以碳为中心所构成的化合物，其常温下，液晶是处于固体和液体之间的一种物质，即具有固体和液体物质的双重特性，利用液晶体的电光效应制作的显示器就是液晶显示器（LCD），广泛应用于各领域作为终端显示器件。

　　以 TN 型液晶显示器为例，将上下两块制作有透明电极的玻璃，利用胶框对四周进行封接，形成一个很薄的盒。在盒中注入 TN 型液晶材料。通过特定工艺处理，使 TN 型液晶的棒状分子平行地排列于上下电极之间，如图 19-11 所示。

　　根据需要制作成不同的电极，就可以实现不同内容的显示。

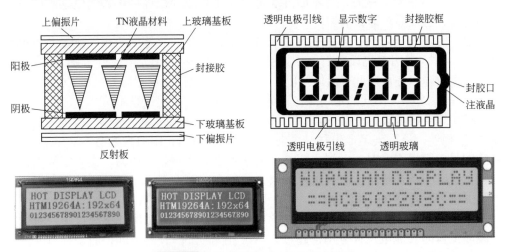

图19-11　TN型液晶显示器的基本构造

19.3.2　TN 型液晶显示器的检测

　　目前应用广泛的是三位半静态显示液晶屏，其管脚引线如图 19-12 及表 19-2 所示。

表19-2 液晶显示器引脚排列表

1	2	3	4	5	6	7	8	9	10	11	12	13	14	15	16	17	18	19	20
COM	—	K					DP1	E1	D1	C1	BP2	Q2	D2	C2	DP3	E3	D3	C3	B3
40	39	38	37	36	35	34	33	32	31	30	29	28	27	26	25	24	23	22	21
COM		←						g1	f1	a1	b1	L	g2	f2	a2	b2	g3	f3	a3

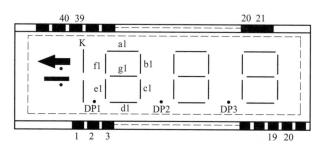

图19-12 液晶显示器引脚排列顺序图

如若管脚排列标志不清楚时，可用下述方法鉴定。

（1）万用表测量法 指针万用表测量法：用 R×10k 挡的任一支笔接触电子表或液晶显示器的公共电极（又称背电极，一般为显示器最后一个电极，而且较宽），另一支表笔轮流接触各笔画电极，若看到清晰、无毛边、不粗大地依次显示各字划，则液晶完好；若显示不好或不显示，则质量不佳或已坏；若测量时虽显示，但表针在颤动，则说明该字划有短路现象，有时测某段时出现邻近段显示的情况，这是感应显示，不是故障。这时，可不断开表笔，用手指或导线连接该邻近段笔画电极与公共电极，感应显示即会消失。

数字万用表测量法：万用表置二极管测量挡，用两表笔两两相互测量，当出现笔段显示时，表明二笔段中有一引脚为 BP（或 COM）端，由此就可确定各笔段，若屏发生故障，亦可用此查出坏笔段。对于动态液晶屏，用相同方法找 COM，但屏上不止一个 COM，不同的是，能在一个引出端上引起多笔段显示。

（2）加电显示法 使用一电池组（3～6V），用两支表笔，分别与电池组的"+"和"−"相连，将一支笔上串联一个电阻（约几百欧姆，阻值太大会不显示）。一支表笔的另一端搭在液晶显示屏上，与屏的接触面越大越好。用另一支表笔依次接触引脚。这时与各被接触引脚有关系的段、位便在屏幕上显示出来。测量中如有不显示的引脚，应为公共脚（COM），一般液晶显示屏的公共脚有 1 或多个。

由于液晶在直流工作时寿命（约 500h）比交流时（约 5000h）短得多，所以规定液晶工作时直流电压成分不得超过 0.1V（指常用的 TN 型，即扭曲型反射式液晶显示器），故不宜长时间测量。对阈值电压低的电子表液晶（如扭曲型液晶，阈值低于 2V），则更要尽可能减短测量时间。

用万用表～V 挡检测液晶，将表置于 250～V 或 500～V 挡，任一表笔置于交流电网火线插孔，另一笔依次接触液晶屏各电极。若液晶正常可看到各笔画的清晰显示，若某字段不显示，说明该处有故障。

19.4 真空管（真空荧光显示屏）的检测

真空荧光显示屏（VFD）与液晶、半导体等显示器相比，具有显示清晰、寿命长、自身发光和彩色显示等优点，可动态显示，也可以静态显示，因此，广泛应用于各种电器作终端显示器件。

（1）**基本结构** 真空荧光显示屏的构造如图 19-13 所示。荧光显示屏的基本结构是真空管，外壳是低熔点玻璃粉熔封的平板玻璃，与玻璃盖和底面玻璃板（玻璃基板）形成一真空容器，内部装有阴极、栅极和阳极。

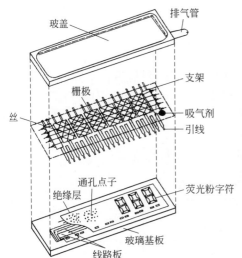
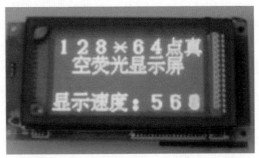

图19-13 真空荧光显示屏构造

（2）**检修** 检测真空荧光显示屏时，用万用表 R×1 电阻挡测量灯丝电阻，如果通，灯丝一般认为是好的，否则为坏。如果亮度下降，可适当提高灯丝电压，提高亮度，但不能超过额定电压的 1.2 倍，如果发现荧光显示屏不能点亮或吸气剂镜面发白雾状，则荧光显示屏已漏气，须更换荧光显示屏。

19.5 气体传感器的检测

19.5.1 气体传感器的构成

常见的气体传感器的实物如图 19-14 所示。气体传感器由气敏电阻、不锈钢网罩（过滤器）、螺旋状加热器、塑料底座和引脚构成，如图 19-15（a）所示。气体传感器的符号如图 19-15（b）所示。其中，A—a 两个脚内部短接，是气敏电阻的一个引出端；B—b 两个脚内部短接，是气敏电阻的另一个引出端；H—h 两个脚

图19-14 气体传感器实物

是加热器供电端。许多资料将 H、h 脚标注为 F、f。

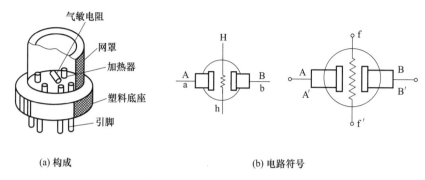

(a) 构成   (b) 电路符号

图19-15 气体传感器的构成和电路符号

当加热器得到供电后，开始为气敏电阻加热，使它的阻值急剧下降，随后进入稳定状态。进入稳定状态后，气敏电阻的阻值会随着被测气体的吸附值而发生变化。N 型气敏电阻的阻值随气体浓度的增大而减小，P 型气敏电阻的阻值随气体浓度的增大而增大。

表 19-3 给出了国产气敏元件 QN32 与 QN60 的主要参数值。

表19-3 气敏元件的主要参数

型号	加热电流 /A	回路电压 /V	静态电阻 /kΩ	灵敏度（R_o/R_x）	响应时间 /s	恢复时间 /s
QN32	0.32	≥ 6	10-400	> 3(H_2 0.1% 中)	< 30	< 30
QN60	0.60	≥ 6	10-400	> 3	< 30	< 30

19.5.2 气体传感器的检测

① 加热器的检测　用万用表的 R×1 或 R×10 挡测量气体传感器加热器两个引脚间的阻值，若阻值为无穷大，说明加热器开路。

② 气敏电阻的检测　如图 19-16 所示，检测气敏电阻时最好采用两块万用表。其中，一块置于"500mA"电流挡后，将两个表笔串接在加热器的供电回路中；另一块万用表置于"10V"直流电压挡，黑表笔接地，红表笔接在气体传感器的输出端上。为气体传感器供电后，电压表的表针会反向偏转，几秒后返回到 0 的位置，然后逐渐上升到一个稳定值，电流表指示的电流在 150mA 内，说明气敏电阻已完成预热。若此时将被测气体对准气体传感器的网罩排出，电压表的数值应该发生变化；否则，说明网罩或气体传感器异常。检查网罩正常后，就可确认气体传感器内部的气敏电阻异常。

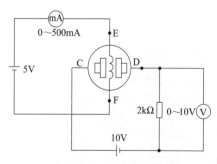

图19-16 气体传感器内气敏电阻的检测示意图

采用一块万用表测量气体传感器时，将被测气体对准气体传感器的网罩排出后，若气体传感器的输出端电压有变化，则说明它正常。

19.6 压磁式传感器的检测

压磁式传感器具有输出功率大、抗干扰能力强、精度高、线性好、寿命长、维护方便、运行条件要求低（能在一般有灰尘、水和腐蚀性气体的环境中长期运行）等优点。因此适合于很多领域。图 19-17 所示为压磁式传感器结构与外形。

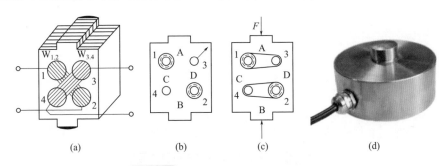

图19-17 压磁式传感器的结构与外形

压磁传感器由外壳和压磁元件组成，外壳的作用主要是防止灰尘、氧化铁皮、水蒸气和油等介质侵入传感器内部。压磁元件是由数十片至数百片铁磁材料的串片（或多联片）叠起来粘合在一起，并用螺栓连接。

压磁传感器的测量绕组输出电压值比较大，故一般不需要放大，只需通过整流、滤波即可接到指示器指示。其测量电路框图见图 19-18。

图19-18 压磁传感器测量电路框图

检测时，主要用万用表电阻挡测各绕组阻值。如出现阻值太小或不通为损坏，当线圈损坏后，可将原线圈拆除，用穿线方法穿入与原匝数相同的线圈即可。

19.7 霍尔传感器的检测

当一块通有电流的金属或半导体薄片垂直置于磁场中时，薄片两侧会产生电势的现象，称为霍尔效应。霍尔元件就是利用霍尔效应制作的半导体器件。如图 19-19 所示，在电路中，霍尔元件常用图 19-19（c）所示的符号表示。电路应用接线图如图 19-20 所示。

霍尔传感器是将霍尔元件、放大器、温度补偿电路及稳压电源等做在一个芯片上，利用霍尔效应与集成技术制成的半导体磁敏器件，国产有 SLN 系列、CSUGN 系列、DN 系列产品等。

有些霍尔传感器的外形与 PID 封装的集成电路外形相似，故也称为霍尔集成电

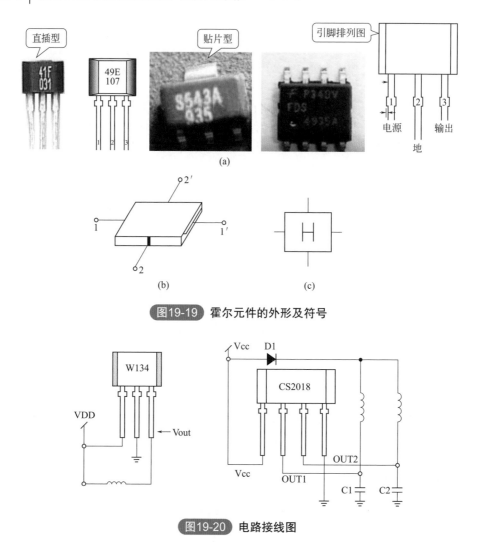

图19-19 霍尔元件的外形及符号

图19-20 电路接线图

路。霍尔传感器按输出端功能可分为线性型与开关型两种，如图19-21所示，按输出级的输出方式分有单端输出与双端输出。

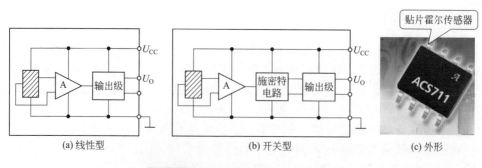

图19-21 霍尔传感器的电原理结构图

取三孔插座一个，①脚为 5～15V 电源，②脚接地，③脚接输出。把霍尔元件按①、②、③脚插接在插座上。接通电源，万用表接③、②脚，测输出电压。用磁铁—磁极靠近霍尔元件正面，观察万用表输出电压；换用另一磁极靠近霍尔元件正面，观察万用表输出电压。磁极接近霍尔元件时，若输出电压出现跳变，霍尔元件属于正常。若电压不变，万用表改接①、③脚，重复上述过程，若输出电压仍不变，说明霍尔元件损坏。电压表变化幅度越大，说明传感器性能越好（图 19-22）。

图19-22 检测电路

19.8 压力传感器的检测

压力传感器是工业实践中最为常用的一种传感器。一般普通压力传感器的输出为模拟信号。模拟信号是指信息参数在给定范围内表现为连续的信号，或在一段连续的时间间隔内，其代表信息的特征量可以在任意瞬间呈现为任意数值的信号。而通常使用的压力传感器主要是利用压电效应制造而成的，这样的传感器也称为压电传感器。压力传感器实物如图 19-23 所示。

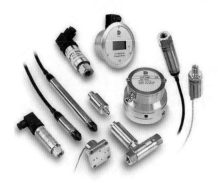

(a) 压力变送器

(b) 气压传感器

图19-23 压力传感器实物

用万用表只能对压力传感器进行简单的三项检测，检测结果也只供参考。

（1）桥路的检测 主要检测传感器的电路是否正确，一般是惠斯通全桥电路，利用万用表的欧姆挡，测量输入端之间的阻抗以及输出端之间的阻抗，这两个阻抗就是压力传感器的输入、输出阻抗。如果阻抗是无穷大，桥路就是断开的，说明传感器有问题或者引脚的定义没有判断正确。

（2）零点的检测 用万用表的电压挡，检测在没有施加压力的条件下，传感器的零点输出。这个输出一般为毫伏级的电压，如果超出了传感器的技术指标，就说明传感器的零点偏差超范围。

（3）加压检测 简单的方法是：给传感器供电，用嘴吹压力传感器的导气孔，用万用表的电压挡检测传感器输出端的电压变化。如果压力传感器的相对灵敏度很大，这个变化量会明显。如果丝毫没有变化，就需要改用气压源施加压力。

通过以上方法，基本可以检测一个压力传感器的大致状况。如果需要准确的检测，就需要用标准的压力源给传感器压力，按照压力的大小和输出信号的变化量，对传感器进行校准。

19.9 超声波传感器的检测

超声波传感器，是近年来常用的敏感元器件之一，如可用它组装成车辆倒车防撞电路及其他检测电路。超声波传感器分为发射器和接收器，发射器将电磁振荡转换为超声波向空间发射，接收器将接收到的超声波转换为电脉冲信号。它的具体工作原理如下：当 40kHz（由于超声波传感的声压能级、灵敏度在 40kHz 时最大，所以电路一般选用 40kHz 作为传感器的使用频率）的脉冲电信号由两引线输入后，由压电陶瓷激励器和谐振片转换成为机械振动，经锥形辐射器将超声振动向外发射出去，发射出去的超声波向空中四面八方直线传播。遇有障碍物后它可以发生反射。接收器在收到由发射器传来的超声波后，使内部的谐振片谐振，通过声电转换作用，将声能转换为电脉冲信号，然后输入到信号放大器，驱动执行机构动作。如图 19-24 所示。

(a) 外形(不同形状的发射接收头)

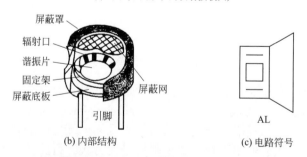

(b) 内部结构　　(c) 电路符号

图19-24　超声波传感器外形及内部结构示意图

19.9.1 结构性能参数

常用的超声传感器有 T40-XX、R40-XX 系列、UCM-40T、UCM-40R 和 MA40XXS、MA40XXR 系列等。其中型号的第一（最后）个字母 T（S）代表发射传感器，R 代表接收传感器，它们都是成对使用的。

表 19-4 是 T/R40-XX 系列超声波传感器的电性能参数表。表 19-5 是 UCM 型超传感器的技术性能表。

表19-4 T/R40-XX系列超声波传感器的电性能参数表

型号		T/R40-12	T/R40-16	T/R40-18A	T/R40-24A
中心频率 /kHz		40 ±			
发射声压最小电平 /dB		82（40kHz）	85（40 kHz）		
接收最小灵敏度 /dB		−67（40kHz）	−64（40 kHz）		
最小带宽	发射头	5 kHz/100dB	6 kHz/103dB	6 kHz/100dB	6 kHz/103dB
	接收头	5 kHz/−75dB	6kHz/−71dB		
电容		2500 ± 25%	2400 ± 25%		

表19-5 UCM型超传感器的技术性能表

型号	UCM-40-R	UCM-40-T
用途	接收	发射
中心频率 /kHz	40	
灵敏度（40kHz）/（dBv/μb）	−65	80
带宽（36 ～ 40kHz）/（dBv/μb）	−73	96
电容 /nF	1700	
绝缘电阻 /MΩ	> 100	
最大输出电压 /V	20	
测试要求	发射头接40kHz方波发生器，接收头接测试示波器，当方波发生器输出V_{pp}=15V，发射头和接收头正对距离30cm时，示波器接收的方波电压U>500mV	

19.9.2 检测

超声波传感器用万用表直接测试是没有什么反应的。要想测试超声波传感器的好坏可以搭一个振荡电路，如图 19-25 所示。把要检测的超声波传感器（发射和接收）接在 3 脚与 1 脚之间；调整 W_1，如果传感器能发出音频声音，基本就可以确定此超声波传感器是好的。也可以按照 19-26 搭建一个完整的发射接收电路，用指针式万用表测量，表针有摆动，说明发射和接收是好的。

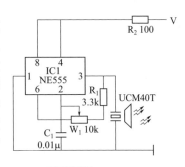

图19-25 振荡电路

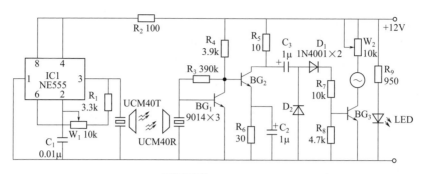

图19-26 接收电路

19.10 热电偶温度传感器的检测

在许多测温方法中，热电偶测温应用最广。因为它的测量范围广，一般在 -180 ~ 2800℃之间，准确度和灵敏度较高，且便于远距离测量，尤其是在高温范围内有较高的精度，所以国际实用温标规定在 630.74 ~ 1064.43℃范围内用热电偶作为复现热力学温标的基准仪器。热电偶温度传感器外形见图 19-27 所示。

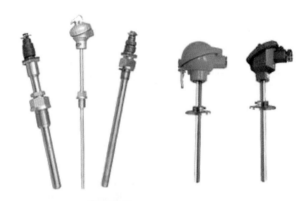

图19-27 温度传感器外形

常用的热电偶有 7 种，其热电偶的材料及测温范围见表 19-6。

表19-6 常用配接热电偶的材料及测温范围

热电偶名称	分度号		测温范围 /℃
	新	旧	
镍铬 - 康铜		E	0 ~ 800
铜 - 康铜	CK	T	-270 ~ 400
铁 - 康铜		J	0 ~ 600
镍铬 - 镍硅	EU-2	K	0 ~ 1300

热电偶名称	分度号		测温范围/℃
	新	旧	
铂铑 - 铂	LB-3	S	0 ～ 1600
铂铑 30- 铂 10	LL-2	B	0 ～ 1800

19.10.1　热电偶的结构

（1）**热电极**　就是构成热电偶的两种金属丝。根据所用金属种类和作用条件的不同，热电极直径一般为 0.3 ～ 3.2mm，长度为 350mm ～ 2m。应该指出，热电极也有用非金属材料制成的。

（2）**绝缘管**　用于防止两根热电极短路。绝缘管可以作成单孔、双孔和四孔的形式，其材料见表 19-7，也可以作成填充的形式（如缆式热电偶）。

（3）**保护管**　为使热电偶有较长的寿命，保证测量准确度，通常热电极（连同绝缘管）装入保护管内，可以减少各种有害气体和有害物质的直接侵蚀，还可以避免火焰和气流的直接冲击。一般根据测温范围、加热区长度、环境气氛等来选择保护。常用保护管材料分金属和非金属两大类。

表19-7　常用绝缘管材料

绝缘管材料名称	使用温度范围/℃	绝缘管材料名称	使用温率范围/℃
橡皮、塑料	60 ～ 80	石英管	0 ～ 1300
丝、干漆	0 ～ 130	瓷管	1400
氟塑料	0 ～ 250	再结晶氧化铝管	1500
玻璃丝、玻璃管	500 ～ 600	纯氧化铝管	1600 ～ 1700
常用保护管的材料名称	长期使用温度/℃	短期使用温度/℃	使用备注
铜或铜合金	400		防止氧化表面镀铬或镍
无缝钢管	600		
不锈钢管	900 ～ 1000	1250	
28Cr 铁（高铬铸铁）	800		
石英管	1300	1600	
瓷管	1400	1600	
再结晶氧化铝管	1500	1700	
高纯氧化铝管	1600	1800	
硼化锆	1800	2100	

（4）**接线盒**　供连接热电偶和补偿导线用，接线盒多采用铝合金制成。为防止有害气体进入热电偶，接线盒出孔和盖应尽可能密封（一般用橡皮、石棉垫圈、垫片以及耐火泥等材料来封装），接线盒内热电极与补偿导线用螺钉紧固在接线板上，保证接触良好。接线处有正、负标记，以便检查和接线。

19.10.2 检测

检测热电偶时，可直接用万用表电阻挡测量，如不通则热电偶有断路性故障，此方法只是估测。

热电偶使用中的注意事项：

① 热电偶和仪表分度号必须一致。

② 热电偶和电子电位差计不允许用铜质导线连接，而应选用与热电偶配套的补偿导线。安装时热电偶和补偿导线正负极必须相对应，补偿导线接入仪表中的输入端正、负极也必须相对应，不可接错。

③ 热电偶的补偿导线安装位置尽量避开大功率的电源线，并应远离强磁场、强电场，否则易给仪表引入干扰。

④ 热电偶的安装：

a. 热电偶不应装在太靠近炉门和加热源处。

b. 热电偶插入炉内深度可以按实际情况而定。其工作端应尽量靠近被测物体，以保证测量准确。另一方面，为了装卸工作方便并不至于损坏热电偶，又要求工作端与被测物体有适当距离，一般不少于 100mm。热电偶的接线盒不应靠到炉壁上。

c. 热电偶应尽可能垂直安装，以免保护管在高温下变形，若需要水平安装时，应用耐火泥和耐热合金制成的支架支撑。

d. 热电偶保护管和炉壁之间的空隙，用绝热物质（耐火泥或石棉绳）堵塞，以免冷热空气对流而影响测温准确性。

e. 用热电偶测量管道中的介质温度时，应注意热电偶工作端有足够的插入深度，如管道直径较小，可采取倾斜或在管道弯曲处安装。

f. 在安装瓷和铝这一类保护管的热电偶时，所选择的位置应适当，不要因加热工件的移动而损坏保护管。在插入或取出热电偶时，应避免急冷急热，以免保护管破裂。

g. 为保护测试准确度，热电偶应定期进行校验。

热电偶在使用中可能发生的故障及排除方法见表 19-8。

表19-8 热电偶的故障检修

故障现象	可能的原因	修复方法
热电势比实际应有的小（仪表指示值偏低）	① 热电偶内部电极漏电 ② 热电偶内部潮湿 ③ 热电偶接线盒内接线柱短路 ④ 补偿线短路 ⑤ 热电偶电极变质或工作端霉坏 ⑥ 补偿导线和热电偶不一致 ⑦ 补偿导线与热电极的极性接反 ⑧ 热电偶安装位置不当 ⑨ 热电偶与仪表分度不一致	① 将热电极取出，检查漏电原因。若是因潮湿引起，应将电极烘干，若是绝缘不良引起，则应予更换 ② 将热电极取出，把热电极和保护管分别烘干，并检查保护管是否有渗漏现象，质量不合格则应予更换 ③ 打开接线盒，清洁接线板，消除造成短路原因 ④ 将短路处重新绝缘或更换补偿线 ⑤ 把变质部分剪去，重新焊接工作端或更换新电极 ⑥ 换成与热电偶配套的补偿导线 ⑦ 重新改接 ⑧ 选取适当的安装位置 ⑨ 换成与仪表分度一致的热电偶

续表

故障现象	可能的原因	修复方法
热电势比实际应有的大（仪表指示值偏高）	① 热电偶与仪表分度不一致 ② 补偿导线和热电偶不一致 ③ 热电偶安装位置不当	① 更换热电偶，使其与仪表一致 ② 换成与热电偶配套的补偿导线 ③ 选取正确的安装位置
	① 接线盒内热电极和补偿导线接触不良 ② 热电极有断续短路和断续接地现象 ③ 热电极似断非断现象 ④ 热电偶安装不牢而发生摆动 ⑤ 补偿导线有接地、断续短路或断路现象	① 打开接线盒重新接好并紧固 ② 取出热电极，找出断续短路和接地的部位，并加以排除 ③ 取出热电极，重新焊好电极，经检定合格后使用，否则应更换新的 ④ 将热电偶牢固安装 ⑤ 找出接地和断续的部位，加以修复或更换补偿导线

19.11 热敏电阻温度传感器的检测

热敏电阻温度传感器应用电路见图 19-28。把探温杆插入麻袋粮食中，表头 PA 便会立即显示温度值，使用极为方便。图中，探温杆是一根直径为 6 ~ 8mm、长约 500mm 的铜管或镀铬杆，在杆内的尖端放置一只标称阻值为 1kΩ 的 MF51 珠状热敏电阻器。由于这种热敏电阻器感温快，惰性小，测量精度高，所有用于抽查粮食温度甚为方便。闭合开关 SA，调节电位器 RP，使表头 PA 满度。抽查粮袋的温度时，只需将插头 XP 插入插座 XS，将探测杆插入粮食中，就可读出粮食温度。

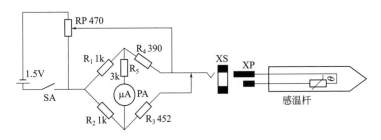

图19-28 热敏电阻温度传感器应用电路

19.12 红外线发光、接收二极管的检测

19.12.1 红外线发光二极管

（1）**结构**　常见的红外线发光二极管（简称红外发光二极管）有深蓝与透明两种，外形及符号与普通发光二极管相似，如图 19-29 所示。

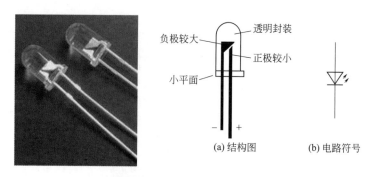

（a）结构图 （b）电路符号

图19-29 红外线发光二极管

因红外发光二极管通常采用透明的塑料封装，所以管壳内的电极清晰可见；内部电极较宽大的为负极，较窄小的为正极。全塑封装的红外发光二极管（$\Phi3$ 或 $\Phi5$ 型）其侧向呈一小平面，靠近小平面的引脚为负极，另一引脚为正极。

红外发光二极管工作在正向电压下，工作电压约1.4V，工作电流一般小于20mA。应用时电路中应串有限流电阻。

为了增加红外线的距离，红外发光二极管通常工作于脉冲状态。用红外发光二极管发射红外线去控制受控装置时，受控装置中均有相应的红外光-电转换元件，如红外接收二极管、光电三极管等。使用中通常采用红外发射和接收配对的光电二极管。

红外线发射与接收的方式有两种：其一是直射式；其二是反射式。直射式指发光管发射的光直接照射接收管；反射式指发光管和接收管并列一起，发光管发出的红外光遇到反射物时，接收管收到反射回来的红外线才工作。

（2）检测　检测红外发光二极管时采用指针式万用表与采用数字式万用表的测量方式有很大的区别：将指针式万用表置于 R×1k 挡，黑表笔接正极、红表笔接负极时的电阻值（正向电阻）应在 20 ～ 40kΩ（普通发光二极管在 200kΩ 以上），黑表笔接负极、红表笔接正极时的电阻值（反射电阻）应在 500kΩ 以上（普通发光二极管接近∞）。要求反射电阻越大越好。反射电阻越大，说明漏电流越小，管子的质量越佳。否则，若反射电阻只有几十千欧姆，这样的管子是不能使用的。如果正、反向电阻值都是无穷大或都是零，则说明被测红外发光二极内部已经断路或已经击穿损坏。用数字万用表测量时将挡位置于"二极管挡"，黑表笔接负极、红表笔接正极时的压降值应为 0.96 ～ 1.56V，正向压降越小越好，即管子的起始电压低。对调表笔后屏幕显示的数字应为溢出符号"OL"或"1"。

19.12.2　红外线接收管

红外线接收管是用来接收红外发光二极管产生的红外线光波，并将其转换为电信号的一种半导体器件。为减少可见光对其工作产生干扰，红外线接收管通常采用黑色树脂封装（外观颜色呈黑色），以滤掉 700nm 以下波长的光线，常见的红外线接收管外形及电路符号如图 19-30 所示。

需要识别红外线接收管的引脚时，可以面对受光面观察，从左至右分别为正极和负极。另外，在红外线接收二极管的管体顶端有一个小斜切平面。通常带有此斜切平面一端的引脚为负极，另一端为正极。

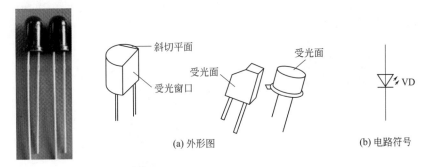

(a) 外形图   (b) 电路符号

图19-30 红外线接收管外形及电路符号

（1）指针万用表检测好坏

① 判断电极　具体检测方法与检测普通二极管正、反向电阻的方法相同。通常，用万用表 R×1k 挡进行测量，正常时，红外接收二极管的正向电阻为 3～4kΩ 左右，反向电阻应大于 500kΩ。如阻值很小或正、反均不通为坏。

② 检测受光能力　将万用表置于直流 50μA 挡（若所用万用表无 50μA 挡，也可用 0.1mA 或 1mA 挡），两表笔接在红外接收二极管的两引脚上，然后让被测管的受光面正对着太阳或灯泡，此时，万用表指针应有摆动现象。根据红黑表笔的接法不同，万用表指针的摆动方向也有所不同。当红表笔接正极，黑表笔接负极，指针向右摆动，且幅度越大则表明被测红外接收二极管的性能越好；反之，指针向左摆动。如果接上表笔后，万用表指针不动，则说明管子性能不良或已经损坏。

除上述方法外，还可用遥控器配合万用表来完成。将万用表置于 R×1k 挡，红表笔接被测红外接收二极管的正极，黑表笔接负极。用一个好的彩电遥控器手机正对着红外接收二极管的受光窗口，距离为 5～10mm。当按下遥控器手机上的按键时，若红外接收二极管性能良好，阻值减小，被测管子的灵敏度越高，阻值会越小。用这种方法挑选性能优良的红外接收二极管十分方便，且准确可靠。

（2）数字万用表检测红外线接收管　将挡位形状置于"二极管挡"，黑表笔接负极、红表笔接正极时的压降值应为 0.45～0.65V，对调表笔后屏幕显示的数字应为溢出符号"OL"或"1"。

（3）红外线接收头　红外线接收头是一种红外线接收电路模块，通常由红外接收二极管与放大电路组成，放大电路通常又由一个集成块及若干电阻、电容等元件组成（包括放大、选频、解调几大部分电路），然后封装在一个电路模块（屏蔽盒）中，虽然电路比较复杂，体积仅与一只中功率三极管相当。

红外线接收头具有体积小、密封性好、灵敏度高、价格低廉等优点，因此被广泛应用在各种控制电路以及家用电器中。它仅有三条管脚，分别是电源正极、电源负极（接地端）以及信号输出端，其工作电压在 5V 左右，只要给它接上电源即是一个完整的红外接收放大器，使用十分方便。常见的红外线接收头外形与引脚排列如图 19-31 所示。

（4）接收头检修　接收头检测方法同接收管。用遥控器检测法，检测时需给接收头加5V电压，如图19-32所示，将接收头插入控制插脚。用万用表测输出脚电压，按动遥控器，表针应有大幅度摆动，如摆动幅度太小，则特性不良。遥控器与红外线接收头检测可扫二维码学习。

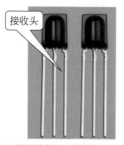

(a) 铁封接收头与塑封接收头外形

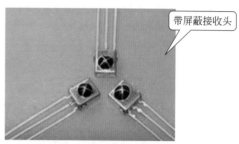

(b) 常用两种型号塑封接收头引脚排列

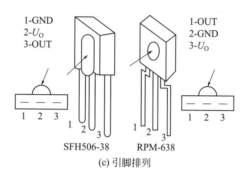

1-GND
2-U_O
3-OUT

1-OUT
2-GND
3-U_O

SFH506-38　　　RPM-638

(c) 引脚排列

图19-31　红外线接收头外形与引脚排列

必须用指针表，按动遥控器时，接收头输出端电压会有变化(表针抖动，幅度越大越好)

图19-32　在电路中直接测量

19.13 热释电红外传感器的检测

采用热释电红外传感器制造的被动红外探测器，用于控制自动门、自动灯及高级光电玩具等。热释电红外传感器一般都采用差动平衡结构，由敏感元件、场效应管、高值电阻等组成，如图 19-33 所示。

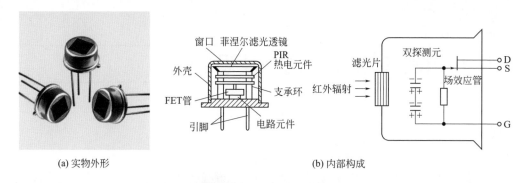

(a) 实物外形　　　　　　　　　　　(b) 内部构成

图19-33 热释电红外传感器

目前国内市场上常见的热释电红外传感器有上海尼赛拉公司的 SD02、PH5324 和德国海曼 Lhi954、Lhi958 以及日本的产品等，其中 SD02 适合防盗报警电路。

热释电红外传感器的应用中，其前级配用菲涅尔透镜，其后级采用带通放大器，放大器的中心频率一般限 1Hz 左右。放大器带宽对灵敏度与可靠性的影响大。带宽窄、噪声小，误测率低；带宽宽，噪声大，误测率高，但对快、慢速移动响应好。放大器信号的输出可以是电平输出、继电器输出或可控硅输出等多种方式。

第20章

用万用表检测强电线路及设备

20.1 判断相线和中性线

在低压配电线路上，尤其是建筑物的室内布线，为了室内的美观，也为了线路的经久耐用，往往需要暗线穿管敷设。在敷设过程中，有时需要寻找哪条是相线，哪条是中性线。使用万用表可以非常便捷地判断出相线和中性线（可扫二维码学习）。

（1）接触式测量

① 使用指针式万用表判断 如图 20-1 所示，万用表置于交流电压"250V"或"500V"挡，将黑表笔线缠绕几道后用手紧握（不要接触表笔的金属部分），用红表笔笔尖依次碰触电源插座上的两个插孔（或两根电线的裸露处），其中表针向右偏转幅度较大的一次，红表笔碰触的即为相线，另一次为中线。

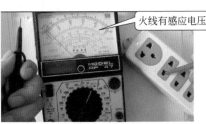

火线有感应电压　　零线无感应电压

图20-1 用指针万用表判别相线与零线

② 使用数字式万用表判断 数字式万用表电压挡具有高达 10MΩ 的输入阻抗，更适合用来判别市电的相线与零线。判别方法是，选择数字万用表的交流电压"200V"或"700V"挡，一手紧握黑表笔线（不要接触表笔的金属部分），用红表笔笔尖依次碰触电源插座上的两个插孔（或两根电线的裸露处），其中显示值较大的一次所触碰的是火线，另一次所触碰的则是零线。如图 20-2 所示。

（2）非接触式测量 非接触式测量使用数字表和指针表均可，但使用数字表更为直观，如图 20-3 所示。具体方法是：

① 将数字式万用表的转换开关旋转到"20V"（或 2V）交流电压挡，红表笔接入"V/Ω"插孔，黑表笔悬空或拔下。

② 将万用表的红表笔（正极性）依次碰触两根导线的外皮，其中读数较大的一次便是相线。在碰触时，由于表笔不直接接触导线的芯线，其读数完全是感应出来

的电压，此电压比较微弱，故选择 2V 挡效果较好。

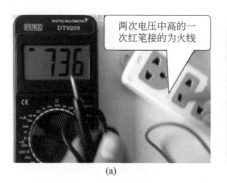

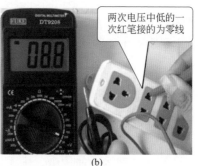

图20-2　用数字万用表区分火线和零线

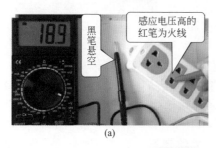

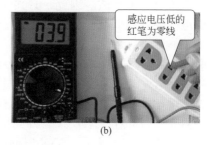

图20-3　非接触式测量

　　例如，采用 DT9808 型数字式万用表，将转换开关旋转至"2V"交流电压（ACV）挡，在通电线路的两根塑料导线中，判断哪一根是相线。

　　具体做法是：先把两根导线被测端分开 2 ～ 3cm，红表笔笔尖再去接触另一根导线外皮，其显示值为 0.846V。据此可判断出测得电压为 0.846V 的导线是相线，而测得电压较低的导线是中性线。

20.2 判断电线（或电缆）的断芯位置

　　由于电动力效应或热效应等原因，导致导线或电缆发热、老化等，会造成导线或电缆线芯的损伤甚至断裂。一般，不剥去绝缘无法明确找出断裂部位。可使用万用表对绝缘导线或电缆断裂部位进行准确、方便地判断，进而将其损坏部位修复，继续使用。判断测试接线如图 20-4 所示（可扫二维码学习）。

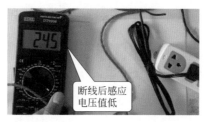

图20-4　判断导线或电缆线芯断裂部位的测试接线

把断芯的绝缘线一端接 220V 交流电源的火线，另一端悬空。数字万用表拨至交流 2V 挡，从接火线那端开始，将红表笔沿着导线的绝缘皮移动，显示出的电压值应在几伏到零点几伏。若红表笔移到某一处时电压突然降到零点零几伏（大约降到原来的 1/10），则说明此处的芯线已断。

20.3 检查设备漏电

我国的安全电压等级为：42V、3.6V、24V、12V 和 6V。在一定的条件下，当超过安全电压规定值时，应视为危险电压。

电气设备在长期运行使用中，由于发热、过载等原因有可能造成设备的绝缘下降，发生漏电现象，使设备的外壳带电。设备外壳对地电压一旦超过安全电压时，很容易发生人身触电事故。因此，必须对设备进行定期或不定期检查。导致电气设备外壳带电的原因主要有：电气设备接线错误、设备的绝缘下降、保护接地线（或接零）接触不良或断路等。

下面介绍数字万用表 ACV 挡判别电器设备金属外壳是否带有电的具体方法。

将数字万用表的量程拨在交流 200V 挡，将黑表笔拔下，红表笔插在 V/Ω 插孔，并用红表笔接在设备的金属外壳上，此时若显示值为零，说明被测设备外壳不带电。如果显示值在 15V 以上，表明设备外壳已有不同程度的漏电现象。如果显示值比较小（≤ 15V），可将黑表笔插入 COM 插孔，并将其测试笔接在地面或其他接地体上，注意手不要触及黑表笔，然后再用右手持红表笔去测试设备的金属外壳，若这时表上读数明显增大到 15V 以上，说明设备外壳已带电。如图 20-5 所示（可扫二维码看检测视频详细学习）。

用电器

(a) 黑笔不接地状态   (b) 黑笔接地状态

图20-5 使用万用表检查设备漏电

20.4 判断暗敷线路走向

家庭室内电线，为了房间的美观，一般都是以暗敷方式装饰在墙内，很难直观判断出装设在墙内电线的走向。本例介绍用万用表对墙内电源线走向进行判断的方法，判断测试接线如图 20-6 所示。

图20-6 **万用表判断墙内电源线走向的接线**

用指针式万用表或数字式万用表均可，本例用数字万用表判断。其具体做法如下。

① 将数字式万用表的转换开关旋转至"200mV"交流电压挡。红表笔的插头插入"V/Ω"插孔，黑表笔的插头插入"COM"插孔，黑表笔的测试端接地（接在金属水管或潮湿地面）。

② 红表笔从被测的电源线开始处（电源插座）紧靠着墙移动表笔，在显示屏上有数字显示，显示的数字越大，表明离电源线越近，反之，显示值变小，说明表笔已偏离电源线。根据这种测试结果可判断出暗敷在墙内电源线的走向需注意的是，当线埋的较深时，用此方法较难判断出线走向。

20.5 测量接地电阻

电气设备的某部分与大地之间做良好的电气连接，叫接地。当电气设备的外壳发生漏电现象时，接地装置可提供一个泄放漏电流的路径，因此，接地的目的是确保人身和设备的安全。《电气装置安装工程接地装置施工及验收规范》规定，对电机、变压器、携带式或移动工用电器具等设备的金属外壳均应可靠接地，以确保人身和设备的安全。电力装置安全要求的接地电阻的阻值，一般来说，低压系统的接地电阻 $R_E \leqslant 4\Omega$，变压器容量在 $100kV \cdot A$ 及以下的，接地电阻 $R_E \leqslant 10\Omega$。设备不同，

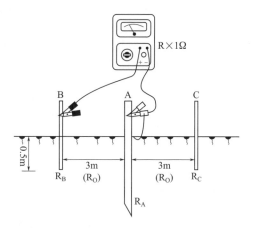

图20-7 **用万用表测试接地体接地电阻的接线**

设备容量不同，其接地电阻值也不同。为了使电气设备的外壳能可靠接地，要定期

或不定期地对接地电阻进行测试。有专门的接地电阻测量仪（绝缘电阻表）来测量接地电阻的阻值。但是，如果手头没有专门的绝缘电阻表，可采用万用表对接地体进行测量，希望接地装置的电阻值不超过规定的电阻值。用万用表测试接地电阻的接线如图 20-7 所示。具体做法如下。

图 20-7 中 A 为被测接地装置的接地体，它是埋设在地下的，与某电气设备的外壳经引下线相连接。B/C 为另一测试导体，测量时应在接地体和另一测点浇些水并等水渗入后测量。

20.6 测量导线的绝缘性能

导线或电缆在正常情况下，其外皮应该是绝缘的。在使用一段时间后，由于各种原因，有可能使其绝缘性能下降，绝缘电阻减小，从而导致漏电流增大。为了避免漏电现象所造成的人身或设备事故，需要采用专门的绝缘电阻表对导线或电缆的绝缘进行检查。但是，如果手头没有绝缘电阻表时，可用万用表的电阻挡来进行检测，判断出其绝缘线芯与外皮间的绝缘情况。

指针式万用表或数字式万用表均可。如图 20-8 所示，具体做法如下。

(a) 绝缘良好

(b) 有漏电现象，绝缘不良

图20-8 测量电路

① 将万用表的量程转换开关旋转至 R×10k 挡。

② 把被测绝缘导线的一端剥皮，并且红表笔接牢线芯。

③ 用盆装半盆水，并将黑表笔投入水中（水是导电体）。

④ 用手缓缓拉动导线从水中滑过，如果电线外皮无损，则外皮与线芯之间的绝缘电阻会是很大的，此时万用表将指示在电阻为"∞"的位置或显示溢出标志"1"。

⑤ 如果在拉动导线过程中，万用表指示接近"0"，表明导线外皮与线芯间绝缘的性能下降或发生绝缘短路现象，此处的外皮已经破损。对外皮破损的地方可做上标记，再继续检查别处的绝缘情况。

20.7 检测各种电池

（1）普通电池的检测　目前，只有少数数字万用表具有测试电池放电电流的功能。如 DT9205B 型数字万用表，用其电池测试挡可测量 1.5V 干电池和 9V 叠层电池在额定负载下的放电电流，从而迅速判定电池质量的好坏。因为此时测出的是电池额定工作电流，这比测量电池空载电压更具有实际意义（由于空载电压不能反映电池的带负载能力，所以仅凭测量空载电压，有时不仅不能鉴别电池质量的优劣，还容易出现误判）。

对于没有设置电池测试挡的数字万用表，可采用下面的方法检测电池的负载电流。检测电路如图 20-9 所示。将数字万用表置于直流 200mA 挡，此时数字万用表的输入电阻 $R_{IN}=1\Omega$（即直流 200mA 挡的分流电阻为 1Ω），检测 1.5V 电池负载电流时，按图 20-9（a）所示电路连接。在数字万用表的红表笔上串入一只限流电阻 R_1（36Ω），然后接被测电池两端。此时负载电阻 $R_L=R_1+R_{IN}=36+1=37（\Omega）$，电池的内阻 R_o，则负载电流

$$I_L=E/（R_1+R_{IN}）=1.5/（36+1）=0.0405（A）=41（mA）$$

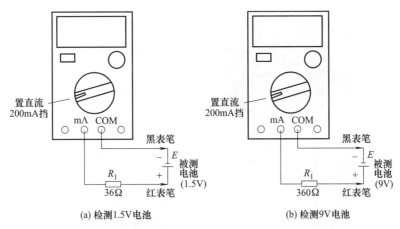

(a) 检测1.5V电池　　　　　　　　　(b) 检测9V电池

图20-9 检测电池的电路连接方法

检测 9V 叠层电池负载电流时，按图 20-9（b）所示连接电路，在数字万用表红表笔上串入一支 360Ω 限流电阻，然后接被测电池两端。忽略被测电池的内阻 R_o，此时负载电流

$$I_L=E/（R_1+R_{IN}）=9/（360+1）=0.0249（A）=25（mA）$$

对新电池而言，通常其内阻 R_o 很小，可以忽略不计。但是，当电池使用或存放过久，电池电量不足时，会导致 E 下降，内阻 R_o 增加，使得负载电流 I_L 下降，据此可以迅速判定被测电池是否失效。另外，上述方法也可用来检查评估某些其他规格型号的电池。注意：一般情况下不要检测电池电流，否则会减少电池使用寿命。

表 20-1 列出了几种常见电池在额定负载下的标准电流值，供读者测试时参考。

表20-1 常见电池在额定负载下的标准电流值

电池测试功能		被测电池	测试电流 /mA
1.5V 电池测试电路	负载电阻 37Ω	1.5V 电池	41
		3V 大纽扣电池（估测）	81
9V 叠层电池测试电路	负载电阻 361Ω	6V 叠层电池（估测）	17
		9V 叠层电池	25
		15V 叠层电池（估测）	42

正常情况下，被测电池的负载电流应接近或符合表 20-1 中数值。若数字万用表显示的电流值明显低于正常值，则说明被测电池电量不足或失效。

（2）小型蓄电池的检测

① 小型密封蓄电池的结构性能特点及参数 小型密封铅蓄电池外形一般为长方体，如图 20-10（a）所示，其内部结构如图 20-10（b），由正、负极板群，非游离状态的电解液——硫酸、隔板、电池槽、槽盖等部分组成。

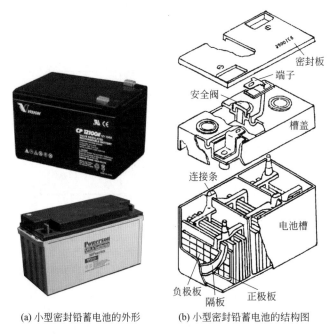

（a）小型密封铅蓄电池的外形　　（b）小型密封铅蓄电池的结构图

图20-10 小型密封铅蓄电池的外形结构图

蓄电池的额定容量与额定电压制造厂家都会标明在电池槽上，新蓄电池每单格的开路电压为 2.15V 左右，但贮存期超过半年后，容量会下降。蓄电池经 3～5 年使用后，容量也会下降 10%～20%，为了保持蓄电池的容量，新电池存贮时间过长、初次使用之前以及在用电池放电之后都必须及时充电，补充容量。

② 小型密封铅蓄电池维护检修 小型密封铅蓄电池维护主要是补充电能，小型密封铅蓄电池宜以恒压充电。充电的初期，电流较大，随充电时间增加，蓄电池电压上升，充电电流下降。补充电的方式有以下两种：

a. 作为 UPS 等设备的备用电源的浮充电或涓流充电。这种充电方式的特点是蓄电池应急放电后，当外电路恢复供电时，立即自动转入充电，并以小电流持续充电直至下一次放电。充电电压取 2.25～2.30V/ 单格，或由制造厂规定，充电初期电流一般在 0.3C 安培以下 (C 为额定容量的数值)。

b. 作为充放电循环使用的补充电。这是指用于手提照明灯、音像设备等便携型电器上的密封铅蓄电池，应在最多放出额定容量的 60% 时停止放电，并立即进行补充电。充电电压取 2.40～2.50V，或由制造厂规定。充电初期电流一般在 0.3C 安培以下。为了防止过充电，应尽可能安装定时或自动转入涓流充电方式。当充电电流稳定 3h 不变时，可认为蓄电池已充足电。所需补充电的电量约为放出电量的 1.2 ～ 1.3 倍。

蓄电池常见故障是内部电极开路或击穿，以及极桩端子损坏：

a. 内部电极开路或击穿，开路时无充电电流或很小，击穿时充电电流大，会烧断充电器的保险，需要更换新电池。

b. 极桩端子损坏：因长时间工作有漏液现象时，会损坏极桩端子，检修时可用大功率烙铁加锡焊接。

20.8 检测信号及用作信号源

20.8.1 测量逻辑电平

目前只有少数几种数字万用表（例如 DT970）增设了逻辑电平测试挡（LOGIC），而很多数字万用表（例 DT830、DT890、DT930F 和 DT1000 等）都不具备逻辑电平测试功能。

利用无逻辑电平测试功能的数字万用表的直流 2V 挡，也可以测量 TTL、CMOS 数字集成电路的逻辑电平。

经实测可知，TTL 电路的逻辑 0（即低电平），通常为 0.2V（不高于 0.4V），而逻辑 1（即高电平），通常为 3.3V（不低于 2.4V）；CMOS 电路的低电平近似等于 V_{ss}（电源电压负端），高电平则近似等于 V_{DD}（电源电压正端），一般不会超过 18V。当测量逻辑 1（高电平）时，虽然数字万用表直流 2V 挡工作在超量程状态，但由于数字万用表过载能力强（以 DT830 型数字万用表为例，其直流 2V 挡最大允许输入电压为 1000V），所以直流 2V 挡测量逻辑电平不会将仪表损坏。用数字万用表的直流 2V 挡测量逻辑电平，即设定了逻辑阈值电压为 2V。

具体测量的电路连接方法如图 20-11 所示。测试中，若数字万用表在最高位显示溢出符号 "1" 即为高电平（说明被测电压大于等于 2V），其余情况则为低电平（被测电压小于 2V）。当然，若数字万用表红表笔接测量端后，LCD 显示的最末位或最末两位只是跳数（与表笔悬空时显示一样），则说明被测 IC 输出端正处于高阻值状态，一般情况下，在测量中不用考虑电平的具体数值，此处测量方法的基本功能等同于普通的逻辑测试笔。

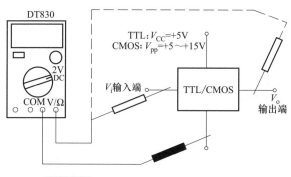

图20-11 测试逻辑电平的电路连接方法

20.8.2 当做信号源

检修或调试电子设备时，常常需要某种信号源，对于一般电子爱好者来讲，通常是没有专用信号发生器的，这常给电子实践活动带来不便，实验表明，对数字万用表稍加改动，即能输出几十赫兹、几千赫兹和几十千赫兹三种方波信号。此外，有的数字万用表的电容挡还可提供400Hz正弦波信号或者200Hz矩形波信号。将数字万用表兼作信号源，用来检修或调试电子设备，使用起来非常方便。

（1）**数字万用表中的信号源** 表20-2列出6种3½位数字万用表可提供的信号源。这些信号大致可分成两类：第一类是方波信号，例如在DT890A型数字万用表中的40kHz时钟频率、50Hz背电极频率和2.2kHz蜂鸣器信号均为占空比是50%的方波信号，表中未注明的均是方波信号，且频率值都为近似值；第二类是其他波形信号，例如，DT890C+型数字万用表采用容抗法测电容量，其中的文氏桥振荡器可输出400Hz正弦波信号。每种信号源的输出幅度则与仪表型号、单元电路结构以及电池电压等因素有关。

表20-2 常见数字万用表电路中可提供的信号源

数字万用表型号	时钟信号 f_0	背电极信号 f_{BP}	蜂鸣器信号 f_{BZ}	电容挡信号 f_C
DT830	400kHz	50Hz	2.2kHz	—
DT830A	48kHz	60Hz	2.7kHz	—
DT830C	48kHz	60Hz	2kHz	—
DT890A	40kHz	50Hz	2kHz	200Hz（矩形波）
DT890C+	48kHz	60Hz	5kHz	400Hz（正弦波）
DT940C	48kHz	60Hz	1kHz	400Hz（正弦波）

（2）**从DT930F型数字万用表取出信号源的方法** DT930F型4½位数字万用表电容挡（CAP）可兼作信号发生器，用以提供400Hz的音频测试信号。

DT930F型数字万用表电容挡相关电路如图20-12所示。它以两片低功耗双运算放大器LM358为核心构成。IC_{6a}与R_{15}、C_{14}、R_{16}、C_{13}组成文氏桥振荡器，产生400Hz正弦波信号。IC_{6b}为缓冲放大器，R_{P3}是电容挡校准电位器。IC_{2b}是电压放大器，R_{48}、R_{49}、R_{50}、R_{51}及R_{53}是反馈电阻。IC_{2a}与R_{11}、R_{21}、R_{22}、C_{11}、C_{12}构成二阶有源滤波器，中心频率$f_0=400$Hz，使IC_{2a}输出为400Hz正弦波，经AC/DC转换器，滤波后得到平均值电压V_0，再送到A/D转换器进行处理，这就是DT930F型数字万用表电容挡的基本工作原理。

实际取出信号的具体接线如图20-12（b）所示，它可作400Hz的音频信号源使用。这种信号源的优点是不怕负载短路，并能根据数字万用表所显示的电容量来粗略判断被测电路的输入阻抗。判断方法如下。

① 用20μF挡作信号源时，若被测电路的输入电容为C_1或略小于C_1（10μF），则说明被测电路的输入端存在严重漏电或短路故障。

② 用2000pF挡作信号源时，若测得的电容等于空载电容即引线分布电容C_0或略大于C_0（C_0一般为几皮法至十几皮法）时，则说明被检测电路输入端有断路性故障。

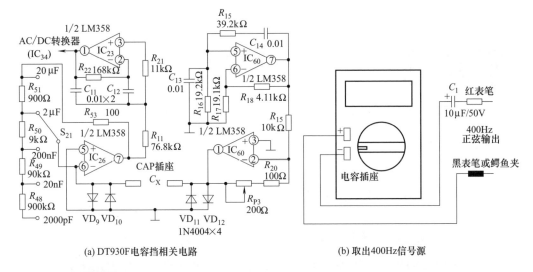

(a) DT930F电容挡相关电路　　　　(b) 取出400Hz信号源

图20-12 DT930F型数字万用表电容挡相关电路与取出400Hz信号源的接线图

③ 通常用电容挡作信号源时，测得的电容量越小，说明输入阻抗越大；反之，则说明输入阻抗越小，经对测量结果进行比较，即可判断被测电路输入端有无异常现象。

以上方法也适合于 DT890B、DT1000 等型号的数字万用表。

说明：从数字万用表相关电路中取出的信号源，其带负载能力很差，必须加一级缓冲器进行隔离，以免影响仪表的正常工作，缓冲器可选用 CD4069 或由晶体管构成的射随器。若嫌取出的信号幅度较低（例如 400Hz 正弦波信号），可增加一级放大器，将信号幅度适当地提高，以满足使用要求。

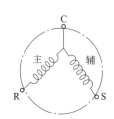

第21章

用万用表检修家电器件

21.1 电冰箱元器件的检测

21.1.1 压缩机好坏的检测

（1）**单相电动机**　家用冰箱电机主要应用单相电动机，主要由定子和转子组成。转子由硅钢片迭压成铁芯，铁芯槽内浇注鼠笼式铝绕组。定子上有两个由漆包线绕成的绕组：一个是启动绕组，导线较细，电阻大；另一个是运动绕组，导线较粗，电阻小。分相式电动机启动绕组只在启动时刻工作，当电动机运转达到额度值70%～80%时，启动绕组就被通开。在电动机运转时，只有运动绕组在工作。

用于冰箱、空调器中的单相电动机又可分为分相启动、电容启动-电感运转、电容启动-电容运转电动机。

① 分相启动感应电动机。分相启动感应电动机用于以毛细管为节流装置的小型制冷设备中。接通电源后，由于启动绕组和运转绕组中电抗的不同，出现两个不同相位的电流，故称为分相。分相电动机启动转矩低，启动电流高，效率较低。接通电源后由启动绕组启动，当转速达到额定转速的70%～80%时，由启动继电器将启动绕组断开，在正常运转时，如果启动绕组仍然连在电路内而不切断，启动绕组将因过热而损坏。分相电动机的引出线如图21-1所示。图中C代表公共端（蓝色）、R为运转端（白色）、S为启动端（红色）（国际通用标志为R、S、C）。

図21-1　分相电动机的引出线

② 电容启动-电感运转式电动机。此类电动机各应用在有膨胀阀的制冷设备中。在启动绕组中串联一个启动电容器，以提高启动转矩。当电动机转速达到额定转速的70%～80%时，启动电容器从电路中分离，即将启动绕组从电路中切断。

③ 电容启动-电容运转电动机。它通常使用在0.75kW以上的制冷压缩机中，这种电动机不仅有较高的启动转矩，而且承受的负载较大，在电路中，运转电容器与启动电容器并联，当启动电容从电路中切断后，启动绕组仍与运行绕组同相连接在一起，因而启动绕组可承受一部分负载。运转电容器能改进功率因数，增加效率以及减小电流，从而降低电动机的温度。

压缩机电机为主绕组匝数少，且线径粗，副绕组匝数多，且线径细，内部接线图如图21-1。

（2）**主副绕组及接线端子的判别** 用万用表（最好用数字表）低电阻挡任意测CR、CS、SR阻值，测量中阻值最大的一次为RS端，另一端为公用端C。当找到C后，测C与另两端的阻值，阻值小的一组为主绕组R，相对应的端子为主绕组端子或接线点。阻值大的一组为副绕组S，相对应的端子为副绕组端子或接线点。如图21-2所示。

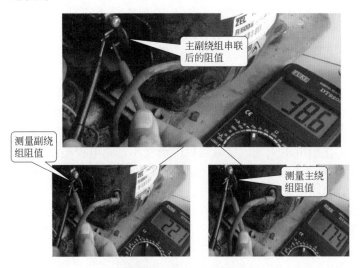

冰箱压缩机电机绕组的测量

图 21-2 压缩机好坏的检测

（3）**检测对地电阻** 直接用万用表高阻挡测量绕组与外壳的阻值即可，阻值应为无穷大，如有确定阻值则为漏电。

21.1.2 温控器好坏的检测

（1）**机械式温控器（感温囊式温控器）** 感温囊式温控器结构简单，性能稳定可靠，组装、调整、修理均方便，因而目前广泛采用。感温囊又分为波纹式感温囊和膜盒式感温囊两种，如图21-3所示。

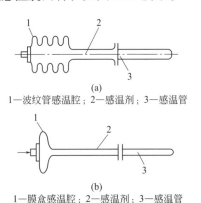

(a)
1—波纹管感温腔；2—感温剂；3—感温管

1—膜盒感温腔；2—感温剂；3—感温管
(b)

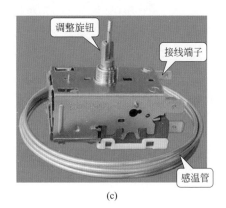

(c)

图21-3 感温囊式温控器

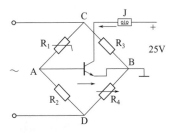

图21-4 控制部分原理示意图

（2）电子式温控器　电子式温控器感温元件为热敏电阻，所以又称为热敏电阻式温度控制器，其控温原理是将热敏电阻直接放在冰箱内适当的位置，当热敏电阻受到冰箱内温度变化的影响时，其阻值就发生相应的变化。通过平衡电桥来改变通往半导体三极管的电流，再经放大来控制压缩机运转继电器的开启，实现对电冰箱的温度控制作用。控制部分的原理示意图，如图 21-4 所示。

图中 R_1 为热敏电阻，R_4 为电位器，J 为控制压缩机启动的继电器。当电位器 R_4 不变时，如果箱内温度升高，R_1 的电阻值就会变小，A 点的电位升高。R_1 的阻值越小，其电流越大，当集电极电流的值大于继电器 J 的吸合电流时，继电器吸合，J 触点接通压缩机电源，使制冷压缩机开始运转制冷。冰箱内的温度不断下降，热敏电阻则变大，其基极电流变小，集电极电流也随着变小。当集电极电流值小于继电器 J 的吸合电流时，继电器 J 的触点断开，压缩机停止工作，如此循环冰箱内的温度控制在一定范围内。

要想调高电冰箱内的温度，只有调大电位器的阻值，使 B、D 两点的电位升高。当 A、D 两点电位高于 B、D 两点电位的一定值时，制冷压缩机才运转。相反，要想调低电冰箱内的温度，只要调小电位器的阻值即可。

在图 21-5 中将电桥的一个桥路置换为热敏电阻作为感温元件，三极管 VT_1 的发射极和基极接在电桥的一条对角线上，电桥的另一条对角线接在 24V 电源上。

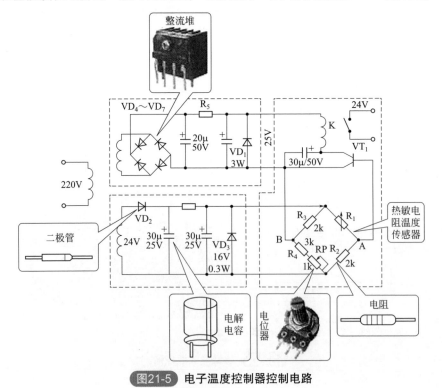

图21-5 电子温度控制器控制电路

调节电位器 RP，使电桥平衡，则 A 点电位与 B 点电位相等，VT_1 的基极与发射极间的电位差为零，三极管 VT_1 截止，继电器 K 释放，压缩机停止运转。

随着电冰箱内的温度逐渐上升，热敏电阻 R_1 的阻值不断减小，电桥失去平衡，A 点电位逐渐升高，三极管 VT_1 的基极电流 I_b 逐渐增大，集电极电流 I_c 也相应增大。箱内温度越高，R_1 的阻值越小，I_b 越大，I_c 也越大。当集电极电流 I_c 大到继电器的吸合电流时，继电器 K 吸合，接通压缩机电机的电源电路，压缩机开始运转，系统开始进行制冷运行。

随着箱内温度的逐步下降，热敏电阻 R_1 的阻值逐步增大，此时三极管 VT_1 的基极电流 I_b 变小，集电极电流 I_c 也变小。当 I_c 小于继电器的释放电流时，继电器 K 释放，压缩机电机断电停止工作。

（3）温控器的检测　首先检测开关是否正常，用手调整温控器调整旋钮，用万用表测量开关，应有通断现象，若无则为坏。然后适当调整温度挡，放入冰箱冷冻室，到温度后开关应断开，并且在室温下过一点时间应能自动恢复接通。如图 21-6 所示。

电冰箱温控器
的检测

图21-6　温控器的检测

21.2 空调器的检测

空调器主要由压缩机、四通阀、电器控制系统等电气控制器件构成，其中压缩机及电容检测同前面章节（详见 21.1.1 和 21.1 节）。本节主要讲解四通阀的检测。

四通电磁换向阀多用于冷热两用空调器，在人为的操作和指令下，改变制冷剂的流动方向，从而达到冷热转换的目的。图 21-7 所示为四通电磁换向阀的实物及接口图。

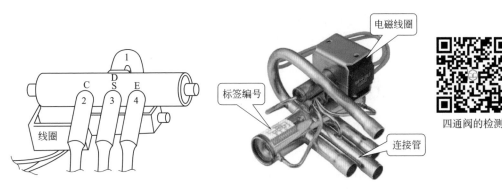

四通阀的检测

图21-7　四通电磁换向阀的实物及接口图

检测电磁阀时，应首先用万用表检测电磁线圈的好坏，用万用表的欧姆挡，测线圈的阻值，如果表针不摆动，说明线圈开路，如果阻值很小或为零，则说明线圈短路。当确认线圈正常时，可以给线圈接入额定电压，检查阀体故障，如果能够听到嗒嗒声，并检测通断情况良好，说明电磁阀是好的。如图21-8所示。

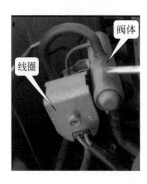

图21-8 电磁阀检测

在更换四通阀时，应先放出制冷系统中的制冷剂，然后卸下固定四通阀的固定螺钉，取出电磁线圈。再将四通阀连同配管一起取下，注意将配管的方向、角度做好记号。

把要安装的新四通阀核对一下型号与规格，再将原四通阀上的配管取下一根后，随即在新四通阀上焊一根，注意保持配管原来的方向和角度，而且应保持四通阀的水平状态。配管焊完后，将四通阀与配管一起焊回原来位置即可。四通阀及配管焊接好后，最后装入电磁线圈及连接线。

由于四通阀内部装有塑料封件，在焊接时要防止电磁四通阀过热，烧坏封件。为此，在焊接时一定要用湿毛巾将四通阀包裹好，最好能边浇水边焊接。焊接时最好往系统中充注氮气，目的是进行无氧焊接，以防止管内产生氧化膜进入四通阀，而影响四通阀内滑动阀块的运动。

注意： 更换电磁阀时，不管是水阀还是气阀，首先要注意额定电压和形状，安装时还要注意密封良好，不应有漏水或漏气现象。其连接线应扎线固定，不应松动。

空调器温度传感器判别各部分检测可参考附录维修实战视频。

21.3 洗衣机元器件的检测

21.3.1 检测洗衣机洗涤电机

① 结构：洗衣机洗涤电机的绕组主副绕组匝数及线径相同，如图21-9所示。
② 控制电路如图21-10所示。C1为运行电容，K可选各种形式的双投开关。

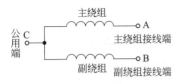

图21-9 电容运行式电机

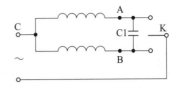

图21-10 电容运转式电机正反转控制电路

③ 主副绕组及接线端子的判别　用万用表（最好用数字表）电阻挡任意测 CA、CB、AB 阻值，测量中阻值最大的一次为 AB 端，另一端为公用端 C。当找到 C 后，测 C 与另两端的阻值，两绕组阻值相同，说明此电机无主副绕组之分，任一个绕组都可为主，也可为副。在实际测量中，不同功率的电机阻值不同，功率小的阻值大，功率大的阻值小。如图 21-11 所示。

④ 与外壳绝缘测量，用万用表（最好用数字表）电阻挡高阻挡测 CBC 与外壳的阻值，应显示溢出（无穷大）为绝缘良好（可扫二维码看视频学习）。

此两次阻值相等，且相加后与串联值相等

阻值大的引出线为主绕组和副绕组串联阻值

显示溢出为绝缘良好

图21-11 主副绕组及接线端子判断

21.3.2 检测洗衣机脱水电机

① 洗衣机脱水电机为主绕组匝数少，且线径粗，副绕组匝数多，且线径细，内部接线图与洗涤电机相同。对于有主副绕组之分的单相电机，实现正反转控制，可改变内部副绕组与公共端接线，也可改变定子方向。

② 主副绕组及接线端子的判别　用万用表（最好用数字表）R×1挡任意测CA、CB、AB阻值，测量中阻值最大的一次为AB端，另一端为公用端C。当找到C后，测C与另两端的阻值，阻值小的一组为主绕组，相对应的端子为主绕组端子或接线点。阻值大的一组为副绕组，相对应的端子为副绕组端子或接线点。在测量时如两绕组的阻值不同，说明此电机有主、副绕组之分。可扫二维码详细学习。

21.3.3 抽头调速电机的检测

这种方法是在电动机的定子铁芯槽内适当嵌入调速绕组。这些调速绕组可以与主绕组同槽，也可和副绕组同槽。无论是与主绕组同槽，还是与副绕组同槽，调速绕组总是在槽的上层。利用调速绕组调速，实质上是改变定子磁场的强弱，以及定子磁场椭圆度，达到电动机转速改变面貌的。采用调速绕组调速可分为三种不同的方法。

① L-A 型接法，如图 21-12 所示。

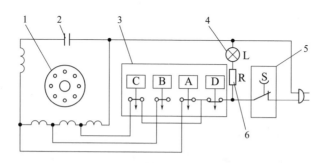

图21-12 L-A型接法

1—电动机；2—运行电容；3—键开关；4—指示灯；5—定时器；6—限压电阻

L-A 型接法调速时，调速绕组与主绕组同槽，嵌在主绕组的上层。调速绕组与主绕组串接于电源。

当按下 A 键时，串入的调速绕组最多，这时主绕组和副绕组的合成磁场（即定子磁场）最高，电动机转速最高。当按 B 键时，调速绕组有一部分与主绕组串联，而另外一部分则与副绕组串联。这时主绕组和副绕组的合成磁场强度下降，电动机转速也下降了。依此类推，当按下 C 键时，电动机转速最低。

② L-B 型接法：L-B 型接法调速电路组成与原理同 L-A 电路，只是调速绕组与副绕组同槽，嵌在副绕组上层。调速绕组串于副绕组，如图 21-13 所示电路。

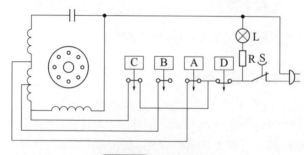

图21-13 L-B型接法

③ T 型接法：电动机的调速电路如图 21-14 所示。此电路组成与图 21-13 所示电路组成元器件相同，速调原理也类同，只是调速绕组与副绕组同槽，嵌在副绕组的上层，而调速绕组则与主绕组和副绕组串联。

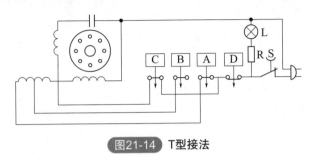

图21-14 T型接法

④ 副绕组抽头调速：是在电动机的定子腔内没有嵌单独用于调速的绕组，而是将副绕组引出两个中间抽头。这样，当改变主绕组和副绕组的匝比时，定子的合成磁场的强弱，以及定子磁场椭圆度都会改变，从而实现电动机调速，如图 21-15 所示。

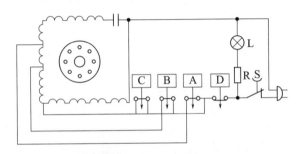

图21-15 副绕组抽头调速电路

当按下 A 键时，接入的副绕组匝数多，主绕组和副绕组在全压下运行，定子磁场最强，电动机转速最高。当按下 B 键时，副绕组的匝数为 3000 匝；主绕组加的电压下降，而且有 900 匝副绕组线圈通的电流与主绕组电流相同，这时，主绕组与副绕组的空间位置不再为 90° 电角度，所以定子磁场强度比 A 键按下时下降了，电动机转速下降。当按 C 键时，电动机定子磁场强度进一步下降，电动机转速也进一步下降。这就是副绕组抽头调速的实质。

　　提示：检测抽头调速电机时，应先按照接线图找到对应的接线端子，然后测量各接线端子对公共端的阻值，按照接线头的位置不同，阻值应有变化，即离公共点越是远的接线头阻值越大，越是进的端子阻值越小。

21.3.4　检测洗衣机电风扇定时器

　　定时器是控制负载工作的时间的，有些定时器还有其他功能，如控制电机正转、停、反转运行时间和频率。如图 21-16 所示，定时器的开关是主凸轮，它控制总的洗涤时间，当拧动轴后开关在凸轮的控制下接通或者断开，实现控制电机运转停止的目的，其立体图如图 21-16 所示。

(a) 脱水单触点定时器

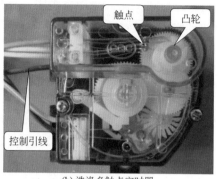

(b) 洗涤多触点定时器

图21-16 定时器立体图

提示：洗衣机的强、弱洗与电风扇的高、中、低挡有本质的不同。电风扇的高、中、低挡的变换是用抽头法或电抗法使电机获得不同转速，而洗衣机的强、弱洗的转换，实际上是指电机转动与停止时间的改变，而电机的速度并没有发生变化。所以，认为洗衣机电机强洗速度高于弱洗速度的观点是不正确的。

定时器发生故障一般出现在簧片及触点上。由于定时器触点频繁接触，触点瞬间电流很大，触点往往会发生氧化、锈蚀等现象，这样就会造成定时器接触不良。定时器的动作变换是靠簧片的动作来完成的、如果簧片的弹性较差，使用时间长了就会出现簧片不到位的故障。检测定时器时，主要根据凸轮控制开关状态测量开关的通断。如图 21-17 所示（可扫二维码详细学习）。

多开关定时器的检测

单开关定时器的检测

图 21-17 检测定时器开关

在修理定时器过程中一定要小心谨慎，先用细改锥将定时器外壳小心取下，避免弄乱齿轮体系。然后拧动定时器主轴，仔细观察各簧片及触点接触情况。如果是簧片不到位故障，可用尖嘴钳小心调整其初始角度，直到触点能接触好为止；如果是触点腐蚀故障，可用细砂纸、小锉打磨触点，打磨工作要小心细致，避免磨出尖角、毛刺，也不要磨去太多，因为银触点的量很小，磨好后通电观察，如果此触点不再发生打火、接触不良现象，则说明已修好；如果不行，仍需要重复以上做法，直到修复。

21.3.5 电磁铁及电磁阀检测

（1）**电磁铁检测** 电磁铁是一种将电磁能转换成机械能的部件，分为直流电磁铁和交流电磁铁。如图21-18和图21-19所示。

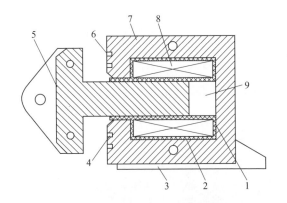

图21-18 交流电磁铁结构及外形

1—线圈骨架；2—绝缘层；3—固定支架；4—外极面；
5—衔铁；6—短路环；7—磁轭；8—线圈；9—内极面

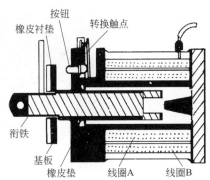

图21-19 直流电磁铁的外形与结构

电磁铁的故障表现是通电时不吸合，电磁铁不动作（失灵）、电磁铁烧毁、工作无力等。

常见原因有：导线接头松脱或掉线，机械装配不正常，线圈断路、短路或电磁铁已烧毁，吸力减弱，衔铁不能很快吸入或根本吸不进。当按动衔铁，发现衔铁已卡死时，则是电磁铁已烧毁。电磁铁烧毁的原因有衔铁移动受阻，或转换触点粘连，致使电磁铁长时间工作在大电流下，或线圈短路，或按钮压入后不弹出，致使两个线圈总串联在一起，衔铁吸不进，时间长了也会使线圈烧毁。

线圈完好，可通电时噪声大，是由衔铁和磁轭的接触面接触不良引起。接触表面锈蚀、沾有灰尘、磨损变形及有铁屑等，都会使电磁铁工作时产生很大噪声，短路环断裂或脱落也将产生强烈震动和噪声。

电磁铁工作无力的常见原因有电源电压太低、转换触点接触不良等。对于线圈是否正常，可以在按钮不压入和压入的情况下，测定两接线端子间的电阻值来进行判断。

当线圈不正常或电磁铁已烧毁时，需更换整个电磁铁。线圈用环氧树脂封固，难以拆开。烧毁的电磁铁，其上的塑料件皆已变形，不能再用。对于触点的故障，可以用磨平、砂光来修理。

（2）**电磁阀的检测**　普通电磁阀主要由线圈、铁芯、小弹簧、阀座、橡胶阀等组成，如图 21-20 所示。当线圈通电时，电磁力克服小弹簧的弹力，将铁芯吸上阀即开启。当线圈断电时，铁芯在小弹簧作用下弹出，重新封住出入口，于是阀就关闭了。当线圈通电吸引铁芯，磁力要大于铁芯上下端所受的压力差。

图21-20　普通单向电磁阀外形

检测电磁阀时，用万用表直接检测线圈的通断即可，一般认为通就是好的，不通则为断路。还可以直接通入标称电压实验，能听到"嗒"吸合或断开声一般都是好的。

21.4 微波炉磁控管的检测

磁控管可分为连续波磁控管和脉冲磁控管两类。前者主要用于家用微波炉、医用微波治疗机、手术刀等微小器械中；后者多用于雷达发射机等军用设备中。本节主要介绍应用于微波炉的连续波强迫风冷型磁控管的功能特点、工作原理及使用注意事项。

连续波磁控管功能是在控制装置的控制下，把市电转换成微波以加热食品或用于对患者治疗、手术及消毒，其使用寿命均在1000h以上，工作时无需预热（冷启动）。其外形与结构如图21-21所示。

（1）磁控管检修　拆下磁控管灯丝接线柱上的高压引线，用万用表低电阻挡测量灯丝冷态电阻，正常小于1Ω（通常为几十毫欧姆）；如图21-22所示。

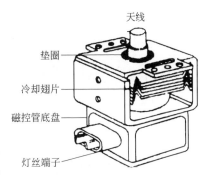

图21-21　磁控管外形图

用高阻挡测灯丝与管壳间电阻，如图21-23所示。正常为无穷大。灯丝电阻大是造成磁控管输出功率偏低的常见原因之一。如果测出灯丝电阻较大，不要轻易判断磁控管已坏或已衰老。实践表明，这种情况大多是磁控管灯丝引脚或插座氧化形成的接触电阻；也有是测量失误所致，通常是万用表笔与测量点，或表笔与插座间的接触电阻所致，而磁控管本身的问题较少见，一般只有使用寿命期已过、长期过载工作或少数存在质量缺陷的磁控管才可能发生这种故障。所以检测时，应将磁控管管脚砂光或刮光，去除污垢和氧化物后再测量，如果测量电阻还是大，就可以判断磁控管不良。

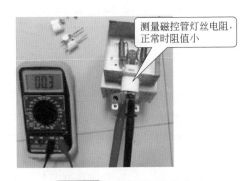

图21-22　测量灯丝冷态电阻

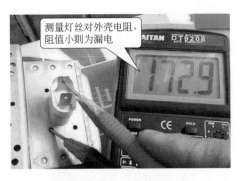

图21-23　测灯丝与管壳间电阻

灯丝开路大多是磁控管本身损坏，需更换新件。对于少数磁控管灯丝开路是因为引线脱焊的管子，可将灯丝底座撬开，用钢丝钳子将引线和连接片夹紧，再用烙铁焊牢就可以了。

另外使用各类微波设备时要选择合适的位置将其安放在牢固结实的工作台上，防止摔跌。微波设备安放地点应远离电视机和燃气炉。

（2）连续波磁控管的代换　部分连续波磁控管的主要技术参数及代换型号见表21-1。

表21-1　部分连续波磁控管的主要技术参数及代换型号

型号	灯丝电压/V	阳极电压/V	输出功率/W	代换型号
CK-623	3.3	4.1	900	A570FOH、AM903、2M107A325、2M137MI、2M204MI、2M210MI、2M214、OM75S31
CK-623A	3.3	4.0	850	AM701、A6700H、2M127、2M204M3、2M214、2M1122JAJ、OM75S11

续表

型号	灯丝电压 /V	阳极电压 /V	输出功率 /W	代换型号
146BI	3.3	4.0	850	AM708、A6701、2M122AH、2M129AM4、2M214、OM75S20
146BII	3.3	4.0	850	AM702、A6700、2M127A、2M122AJ、2M214、OM75S10
114	3.5	3.8	550	AM689、AM700、2M209A、2M211B、2M213JB、2M212JA、2M212J、2M236、OM52S10、OM52S11
114A	3.5	3.8	550	AM697、AM699、2M213HB、2M212HA、2M2234、OM52S21
CK-626	3.15	4.0	800	
CK-605	3.15	4.0	800	
CK-620	3.15	4.0	800	
2M127A	3.3	4.1	800	
2M129A	3.3	3.6	770	
2M126A	3.3	3.3	690	

注意：可能有些早期磁控管已经或将要停产，购买时一定要问清能否代换。

21.5 电磁炉线圈盘的检测

当电磁炉在正常工作时，由整流电路将 50Hz 的交流电压变成直流电压，再经过控制电路将直流电压转换成频率为 20 ～ 40kHz 的高频电压，电磁炉线圈盘上就会产生交变磁场在锅具底部反复切割变化，使锅具底部产生环状电流（涡流），并利用小电阻大电流的短路热效应产生热量，直接使锅底迅速发热，然后再加热器具内的东西。这种振荡生热的加热方式，能减少热量传递的中间环节，大大提高制热效率。

目测法检查：线圈是否有全部或局部烧黑现象，如有，则更换。若没有烧煳的迹象，则应用万用表检测线圈电阻，由于线圈多为多股线并联，阻值根据生产厂家不同有所不同，因此最好用数字表测试几个相同线圈对比，阻值过大或过小的为坏（图 21-24）。

电磁炉加热线圈
与电饭锅加热盘
的检测

纯铜线圈

图21-24 目测法检查

21.6 电饭煲和电炒锅电热盘的检测

高效能调温电炒锅的电热装置采用了独特的管式直流和反射装置，因此加强热辐射，使电炒锅的热效率比传统电热盘加热方式提高约1倍。高效能调温电炒锅主要由锅盖、炒锅、底座、调温器、电热装置和电源线等组成。如图21-25所示。

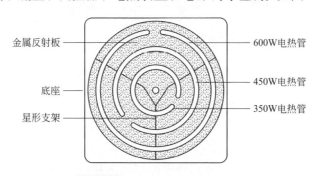

金属反射板 —— 600W电热管
底座 —— 450W电热管
星形支架 —— 350W电热管

图21-25 高效能调温电炒锅结构

（1）电热盘（或电热管）的故障与维修 电热盘出现故障主要是短路造成不发热。检修时先用万用表测量电热管两端，若电压正常，说明电热管前面电路正常，初步判断电热管烧断。关断电源，再用万用表电阻挡测量电热管直流电阻。测量之前，需根据电炒锅铭牌上标出的功率，粗略计算电热管的阻值。计算公式：

$$R=\frac{V^2}{P}$$

式中　R——电热管的电阻值，Ω；

　　　V——额定电压（取220V）；

　　　P——额定功率，W。

例如，高效能调温电炒锅外圈电热管功率为600W，其电阻值为：

$$R=\frac{V^2}{P}=\frac{220^2}{600}=80.7（\Omega）$$

由于电炒锅功率允许范围为额定功率的90%～105%，所以其电阻值应在76.8～89.6Ω之间。

用万用表R×1挡测量电热管两引棒之间的电阻值（如图21-26所示），应在粗略计算值范围之内。如果阻值为无穷大的，说明电热管烧断；若阻值很小或零，说明电热管击穿短路。

上述两种测量结果都说明电热管损坏，需修理。由于各厂家所生产的电炒锅、电热盘或电热管尺寸规格各异，因而不同厂家的电热盘或电热管不能互用。因此，检修这类故障，应更换原厂生产的电热盘或电热管。

（2）漏电 电炒锅漏电是一种常见多发故障。原因之一是使用日久或使用不当，电热管内电热丝击穿管壁形成短路，引起漏电。此时，应更换新的电热盘或电热管，才能彻底排除漏电故障。原因之二是电热管两端封口物老化失效，受潮湿空

图21-26 测量电热盘的电阻值

气侵蚀，而形成漏电。维修时，先将管端上的污物清除干净，然后将封口物深挖3～5mm，将电热盘或电热管放入温度为250℃的烘箱中，烘烤2.5～3h。取出冷却至40～50℃时，注入"704"黏合剂，静止固化24h。再用兆欧表（俗称摇表）测量电热管与底座（电热盘铝质部分）的绝缘电阻应大于2MΩ，即可恢复使用。没有兆欧表，可用万用表R×1k挡进行测量，指针不动为正常。

第22章

用万用表检修各种电动机

22.1 直流微电机的检修

在收录机中，电动机（简称电机）的作用是带动机械传动机构转动，从而使磁带按要求的速度运行。盒式收录机中使用的电机全部为直流（DC）电机。

（1）直流电机的结构　如图22-1所示，直流电机主要包括定子、转子和电刷三部分。定子是固定不动的部分，由永久磁铁制成，转子是在软磁材料硅钢片上绕上线圈构成的，而电刷则是把两个小炭棒用金属片卡住，固定在定子的底座上，与转子轴上的两个电极接触而构成的，电子稳速式电机还包括电子稳速板。

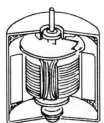 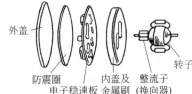 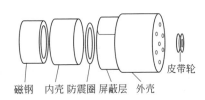

外盖

防震圈　内盖及　整流子
电子稳速板　金属刷　（换向器）

转子

磁钢　内壳　防震圈　屏蔽层　外壳　皮带轮

图22-1　电机的结构

（2）电机常见故障

① 电机不转：电机内转子线圈断路、电机引线断路、稳速器开路以及电刷严重磨损而接触不上，都会导致电机不转，此外，若电机受到强烈振动或碰撞，使电机定子的磁体碎裂而卡住转子或者电机轴与轴之间严重缺油而卡死转子，也均会造成电机不转。注意：一旦出现这两种情况时，就不应再加电，否则会烧毁转子线圈。

② 转速不稳：电动机转速不稳的原因较多。例如，因电机长期运转，致使轴承中的油类润滑剂干涸，转动时机械噪声将明显增大，若用手转动电机轴，会感到转动不灵活。如果电机的换向器或电刷磨损严重，二者不光滑，也会造成电机转速不稳。如果电子式稳速器中可变电阻的滑动片产生氧化层或松动，与电阻片接触不良，则会造成无规则的转速不稳。另外，若电子稳速电路中起补偿作用的电容开路，则会使电路产生自激振荡，而使电机转速出现忽快忽慢有节奏的变化。

③ 电噪声大：电机在转动过程中产生较大电火花，如果电机的换向器和电刷磨损较严重，二者接触不良，即转子旋转中时接时断，则会产生电火花。另外，若换向器上粘上炭粉、金属末等杂物，也会造成电刷与换向器的接触不良，从而产生电火花。

④ 转动无力：定子永久磁体受振断裂、电机转子线圈中有个别绕组开路等，都会使电机转动无力。

（3）电机的修理

① 电机轴承浸油。如果确认电机转速不稳是因其轴承缺油造成的，则应给轴承浸油。具体做法是：将电机拆下，打开外罩，撬开电机后盖，抽出电机转子，用直径 4mm 的平头钢冲子，冲下电机壳上以及后盖上的轴承。然后用纯净的汽油洗刷轴承，尤其要对轴承内孔仔细清洗。清洗后要将轴承擦干，在纯净的钟表润滑油中浸泡一段时间，在对轴承浸油的同时，可利用无水酒精将转子上的换向器和后盖上的电刷都清洗一下。最后复原。

② 换向器和电刷的修理。如果出现电机火花严重，则应检查换向器和电刷的磨损情况，并修理。

a. 修理换向器。打开电机壳，将电子（转子）抽出，检查换向器的磨损程度，并视情况进行处理。若换向器的表面有轻微磨损，可将 3mm 宽的条状金相砂纸套在换向器上，转动转子，打磨其表面，直到磨损痕迹消失。若换向器表面磨损较严重，出现凹状，则可用 4mm 宽的条状 400 号砂纸套在换向器上，然后将转子卡在小型手电钻上，先粗糙（磨）一遍，待表面较平滑时，再用金相砂纸细磨，可调整电刷与换向器的相对位置，避开磨损部位。另外，有些电机在放音中转速正常，只是产生火花，干扰放大器。这种现象很可能是由于换向器上粘上炭粉、金属末等杂物，造成电刷与换向器之间接触不良。可用提高转速法排除。具体方法是：将电机上的传动带摘除，对电机加上较高的直流电源，让其高速转 1min。若是电子稳速电机，可以加上 12 ～ 15V 电压。电机旋转时间可以根据实际情况而定，可长可短。这样做的目的是利用电机作高速旋转时产生的离心力作用，将换向器上杂物甩掉。

b. 修理电刷。电机里的电刷有两种，一种是炭刷，另一种是弹性片。炭刷磨损后，使弧形工作面与换向器的接触不紧密，两者之间某处有间隙，这时用小圆锉边修整圆弧面边靠在换向器上试验，直至整个圆弧面都与换向器紧密接触为止。另外，在炭质电刷架的背面都粘有一条橡胶块，其作用是加强电刷的弹性。使用中，若该橡胶块脱落或局部开胶，就会使电刷弹性减小，从而使电刷对换向器的压力减小，接触也就不紧密。遇此情况，用胶水将橡胶块按原位粘牢即可。对于弹性片电刷，常出现的问题主要是刷面不平整，有弯曲的地方，只要用镊子将其拉直矫正，并且使两个电刷互相靠近即可修复。

注意： 按上述的方法对换向器以及电刷修整后，一定要仔细进行清洗，尤其换向器上的几个互不接触的弧形钢片之间的槽里要剔除粉末杂物，否则电机将不能正常工作。

c. 电机开路性故障的修复。经过检测，如果发现电机有开路性故障，在一般情况下是可以修复的，因为电机开路通常多是由换向器上的焊点脱焊或离心式稳速开关上的焊点脱焊，以及电子式稳速器中晶体三极管开路（管脚脱焊或损坏）造成的。可针对实际情况进行修理。如果是焊点脱焊，可重新焊好，如果是晶体三极管损坏，应将其更换。

d. 电机短路性故障的修理。对于电机线圈内部的短路性故障，多采用更换法进行修复。

22.2 永磁同步电机的检修

（1）**结构** 永磁同步电机的整体结构见图 22-2，它由减速齿轮箱和电机两部分构成。电机由前壳、永磁转子、定子、定子绕组、主轴和后壳等组成。前壳和后壳均选用 0.8mm 厚的 08F 结构钢板经拉伸冲压而成，壳体按一定角度和排列冲出 6 个辐射状的极爪，嵌装后上、下极爪互相错开构成一个定子，定子绕组套在极爪外。后壳中央铆有一根直径为 1.6mm 的不锈钢主轴，主要作用是固定转子转动。永磁转子采用铁氧体（YIOT）粉末加入黏合剂经压制烧结而成，表面均匀地充磁，2P=12 极，并使 N、S 磁极交错排列在转子圆周上，永磁磁场强度通常在 0.07 ~ 0.08T。组装时，先将定子绕组嵌入后壳内，采用冲铆方式铆牢电机。

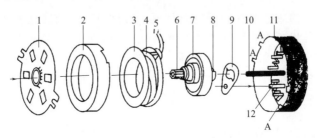

图22-2 永磁同步电机的整体结构

1—前端盖；2—前壳；3—绕组骨架；4—定子绕组；5—电源引线；

6—转子齿轮；7—永磁转子；8—转子轴；9—定位片；

10—主轴；11—后壳；12—极爪

（2）**维修（以 220V 同步电机为例）** 检修时，首先从同步电机外部电路检查，看连接导线是否折断、接线端子是否脱落。若正常，用万用表交流 250V 测量接线端子 $6H_1 \sim 2H_2$ 的端电压，若正常，说明触头 3C-a 工作正常，断定同步电机损坏。

拧下同步电机螺钉，卸下电机，用什锦锉锉掉后壳铆装点（见图 22-2 后壳 "A" 四处），用一字螺丝批（螺丝刀）插入前壳缝隙中将前壳撬出，取出绕组，用万用表

R×1k 或 R×10k 挡测量电源引线两端。绕组正常电阻为 10 ～ 10.5kΩ，如果测量出的电阻为无穷大，说明绕组断路。这种断路故障有可能发生在绕组引线处，先拆下绕组保护罩，用镊子小心地将绕组外层绝缘纸掀起来，细心观察引线的焊接处，找出断头后，逆绕线方向退一匝，剪断断头，重新将断头焊牢引线，将绝缘纸包扎好，装好电机，故障排除。

有时断头未必发生在引线焊点处，很有可能在绕组的表层，此时可将绕组的漆包线退到一个线轴上，直至将断头找到。用万用表测量断头与绕组首端是否接通。若接通，将断头焊牢包扎绝缘好，再将拆下的漆包线按原来绕线方向如数绕回线包内，焊好末端引线，装好电机，故障消除。

绕组的另一种故障是烧毁。轻度烧毁为局部或层间烧毁，线包外层无烧焦迹象。严重烧毁线包外层有烧焦迹象。对于烧毁故障，用万用表 R×1k 或 R×10k 挡测量引线两端电阻。如果测得电阻比正常电阻小得很多，说明绕组严重烧毁短路，对于上述的烧毁故障，必须重新绕制绕组。

具体做法：将骨架槽内烧焦物、废线全部清理干净，如果骨架槽底有轻度烧焦或局部变形疙瘩，可用小刀刮掉或用什锦锉锉掉，然后在槽内缠绕 2 ～ 3 匝涤纶薄膜青壳纸作绝缘层。将骨架套进绕线机轴中，两端用螺母迫紧，找直径 0.05mmQA 型聚氨酯漆包线密绕 11000 匝（如果手头只有直径 0.06mm，QZ-1 型漆包线也可使用，绕后只是耗用电流大一些，对使用性能无影响）。由于绕组用线的直径较细，绕线时绕速力求匀称，拉力适中，切忌一松一紧，以免拉断漆包线，同时还要注意漆包线勿打结。为了加强首末两端引线的抗拉机械强度，可将首末漆包线来回折接几次，再用手指捻成一根多股线，再将其缠绕在电源引线裸铜线上，不用刮漆，用松香焊牢即可。

注意：切勿用带酸性焊锡膏进行焊锡，否则日后使用漆包线容易锈蚀折断）绕组绕好了，再用万用表检查是否对准铆装点（四处），用锤子敲打尖冲子尾端，将前、后壳铆牢。通电试转一段时间，若转子转动正常，无噪声，外壳温升也正常，即可装机使用。

22.3 罩极式电动机的检修

（1）罩极式电动机的构造　罩极式电动机的构造如图 22-3 所示，主要由定子、定子绕组、罩极、转子、支架等构成，通入 220V 交流电，定子铁芯产生交变磁场，罩极也产生一个感应电流，以阻止该部分磁场的变化，罩极的磁极磁场在时间上总滞后于嵌放罩极环处的磁极磁场，结果使转子产生感应电流而获得启动转矩，从而驱动蜗轮式风叶转动。

（2）检修

① 开路故障。用万用表 R×10 或 R×100 挡测量两引线的电阻，视其电阻大小判断是否损坏。正常电阻值在几十到几百欧姆之间，若测出电阻为无穷大，说明电机的绕组烧毁，造成开路。先检查电机引线是否脱落或脱焊，重新接好焊好引线，

故障便排除了。若正常故障部位多半是绕组表层齐根处或引出线焊接处受潮霉断而造成开路，只要将线包外层绝缘物卷起来，细心找出断头，重新焊牢，故障即可排除。若断折点发生在深层，则按下例有关修理。

② 电机冒烟，有焦味。该故障为电机绕组匝间或局部短路所致，使电流急剧增大，绕组发高热最终冒烟烧毁。遇到这种故障应立即关掉电源，避免故障扩大。

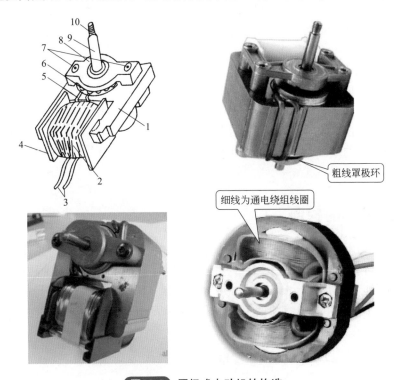

图22-3 罩极式电动机的构造

1—定子；2—定子绕组；3—引线；4—骨架；
5—罩极（短路环）；6—转子；7—紧固螺钉；8—支架；9—转轴；10—螺杆

用万用表 R×10 或 R×100 挡测量两引棒（线）电阻，若比正常电阻低得多，则可判定电机绕组局部短路或烧毁。维修步骤如下：

a. 先将电机的固定螺钉拧出，拆下电机。

b. 拆下电机架螺钉，使支架脱离定子，取出转子（注意：转子轴直径细而长，卸后要保管好，切忌弄弯）。

c. 找两块质地较硬的木板垫在定子铁芯两旁，再用台虎钳夹紧木板，用尖形铜棒轮换顶住弧形铁芯两端，用铁锤敲打铜棒尾端，直至将弧形铁芯绕组组件冲出来。

d. 用两块硬木板垫在线包骨架一端的铁芯两旁，用上述的方法将弧形铁芯冲出来。

e. 将骨架内的废线、浸渍物清理干净，利用原有的骨架进行绕线。如果拆出的骨架已严重损坏无法复用时，可自行粘制一个骨架，将骨架套在绕线机轴中，两端用锥顶、锁母夹紧，按原先匝数绕线。线包绕好后，再在外层包扎 2～3 层牛皮纸作为线包外层绝缘。

f. 把弧形铁芯嵌入绕组骨架内，经驱潮浸漆烘干再放回定子铁芯弧槽内。

g. 用万用表复测绕组的电阻，若正常，绕组与铁芯无短路，空载通电试转一段时间，手摸铁芯温升正常，说明电机修好了，将电机嵌回电热头原位，用螺钉拧紧即可恢复正常使用。

有时电机经过拆装，特别是拆装多次，定子弧形槽与弧形铁芯配合间隙会增大，电机运转时会发出"嗡嗡"声，此时可在其间隙处滴入几滴熔融沥青，凝固后，噪声便消除。

电机启动困难故障原因：电机启动困难多半是罩极环焊接不牢形成开路，导致电机启动力矩不足。

维修时用万用表 AC250V 挡测量电机两端引线电压，220V 为正常，再用电阻挡测量单相绕组电阻，如也正常，再用手拨动一下风叶，若转动自如，故障原因多半是四个罩极环中有一个接口开路。将电机拆下来，细心检查罩极环端口即可发现开路处。

🔵22.4 步进电机的检测

空调等家用电器中多使用脉冲步进电机，如图 22-4 所示。结构原理如下：这是一种三相反应式步进电机，定子中每相的一对磁极只有 2 个齿，三个磁极有 6 个齿。转子中有 4 个齿分别为 0、1、2、3，当直流电压 +U（+12V）通过开关 K 分别对步进电机的 A、B、C 相绕组轮流通电时，就会使电机作步进转动。

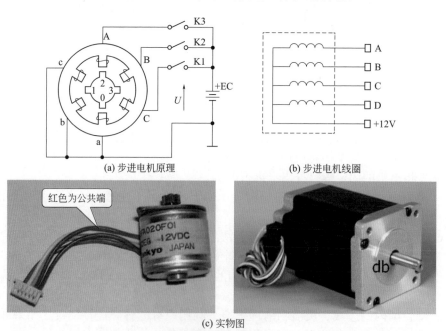

(a) 步进电机原理　　　　　　　　(b) 步进电机线圈

(c) 实物图

红色为公共端

图22-4　步进电机

初始状态时，开关 K 接通 A 相绕组，即 A 相磁极和转子的 0、2 号齿对齐，同时转子 1、3 号齿和 A、C 相绕组磁极形成错齿状态。K 从 A 相绕组拨向 B 相绕组后，由于 B 相绕线和转子的 1、3 号齿之间磁力线作用，使转子 1、3 号齿和 B 相磁极对齐，即转子 0、2 号齿和 A、C 相绕组磁极形成错齿状态，当开关 K 从 B 相绕组拨向 C 相绕组时，由于 C 相绕组和转子 0、2 号齿之间磁力线作用，使转子的 0、2 号齿和 C 相磁吸对齐，此时 1、3 号齿和 A、B 相绕组磁极产生错齿。当开关 K 从 C 相再拨回 A 相时，由于 A 相磁极和 1、3 号齿之间磁力线作用，使 1、3 号齿和 A 相磁极对齐，这时转子 0、2 号齿和 B、C 相磁极产生错齿。此时转子齿移动了一个齿距角。

对一相绕组通电的操作称一拍，对三相反应式步进电机 A、B、C 三相轮流通电需要三拍，以上分析可以看出，转动一个齿距角需要三拍操作。由于步进电机每一拍就执行一次步进，所以步进电机每一步所转动的角度称步距角。

电源供电方式除单相三拍 A→B→C→A 外，还有双三拍，其通电顺序为：AB→BC→CA→和六拍 A→AB→B→BC→B→CA→。AB 表示 A 与 B 两相绕组同时通电。

空调器脉冲导风步进电机一般有 5 根引出线，1 根是线圈分用端，接电源 12V，其他 4 根分别为 A、B、C、D 四相不同的绕组。其线圈结构分上、下两层，每一层利用双线并绕，并将绕组两根线头接到一起引出，作为公用端接直流电源"+"，另两根尾引出作为其他两相的引出线。同理另一层的绕组接法和此相同，另外步进电机内部还增加了齿轮机构，所以转速较低，能正反转。如图 22-5 所示。

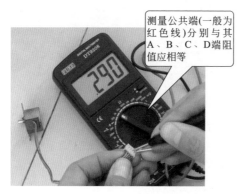
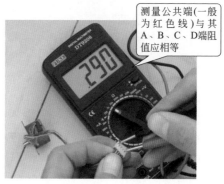

测量公共端(一般为红色线)分别与其 A、B、C、D 端阻值应相等

测量公共端(一般为红色线)与其 A、B、C、D 端阻值应相等

图22-5 检测

在实际测量中，用低阻值电阻挡测量公共端（多为红色线）与其他接线的阻值，所测出的阻值应相等为好，如果阻值相差较大或者有不通的，为坏。

22.5 单相异步电动机的检测

单相电动机由启动绕组和运转绕组组成定子。启动绕组的电阻大，导线细（俗称小包）。运转绕组的电阻小，导线粗（俗称大包）。单相电动机的接线端子有公共端子、运转端子（主线圈端子）、启动线圈端子（辅助线圈端子）。

在单相异步电动机的故障中，有大多数是由电动机绕组烧毁而造成的。因此在修理单相异步电动机时，一般要做电器方面的检查，首先要检查电动机的绕组。

单相电动机的启动绕组和运转绕组的分辨方法：用万用表的 R×1 挡测量公共端子、运转端子（主线圈端子）、启动线圈端子（辅助线圈端子）三个接线端子的每两个端子之间电阻值。测量时按下式（一般规律，特殊除外）。

$$总电阻=（启动绕组+运转绕组）的电阻$$

已知其中两个值即可求出第三个值。

小功率的压缩机用电动机的电阻值，见表 22-1。

表22-1 小功率电动机阻值

电动机功率 /kW	起动绕组电阻 /Ω	运转绕组电阻 /Ω
0.09	18	4.7
0.12	17	2.7
0.15	14	2.3
0.18	17	1.7

（1）**单相电动机的故障**　单相电动机常见故障有：电机漏电、电机主轴磨损和电机绕组烧毁。

造成电机漏电的原因有：

① 电机导线绝缘层破损，并与机壳相碰。

② 电机严重受潮。

③ 组装和检修电机时，因装配不慎使导线绝缘层受到磨损或碰撞，导线绝缘率下降。

电动机因电源电压太低，不能正常启动或启动保护失灵，以及制冷剂、冷冻油含水量过多，绝缘材料变质等也能引起电机绕组烧毁和断路、短路等故障。

电机断路时，不能运转，如有一个绕组断路时电流值很大，也不会运转。由于振动电机引线可能烧断，使绕组导线断开。保护器触点跳开后不能自动复位，也是断路。电机短路时，电机虽能运转，但运转电流大，致使启动继电器不能正常工作。短路原因有匝间短路、通地短路和鼠笼线圈断条等。

（2）**单相电动机绕组的检修**　电动机的绕组可能发生断路、短路或碰壳通地。简单的检查方法是用一只 220V、40W 的试验灯泡连接在电动机的绕组线路中（用此法检查时，一定要注意防止触电事故）。为了安全，可使用万用表检测绕组通断（如图 22-6 所示）与接地（如图 22-7 所示）。

检查断路时可用欧姆表，将一根引线与电动机的公共端子相接，另一根线依次接触启动绕组和运转绕组的接线端子，用来测试绕组电阻。如果所测阻值符合产品说明书规定的阻值，或启动绕组电阻和运转绕组电阻之和等于公用线的电阻，即说明启动机绕组良好。

测定电动机的绝缘电阻，用兆欧表或万册表的 R×1k 或 R×10k 挡测量接线柱对压缩机外壳的绝缘电阻，判断是否通地一般绝缘电阻应在 2MΩ 以上，如果绝缘电阻低于 1MΩ，表明压缩机外壳严重漏电。

如果用欧姆表测绕组电阻时发现电阻无限大即为断路；如果电阻值比规定值小得多，即为短路。

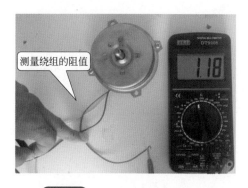

图22-6 万用表检查电动机绕组

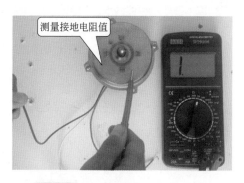

图22-7 用万用表检查电动机接地

电动机的绕组短路包括：匝间短路、绕组烧毁、绕组间短路等。可用万用表或兆欧表检查相间绝缘，如果绝缘电阻过低，即表明匝间短路。

绕组部分短路和全部短路表现不同，全部短路时可能会有焦味或冒烟。

通地检查时，可在压缩机底座部分外壳上某一点将漆皮刮掉，再把试验灯的一根引线接头与底座的这一点接触。试验灯的另一根引线则接在压缩机电动机的绕组接点上。

接通电源后，如果试验灯发亮，则该绕组通地。如果校验灯暗红，则表示该绕组严重受潮。受潮的绕组应进行烘干处理。烘干后用兆欧表测定其绝缘电阻，当电阻值大于 5MΩ 时，方可使用。

（3）绕组重绕 电动机转子用铜或合金铝浇铸在冲孔的硅钢片中，形成鼠笼形转子绕组。当电机损坏后，可进行重绕，电机绕组重绕方法参见有关电机维修。当电机修好后，应按下面介绍内容进行测试。

① 电机正反转试验和启动性试验：电机的正反转是由接线方法来决定的。电机绕组下好线以后，连好接线，先不绑扎，首先做电机正反转试验。其方法是：用直径 0.64mm 的漆包线（去掉外皮），做一个直径为 1cm 大小的闭合小铜环，铜环周围用棉丝缠起来。

然后用一根细棉线将其吊在定子中间，将运转与启动绕组的出头并联，再与公共端接通 110V 交流电源（用调压器调好）。当短暂通电时（通电时间不宜超出 1min），如果小铜环顺转则表明电动机正转，如果小铜环逆转则代表电机反转。如果电机运转方向与原来不符，可将启动绕组的其中一个线包里外头对调。

在组装电动机后，进行空载试验时，所测量电动机的电流值应符合产品说明书的设计技术标准。空载运转时间在连续 4h 以上，并应观察其温升情况。如温升过高，可考虑机械及电机定子与转子的间隙是否合适或电动机绕组本身有无问题。

② 空载运转时，要注意电动机的运转方向。从电动机引出线看，转子是逆时针方向旋转。有的电机最大的一组启动绕组中，可见反绕现象，在重绕时要注意按原来反绕匝数绕制。

单相异步电动机的故障与三相异步电动机的故障基本相同，如短路、接地、断路、接线错误以及不能启动、电机过热，其检查处理也与三相异步电动机基本相同。

22.6 三相异步电动机绕组的检测

（1）绕组的断路故障　对电动机断路可用兆欧表、万用表（放在低电阻挡）或校验灯等来校验。对于△形接法的电动机，检查时，需每相分别测试，如图 22-8（a）所示。对于 Y 形接法的电动机，检查时必须先把三相绕组的接头拆开，再每相分别测试，如图 22-8（b）所示。

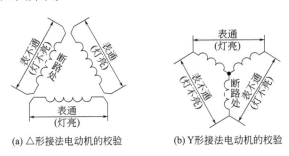

(a) △形接法电动机的校验　　(b) Y形接法电动机的校验

图22-8　用兆欧表或校验灯检查绕组断路

电动机出现断路，要拆开电动机检查，如果只有一把线的端部被烧断几根，如图 22-9 所示，是因该处受潮后绝缘强度降低或因碰破导线绝缘层造成短路故障引起，再检查整个绕组，整个绕组绝缘良好，没发生过热现象，可把这几根断头接起来继续使用；如果因电动机过热造成整个绕组变色，但也有一处烧断，就不能连接起来再用，要更换新绕组。

　　技巧：线把端部一处烧断的多根线头接在一起的连接方法。

　　首先将线把端部烧断的所有线头用划线板慢慢地撬起来，再把这把线的两个头抽出来，如图 22-10 所示，数数烧断处有 6 根线头，再加这把线的两个头，共有 8 个线头，这说明这把线经烧断后已经变成匝数不等的 4 组线圈（每组两个头为一个线圈）。然后借助万用表分别找出每组线圈的两根头，在不改变原线把电流方向的条件下，将这 4 组线圈再串接起来，这要细心测量，测出一组线圈后，将这组线圈的两根头标上数字，每个线圈左边的头用单数表示，右侧的头用双数表示，线把左边长头用 1 表示，如图 22-11 所示线把右边的长头用 8 表示，与头 1 相通右边的头用 2 表示，任意将一个线圈左边的头定为 3，其右边的头定为 4，将一个线圈左边的定为 5。其右边的头定为 6，每根头用数字标好，剩下与 8 相通的最后一组线圈，左边头定为 7。4 组线圈共有 8 个头，1 和 2 是一组线圈，3 和 4 是一组线圈，5 和 6 是一组线圈，7 和 8 是一组线圈，实际中可将这 8 个线头分别穿上白布条标上数字，不能写错，在接线前要再测量一次，认为无误后才能接线，接线时按图 22-12 所示，线头不够长，在一边的每根头上接上一段导线，套上套管，接线方法按 2 和 3、4 和 5、

6 和 7 的顺序接线。详细接线方法如下：

第一步将 2 头和 3 头接好套上套，利用万能表测 1 头和 4 头这两个线头，表指针摆向 0Ω 为接对了，表针不动证明接错了，查找原因接对为止，如图 22-12 所示。

第二步将 4 头和 5 头相连接，接好后，用万用表测量 1 头和 6 头，表针向 0Ω 方向摆动为接对，表针不动为接错，如图 22-12 所示。

第三步是 6 头和 7 头相连接，接好后万用表测 1 头和 8 头，表针向 0Ω 方向摆动为接对，如图 22-13（a）、（b）所示，然后将 1 头和 8 头分别接在原位置上，接线完毕，上绝缘漆捆好接头，烤干即可。

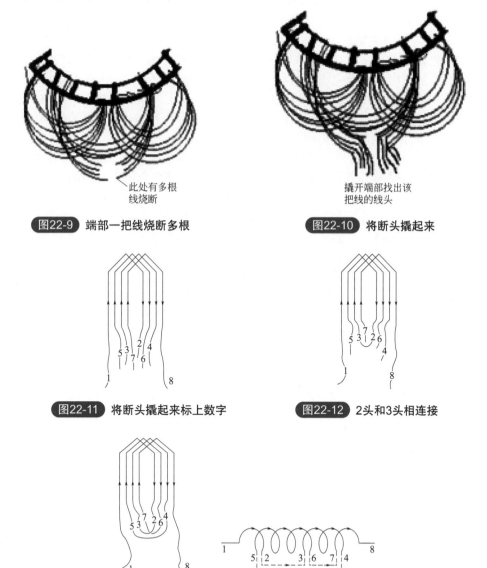

图22-9 端部一把线烧断多根

图22-10 将断头撬起来

图22-11 将断头撬起来标上数字

图22-12 2头和3头相连接

(a)　　　　(b)

图22-13 4和5、6和7头相连接

提示：接线时注意，左边的线头必须跟右边的线头相连接，如果左边的线头与左边的线头或右边的线头与右边的线头相连接，会造成流进流出该线把的电流方向相反，不能使用，如果一组线圈的头尾连接在一起，接成一个短路线圈，通电试车将烧坏这短路线圈，造成整把线因过热烧坏。所以查找线头，为线头命名和接线时要细心操作，做到一次接好。

（2）绕组的短路故障 短路故障是由于电动机定子绕组局部损坏而造成的，短路故障可分为定子绕组接地（对机壳）短路（对地短路）、定子绕组相间短路及匝间短路三种。

① 对地短路。某相绕组发生对地短路后，该相绕组对机座的绝缘电阻值为零，当电动机机座既没有接触在潮湿的地下，也没有接地线时，不影响电动机的正常运行；当有人触及电动机外壳或与电动机外壳连接的金属部件时，人就会触电，这种故障是危险的。当电动机机座上接有地线时，一旦发生某相定子绕组对地短路，人虽不能触电，但与该相有关的保险丝烧断，电动机不能工作。因此，若电动机绕组发现对地短路时，不排除故障不能使用。如图 22-14 所示。

电动机定子绕组的对地短路多发生在定子铁芯槽口处，由于电动机运转中发热、震动或者受潮等原因，绕组的绝缘劣化，当经受不住绕组与机座之间的电压时，绝缘材料被击穿，发生短路，另外也可能由于电动机的转子在转动时与定子铁芯相摩擦（称作扫膛），造成相部位过热，使槽内绝缘炭化而造成短路。一台新组装的电动机在试车发现短路，可能是定子绕组绝缘在安装中被破坏，如果拆开电动机，抽出转子，用仪表测绕组与外壳电阻，原来绕组接地，拆开电动机后又不接地了，说明短路是由端盖或转子内风扇与绕组短路造成的，进行局部整形可排除故障；如拆开电动机后短路依然存在，则应把接线板上的铜片拆掉，用万用表分别测每相绕组对地绝缘电阻，测出短路故障所在那相绕组，仔细查找出短路的部位，如果线把已严重损坏，绝缘炭化，线把中导线大面积烧坏就应更换绕组，如果只有小范围的绝缘线损坏或短路故障，可用绝缘纸把损坏部位垫起来，使绕组与铁芯不再直接接触，最后再灌上一些绝缘漆烤干即可。

② 相间短路。这种故障多发生在绕组的端部，相间短路发生后，两相绕组之间的绝缘电阻等于零，若在电动机运行中发生相间短路，可能使两相保险丝同时爆断，也可能把短路端导线烧断。如图 22-15 所示。

相间短路的发生原因，除了对地短路中讲到过的原因外，另外的原因是定子绕组端部的相间绝缘纸没有垫好，拆开电动机观察相间绝缘（绕组两端部极组与极相组之间垫有绝缘纸或绝缘布，这就叫做相间绝缘）是否垫好，这层绝缘纸两边的线把的边分别属于不同两相绕组，它们之间的电压比较高，可达到 380V，如果相间绝缘没有垫好或用的绝缘材料不好（有的用牛皮纸），电动机运行一段时间后，因绕组受潮或碰触等原因就容易击穿绝缘，造成相间短路。

经检查整个绕组没有变颜色，绝缘漆没有老化，只一部位发生相间短路，烧断的线头又不多，可按（1）中技巧接起来，中间垫好相间绝缘纸，多浇些绝缘漆烤干后仍可使用。但如果绕组均已老化，又有多处相间短路，就得重新更换绕组。

③ 匝间短路。匝间短路是同把线内几根导线绝缘层破坏相连接在一起，形成短路故障。

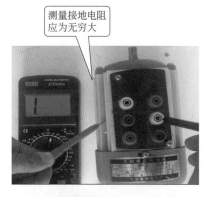

图22-14　对地短路

图22-15　相间短路

匝间短路的故障多发生在下线时不注意，碰破两导线绝缘层，使相邻导线失去绝缘作用而短路。在绕组两端部造成匝间短路故障的原因多发生在安装电动机时碰坏导线绝缘层，使相邻导线短路，长时间工作在潮湿环境中的电动机因导线绝缘强度降低，电动机工作中过热等原因也会造成匝间短路。如图 22-16 所示。

出现匝间短路故障后，会使电动机运转时没劲，发出震动和噪声，匝间短路的一相电流增加，电动机内部冒烟，烧一相保险丝，发现这种故障应断电停机拆开检修。

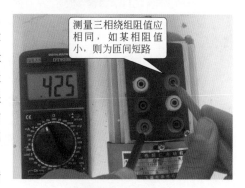

图22-16　匝间短路

第23章

用万用表检修电路板

23.1 检修电路板的注意事项和方法

（1）电路板检修的一般顺序

① 首先，仔细观察故障电路板的表面有无明显的故障痕迹。如有无烧焦烧裂的集成 IC 或其他元件，线路板是否有断线开裂的痕迹。

② 了解故障发生的过程，分析故障发生的原因，推断故障器件可能存在的部位。

③ 了解和分析故障电路板的应用性质，统计所用集成 IC 的种类。

④ 根据各类集成 IC 所处的位置、发生故障的可能性大小排序。

⑤ 利用各种检测方法，按照可能性大小的顺序依次检测，逐渐缩小故障的范围。

⑥ 确定具体故障器件，更换好的集成 IC 时，可以先装一个 IC 器件插座试换。

⑦ 装机试验后如果仍然不正常，应再次检测，直到检修出故障电路板上的所有故障。

（2）检修电路板的注意事项 当拿到待修的故障电路板后，应首先询问用户整个设备的故障现象，询问用户是如何定位到这块电路板上的，例如：用户是否更换同样的好电路板试验过，是否设备自检程序中有明确的该电路板的错误代码等。这是检修中故障分析的开始。紧接着要从以下六个主要方面了解故障产生情况：

① 用户故障电路板损坏的过程。

② 用户故障电路板在主机上的自检诊断报告。

③ 故障电路板通电后各个指示灯的正常指示状态。

④ 该故障电路板近期内的使用情况。

⑤ 该故障是老毛病复发，还是新发症状。

⑥ 该故障有无修理过，如果修理过，应讲清楚修理的经过以及更换过的器件。

（3）电路板检修方法 经验丰富的修理工，可以通过观察故障现象来判断出故障的部位或是损坏的元件。对于初学者要做到这一点是很不容易的，所以初学时应遵照"逐步分析法"这一维修原则，并掌握好问、看、听、测、断五字之决。同一故障现象因机型不同，所损坏的部位也有可能不一样。所以我们必须掌握维修的基本原则和方法。

① 观察法 看有无明显短缺的元器件，如有应将短缺元件装好；看有无明显损

坏的件，如电容表皮起泡，二、三极管炸裂等。将从外表看出是损坏的件换好后，再查其他损坏的部位。

②　在路电阻测量法（详见第 1 章 1.3 节和第 2 章 2.2 节内容及视频）　即在待修设备不通电，也不断开线路的某部分，用万用表电阻挡在线路中粗测某零件是否损坏。这种方法实用、简便、迅速，在不太了解线路的情况下，有时也能很快找出故障。

·用 R×1 挡粗测二极管、三极管的好坏：在线路中与二极管、三极管相接的电阻、电容，一般阻值都比较大，而二极管、三极管的正向电阻又很小，用 R×1 挡测表针也会摆动三分之一左右。

·测电阻：可以根据待测电阻的阻值来测量。例如：在路测一支 10k 电阻，可以用 R×100 或 R×1k 挡正反向测，如果正反向两次测得的阻值都小于 10k，那么这只电阻不一定坏。

·测量各供电电路正反向电阻：一般用 R×1 挡测量，正反两次，阻差较大为正常，否则可能发生短路性故障。

③　电压测量法（详见第 1 章 1.3 节内容及视频）　电压测量法是指用万用表电压挡测电路各相应点电压值，并且与正常值相比较，如超出故障范围，则说明该电路有故障。在正常范围内则无故障。

④　电流测量法（详见第 1 章 1.3 节内容及视频）　电流测量法是将万用表调至电流挡，将电路某点断开，将万用表串入（即两表笔分别接两断点。直流测量时，红笔接供电端，黑笔接负载端），如电流超出正常值则该电路有故障，在正常范围内则无故障。

⑤　干扰法　干扰法主要用于检查电路的动态故障。所谓动态故障是指在电路中输入适当信号时，才表现出来的故障。在实际操作时，常用改锥或表笔接触某部分电路的输入端，注入人体感应信号和火花性杂波，通过喇叭中的"喀喀"声和荧光屏上的杂波反应，来判断电路工作是否正常。检查顺序一般是从后级逐步向前级检查，检查到哪级无"喀喀"声和杂波反应异常时，故障就在哪一级。

⑥　元器件代换法　无论是初学者还是有丰富经验的维修人员，都要使用这种方法，因为有很多种元器件用万用表不易测出其好坏，如三极管、二极管、高压硅堆、行输出变压器、集成电路、电容、电解等。

用此法应注意：决不能盲目地换件，代换时二、三极管的管脚不能接错；集成电路最好用电路插座；电解电容的极性不能接错。

⑦　短路法　将某点用导线或某种元件越过可疑元件或可疑的级直接同另一点相接，根据电路情况可采用导线或电容，使信号从这条通路通过，以识别这个元件或这一级是否有故障，这种方法叫短路法。

⑧　断路法　把前、后两级断开或断开某一点来确定故障的部位称断路法。此方法常与电压测量器及其他方法配合使用。

⑨　并联法　将好的元件与电路中可疑的坏元件并联在一起，从而判断故障是否

因此件所引起，叫并联法。主要用于判断失效、断路的元件，至于击穿、漏电故障不必用此法。优点是不用把死件从线路板上焊下，操作起来比较简便。

⑩ 串联法 在电路中串联一个元件使故障排除，叫串联法。

⑪ 对分法 对分法就是将线路分成两部分或几部分，来判断故障发生在哪一级。

⑫ 比较法 "有比较才有鉴别"，在检修家用电器时，电路中的各种电量的参数，如电压、电阻和电流等，在机器正常与不正常时，数据往往不一样。因此，平时要多收集一些机器正常工作时的电量数据，以供检修时参考。

⑬ 波形法 用示波器观察高频、中频、低频、扫描、伴音等电路的有关波形。用示波器或扫频仪依照信号流过的顺序，从前级到后级逐级检查。如果信号波形在这一级正常，到下一个测试点就不正常了，则故障就在这两个测试点之间的电路中，然后再进一步检查这部分的元件。某些电路原理图还画出了各测试点的工作波形，用示波器查对起来是很方便的，如图 23-1 所示。

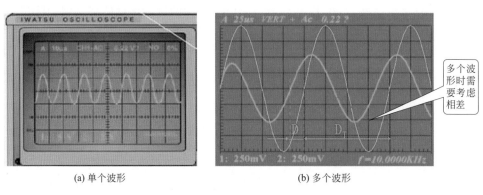

多个波形时需要考虑相差

(a) 单个波形   (b) 多个波形

图23-1 波形测试法

⑭ 温度法 此法分为降温和升温法。用手触摸某个元件温度，为进一步判断是否因为该元件质量差而引起机器发生故障，就可以用温度法。

•降温法。用棉花蘸酒精，擦在怀疑温升过高的元件(如晶体管)上，若故障消失，说明该元件需要更换或需要调整工作电流。

•升温法。当发现软故障时，无法确切判断是否过热元件导致，那么就用热烙铁靠近被怀疑元件，如果加温后，故障明显，则说明该元件有问题。

⑮ 寻迹法 这种方法主要使用寻迹器查找故障部位。寻迹器是一种专用设备，有模拟寻迹器和数字寻迹器（逻辑试验笔）两种。

⑯ 干燥法 机件受潮后，灵敏度会显著下降或产生其他故障，可以用干燥法来恢复其工作。

⑰ 洗涤法 有时电位器、波段开关、功能开关等因积聚了灰尘污物导致接触不良，用酒精清洗，故障就能排除。线路板使用年限太长，也会产生很多油污，可能会出现无故障的故障，即元件没有损坏，但机子就是工作不正常。可以用刷子蘸酒精将线路板刷一下，这也是一种洗涤法。

上述各种方法应该灵活掌握，综合运用。只要方法得当，即使再难的故障也能破解。

23.2 检修有图纸电路板

拿到一块电路板，应先找到对应的图纸（图纸可以是本机图纸，也可以是类似的图纸）首先分析电路的工作原理，然后分析电路中的各主要电压电流监测点，并分析关键点电压不正常时都有哪些电路受影响或影响本点的电路，这样可以很快分析出故障原因并锁定故障部位。本节以应用广泛的开关电源为例，讲解用万用表检测电路板的方法。

23.2.1 根据图纸分析电路原理及找出电路中的关键点

（1）电路原理 如图 23-2 所示，详细的电路原理分析过程参见二维码视频讲解。

① 熔断器、干扰抑制、开关电路 FU801 是熔断器，也称为熔丝。彩色电视机使用的熔断器是专用的，熔断电流为 3.14A，它具有延迟熔断功能，在较短的时间内能承受大的电流通过，因此不能用普通熔丝代替。

R501、C501、L501、C502 构成高频干扰抑制电路，可防止交流电源中的高频干扰进入电视机干扰图像和伴音，也可防止电视机的开关电源产生的干扰进入交流电源干扰其他家用电器。

SW501 是双刀电源开关，电视机关闭后可将电源与电视机完全断开。

② 整流、滤波电路 VD503 ～ VD506 四只二极管构成桥式整流电路，从插头 U902 输入的 220V 交流电，经桥式整流电路整流，再经滤波电容 C507 滤波得到 300V 左右的直流电，加至稳压电源输入端。C503 ～ C506 可防止浪涌电流，保护整流管，同时还可以消除高频干扰。R502 是限流电阻，防止滤波电容 C507 开机充电瞬间产生过大的充电电流。

③ 开关稳压电源电路 开关稳压电源中，VT513 为开关兼振荡管，$U_{ceo} \geqslant 1500V$，$P_{cm} \geqslant 50W$。T511 为开关振荡变压器，R520、R521、R522 为启动电阻，C514、R519 为反馈元件。VT512 是脉冲宽度调制管，集电极电流的大小受基极所加的调宽电压控制。在电路中也可以把它看成一个阻值可变的电阻，电阻在时 VT513 输出的脉冲宽度加宽，次级的电压上升，电阻小时 VT513 输出的脉冲宽度变窄，次级电压下降。自激式开关稳压电源由开关兼振荡管、脉冲变压器等元件构成间歇式振荡电路，振荡过程分为四个阶段。

• 脉冲前沿阶段 +300V 电压经开关变压器的初级绕组③端和⑦端至 VT513 的集电极，启动电阻 R520、R521、R522 给 VT513 加入正偏置产生集电极电流 I_c，I_c 流过初级绕组③端和⑦端时，因互感作用使①端和②端的绕组产生感应电动势 E_1。因①端为正，②端为负，通过反馈元件 C514、R519 使 VT513 基极电流上升，集电极电流上升，感应电动势 E_1 上升，这样强烈的正反馈，使 VT513 很快饱和导通。VD517 的作用是加大电流启动时的正反馈，使 VT513 更快地进入饱和状态，以缩短 VT513 饱和导通的时间。

• 脉冲平顶阶段 在 VT513 饱和导通时，+300V 电压全部加在 T511 ③、⑦端绕组上，电流线性增大，产生磁场能量。①端和②端绕组产生的感应电动势 E_1 通过对 C514 的充电维持 VT513 的饱和导通，称为平顶阶段。随着充电的进行，电容器

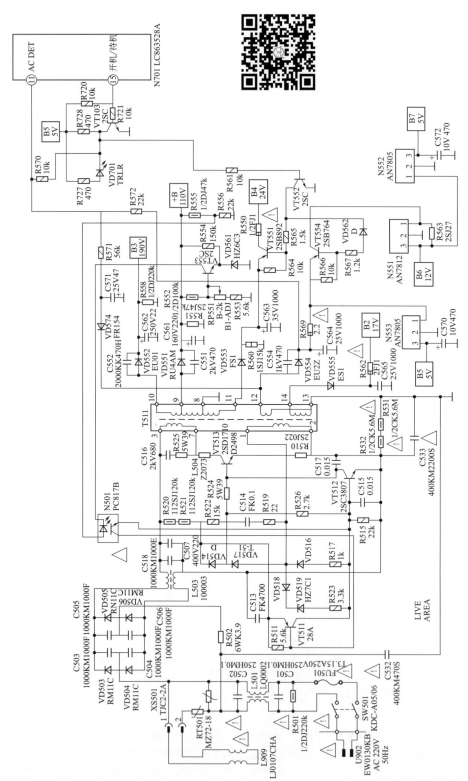

图23-2 调频-调宽直接稳压型开关电源电路的检测原理图

C514逐渐充满，两端电压上升，充电电流减小，VT513的基极电流I_b下降，使VT513不能维持饱和导通，由饱和导通状态进入放大状态，集电极电流I_c开始下降，此时平顶阶段结束。

• 脉冲后沿阶段　VT513集电极电流I_c的下降使③端和⑦端绕组的电流下降，①端和②端绕组的感应电动势E_1极性改变，变为①端为负、②端为正，经C514、R519反馈到VT513的基极，使集电极电流I_c下降，又使①端和②端的感应电动势E_1增大，这样强烈的正反馈使VT513很快截止。

• 间歇截止阶段　在VT513截止时，T511次级绕组的感应电动势使各整流管导通，经滤波电容滤波后产生+190V、+110V、+24V、+17V等直流电压供给各负载电路。VT513截止后，随着T511磁场能量的不断释放，使维持截止的①端和②端绕组的正反馈电动势E_1不断减弱，VD516、R517、R515的消耗及R520、R521、R522启动电流给C514充电，使VT513基极电位不断回升，当VT513基极电位上升到导通状态时，间歇截止期结束，下一个振荡周期又开始了。

④ 稳压工作原理　稳压电路由VT553、N501、VT511、VT512等元件构成。R552、RP551、R553为取样电路，R554、VD561为基准电压电路，VT553为误差电压比较管。因使用了N501的光电耦合器，使开关电源的初级和次级实现了隔离，除开关电源部分带电外，其余底板不带电。

当+B110V电压上升时，经取样电路使VT553基极电压上升，但发射极电压不变，这样基极电流上升，集电极电流上升，光电耦合器N501中的发光二极管发光变强，N501中的光敏三极管导通电流增加，VT511、VT512集电极电流也增大，VT513在饱和导通时的激励电流被VT512分流，缩短了VT512的饱和时间，平顶时间缩短，T511在VT513饱和导通时所建立的磁场能量减小，次级感应电压下降，+B110V电压又回到标准值。同样，若+B110V电压下降，经过与上述相反的稳压过程，+B110V又上升到标准值。

⑤ 脉冲整流滤波电路　开关变压器T511次级设有五个绕组，经整流滤波或稳压后可以提供+B110V、B2 17V、B3 190V、B4 24V、B5 5V、B6 12V、B7 5V七组电源。

⑥ 待机控制　待机控制电路由微处理器N701、VT703、VT522、VT551、VT554等元件构成。正常开机收看时，微处理器N701⑮脚输出低电平0V，使VT703截止，待机指示灯VD701停止发光，VT552饱和导通，VT551、VT554也饱和导通，电源B4提供24V电压，电源B6提供12V电压，电源B7提供5V电压。电源B6控制行振荡电路，B6为12V，使行振荡电路工作，行扫描电路正常工作处于收看状态。同时行激励、N101、场输出电路都得到电源供应正常工作，电视机处于收看状态。

待机时，微处理器N701⑮脚输出高电平5V，使VT703饱和导通，待机指示灯VD701发光，VT522截止，VT551、VT554失去偏置而截止，电源B4为0V，B6为0V，B7为0V，行振荡电路无电源供应而停止工作，行扫描电路也停止工作，同时行激励、N101、场输出电路都停止工作，电视机处于待机状态。

⑦ 保护电路

• 输入电压过压保护 VD519、R523、VD518 构成输入电压过压保护电路，当电路输入交流 220V 电压大幅提高时，使整流后的 +300V 电压提高，VT513 在导通时①端和②端绕组产生的感应电动势电压升高，VD519 击穿使 VT512 饱和导通，VT513 基极被 VT512 短路而停振，保护电源和其他元件不受到损坏。

• 尖峰电压吸收电路 在开关管 VT513 的基极与发射极之间并联电容 C517，开关变压器 T511 的③端和⑦端绕组上并联 C516 和 R525，吸收基极、集电极上的尖峰电压，防止 VT513 击穿损坏。

（2）分析电路中的关键点

① 关键点电压 根据电路原理可知，电路中关键点电压包括：整流输入和输出滤波电压，开关管集电极电压，脉冲调宽管、误差放大管电压及稳压环路电压，各输出级电压。

② 关键点电阻 主要分对地电阻和元件本身电阻。

对地电阻关键点为整流输入输出电阻、开关管集电极对地电阻、各路电压输出对地电阻，检测时要检测正反向电阻，以判断电路是否短路，如短路则不能通电试验。

各主要元件的正反向电阻，主要为整流元件、滤波元件、各三极管等元件，通过检测各元件的正反向电阻，可大致判断出元件的好坏。

23.2.2 用万用表测量检修有图纸电路板过程

当在图纸上分析出电路原理、元件的作用以及各关键点元件时，就要对电路板中的关键点位置进行检测，根据关键点位置电压及电阻值分析故障。检修分析过程可扫二维码学习。

检修电源电路时为了防止输出电压过高、电源空载击穿电源开关管，首先要将 +110V 电压输出端与负载电路断开，在 +110V 输出端接入一个 220V 的灯泡作为假负载（可以根据灯泡亮度判断电源的工作状态）。若无灯泡也可以用 220V 20W 电烙铁代替，如图 23-3 所示。

输出端加假负载

图23-3 用灯泡加假负载

（1）关键在路电阻检测点

① 电源开关管 VT513 集电极与发射极之间的电阻（或正反向电压）

测量方法：用万用表电阻二极管（或电阻）挡，当红表笔接发射极，黑表笔接集电极时，表针应不动；红表笔接集电极，黑表笔接发射极时，显示电压为 0.6V

左右为正常。若两次测量电阻值都是很大（或 0Ω）则电源开关管 VT513 损坏，如图 23-4 所示。

② 熔丝 FU501　电源电路中因元器件击穿造成短路时，熔丝 FU501 将熔断保护。

测量方法：用万用表电阻 R×1 挡，正常阻值为 0Ω。若表针不动，说明熔丝已熔断，需要对电源电路中各主要元器件进行检查。

③ 限流电阻 R502　也称水泥电阻（很多开关电源的限流电阻为负温度系数热敏电阻，在电路中可以根据电流大小自动调节补偿）。当电源开关管击穿短路或整流二极管击穿短路时，会造成电流增大，限流电阻 R502 将因过热而开路损坏。

测量方法：用万用表电阻挡测量，阻值应为 3.9Ω，若为无穷大为损坏，如图 23-5 所示。

集电极与发射极之间的电压

图23-4　测试开关管好坏

测量限流电阻，显示无穷大，说明已经损坏

图23-5　检测限流电阻

（2）关键电压测量点

① 整流滤波输出电压　此电压为整流滤波电路输出的直流电压，正常电压值为 +300V 左右，检修时可测量滤波电容 C507 正极和负极之间的电压，若无电压或电压低，说明整流滤波电路有故障。

② 开关电源 +B110V 输出电压　开关电源正常工作时输出 +B110V 直流电压，供行扫描电路工作。检修时可测量滤波电容 C561 正、负极之间的电压，如图 23-6 所示。若电压为 +110V，说明开关电源工作正常；若电压为 0V 或电压低，或电压高于 +110V，则电源电路有故障。

③ 开关电源 B2 17V、B3 190V、B4 24V、B5 5V、B6 12V、B7 5V 各电源直流输出电压可以通过测量 B2—B7 各电源直流输出端电压来确定电路是否正常。

（3）常见故障分析

① 开关稳压电源无输出引起的"无输出"故障原因有 3 点：

· 开关稳压电源本身元器件损坏，造成开关稳压电源不工作、无输出电压。

· 因开关稳压电源各路输出电压负载个别有短路或过载现象，使电源不能正常启动，造成无电压输出。

· 微处理器 CPU 控制错误或微处理器出故障，导致开关稳压电源错误地工作在待机工作状态，而造成无电压输出。

具体检查方法如下：打开电源开关，测 B1 电压有无 +130V。无 +110V 时，拆掉 V792 再测有无 +130V，有则问题在 V792 或微处理器 CPU；无则依次断掉各路电压负载，再测 +130V 电压。判定故障位置后，再分别进行修理，就能很快修复。

② +B 输出电压偏低

•B1 端的电压应为稳定的 110V，若偏低，则去掉 B1 负载，接上假负载，若 B1 仍偏低，说明 B1 没有问题。

•B1 虽低但毕竟有电压，说明开关电源已启振，稳压控制环路也工作，只是不完全工作。这时应重点分析检修稳压控制环路元器件是否良好。通常的原因多为 VD516 断路。换上新元器件后，应对电压进行调整，用万用表进行检测，直到调整正常为止。如图 23-7 所示。

图23-6 检测输出电压

图23-7 调整输出电压

23.3 检修无图纸芯片级电路板

23.3.1 芯片级电路板维修方法与常见故障

（1）不同芯片级电路板的维修方法

对于无图纸电路板，又分为两种情况，一是无图纸无任何资料的电路板，检修此类电路板只能通过观察法和普测法、对比法，一般找不到任何资料时不要通电维修；二是无图纸但板上有些标注，能分清电源、接地，还有可能分清部分信号引脚，并且通过上网等途径能找到部分集成电路参数的电路板，检修此种电路板可以进行动态和静态维修。

（2）芯片级电路板维修常见故障　电路板元件损坏的概率依次是：电解电容、功率模块、大功率晶体管、稳压二极管、小于 100Ω 的电阻、大于 100kΩ 的电阻、继电器、瓷片小电容。

① 接触不良　板卡与插槽接触不良、缆线内部折断时通时不通、线插头及接线端子接触不好、元器件虚焊等皆属此类。

② 信号受干扰　对数字电路而言，在特定的情况条件下，故障才会呈现，有可能确实是干扰太大影响了控制系统使其出错，也有电路板个别元件参数或整体表现

参数出现了变化，使抗干扰能力趋向临界点，从而出现故障。

③ 元器件热稳定性不好 从大量的维修实践来看，其中首推电解电容的热稳定性不好，其次是其他电容、三极管、二极管、IC、电阻等。

④ 电路板上有湿气、积尘等 湿气和积尘会导电，具有电阻效应，而且在热胀冷缩的过程中阻值还会变化，这个电阻值会同其他元件有并联效果，这个效果比较强时就会改变电路参数，发生故障。

⑤ 软件也是考虑因素之一 电路中许多参数使用软件来调整，某些参数的裕量调得太低，处于临界范围，当机器运行工况符合软件判定故障的理由时，故障报警就会出现。

23.3.2 观察法检测无图纸电路

（1）**静态观察法** 它又称为不通电观察法。在电子线路通电前主要通过目视检查找出某些故障。实践证明，占电子线路故障相当比例的焊点失效、导线接头断开、电容器漏液或炸裂、接插件松脱、电接点生锈等故障，完全可以通过观察发现，没有必要对整个电路大动干戈，导致故障升级。

"静态"强调静心凝神，仔细观察，马马虎虎走马观花往往不能发现故障。

静态观察，要先外后内，循序渐进。打开机壳前先检查电器外表，有无碰伤，按键、插口电线电缆有无损坏，保险是否烧断等。打开机壳后，先看机内各种装置和元器件，有无相碰、断线、烧坏等现象，然后用手或工具拨动一些元器件、导线等进行进一步检查。对于试验电路或样机，要对照原理检查接线有无错误，元器件是否符合设计要求，IC管脚有无插错方向或折弯，有无漏焊、桥接等故障。

如若发现上述故障，应及时处理，如发现电容鼓胀，说明长期过热造成失效，应及时更换；发现有焊点虚焊，应及时补焊；插排引脚松动，应及时插接良好。如图23-8所示。

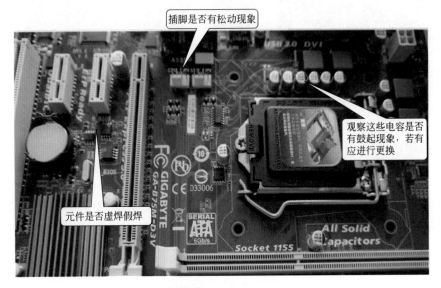

图23-8 查找损坏部位

（2）**动态观察法** 也称通电观察法，即给线路通电后，运用人体视、嗅、听、触觉检查线路故障。通电观察，特别是较大设备通电时应尽可能采用隔离变压器和调压器逐渐加电，防止故障扩大。一般情况下还应使用仪表，如电流表、电压表等监视电路状态。

通电后，眼要看电路内有无打火、冒烟等现象；耳要听电路内有无异常声音；鼻要闻电器内有无烧焦、烧糊的异味；手要触摸一些管子，集成电路等是否发烫（注意：高压、大电流电路须防触电、防烫伤），发现异常立即断电。

通电观察，有时可以确定故障原因，但大部分情况下并不能确认故障确切部位及原因。例如一个集成电路发热，可能是周边电路故障，也可能是供电电压有误，既可能是负载过重，也可能是电路自激，当然也不排除集成电路本身损坏，必须配合其他检测方法，分析判断，找出故障所在。

23.3.3 用万用表测量法查找无图纸电路板损坏元件

（1）**静态电阻普测法** 利用万用表测量电子元器件或电路各点之间电阻值来判断故障的方法称为电阻法。

测量电阻值，有"在线"和"离线"两种基本方式。如图23-9所示，"在线"测量，需要考虑被测元器件受其他并联支路的影响，测量结果应对照原理图分析判断。"离线"测量需要将被测元器件或电路从整个电路或印制板上脱焊下来，操作较麻烦，但结果准确可靠。

图23-9 万用表检测电路板元件

用电阻法测量集成电路，通常先将一个表笔接地，用另一个表笔测各引脚对地电阻值，然后交换表笔再测一次，将测量值与正常值（有些维修资料给出，或自己积累）进行比较，相差较大者往往是故障所在（不一定是集成电路损坏）。

电阻法对确定开关、接插件、导线、印制板导电图形的通断及电阻器的变质，电容器短路，电感线圈断路等故障非常有效、快捷，但对晶体管、集成电路以及电路单元来说，一般不能直接判定故障，需要对比分析或兼用其他方法，但由于电阻法不用给电路通电，可将检测风险降到最小，故一般检测首先采用此法。

注意： ① 使用电阻法时应在线路断电、大电容放电的情况下进行，否则结果不准确，还可能损坏万用表。

② 在检测低电压供电的集成电路（5V）时避免用指针式万用表的 R×10k 挡。

③ 在线测量时应将万用表表笔交替测试，对比分析。

（2）通电检测法

通电检测主要为电压检测法，其次为电流检测及波形检测法。

① 用万用表检测电路电压　电子线路正常工作时，线路各点都有一个确定的工作电压，通过测量电压来判断故障的方法称为电压法。

电压法是通电检测手段中最基本、最常用的方法。根据电源性质又可分为交流和直流两种电压测量。

• 交流电压检测　一般电子线路中交流回路较为简单，对 50/60IIz 市电升压或降压后的电压，只须使用普通万用表选择合适的 AC 量程即可，测高压时要注意安全并养成用单手操作的习惯。

对非 50/60Hz 的电源，例如变频器输出电压的测量，就要考虑所用电压表的频率 特性，一般指针式万用表为 45 ～ 2000Hz，数字式万用表为 45 ～ 500Hz，超过范围或非正弦波测量结果都不正确。

• 直流电压的检测　检测直流电压一般分为三步：

第一步，测量稳压电路输出端是否正常。

第二步，测量各单元电路及电路的关键"点"，例如放大电路输出点，外接部件电源端等处电压是否正常。

第三步，测量电路主要元器件如晶体管、集成电路各管脚电压是否正常，对集成电路首先要测电源端。

比较完善的产品说明书中应该给出电路各点正常工作电压，有些维修资料中还提供集成电路各引脚的工作电压。另外也可对比正常工作的同种电路测得各点电压。偏离正常电压较多的部位或元器件，往往就是故障所在部位。

这种检测方法，要求维修工作者具有电路分析能力，并尽可能收集相关电路的资料数据，才能达到事半功倍的效果。

② 电流检测法　电子线路正常工作时，各部分工作电流是稳定的，偏离正常值较大的部位往往是故障所在。这就是用电流法检测线路故障的原理。

电流法有直接测量和间接测量两种方法。

直接测量就是将电流表直接串接在欲检测的回路测得电流值的方法。这种方法直观、准确，但往往需要对线路做"手术"，例如断开导线、脱焊元器件引脚等，才能进行测量，因而不大方便。对于整机总电流的测量，一般可通过将电流表两个表笔接到开关上的方式测得，对使用 220V 交流电的线路必须注意测量安全。

间接测量法实际上是用测电压的方法换算成电流值。这种方法快捷方便，但如果所选测量点的元器件有故障，则不容易准确判断。

欲通过测 Re 的电压降确定三极管工作电流是否正常，如 Re 本身阻值偏差较大或 Ce 漏电，都可引起误判。如图 23-10 所示。

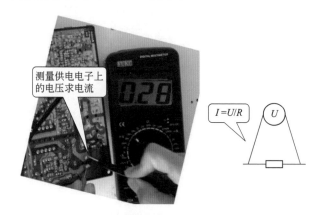

图23-10　间接法测量电流

（3）芯片级电路板检测的主要部位

① 查电源　电源是所有电气设备提供能量用的，要求有较高的稳定性，因此不仅要用万用表检查电压大小，还要用示波器检查电压波形。

② 查晶振　晶振是提供时钟信号的重要器件，电路中如果晶振不能正常工作，则数字电路时序会发生错误，造成电路无法正常工作。检查晶振有没有起振，可以用示波器检查晶振脚的波形来查看，也可以用万用表测量晶振引脚电压大致判断，如果没有电压或电压不正常多为损坏。如图 23-11 所示。

图23-11　测量晶振电阻及电压

③ 查复位　数字电路工作时，开机需要对内部电路复位，数字电路才可以正常工作，复位电路多为低电压复位，因此可以测量开机瞬间和正常工作时的电压，应有变化，另外还要看复位信号是不是正常，复位脉冲有没有正确送到 CPU 芯片的复位脚。如图 23-12 所示。

④ 查总线　数据总线、地址总线、控制总线的任何一根开路或短路都可引发故障，可以通过测试平行总线的对地电阻比较某路有没有故障来判断，或者观察各路总线的波形来判断。如图 23-13 所示。

图23-12　测量复位电路对地电阻及电压

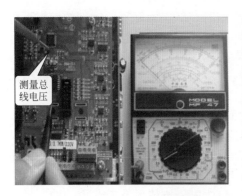
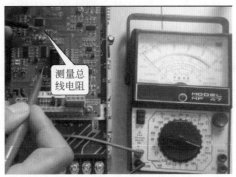

图23-13　测量总线上的电压及电阻

⑤ 查接口芯片　接口芯片是坏得最多的一类元件，可通过测量电阻及代换或专用仪器检测来判断是否损坏。如图 23-14 所示。

图23-14　检测接口芯片

23.3.4　对比分析法检修无图纸电路板电路

有时用多种检测手段及试验方法都不能判定故障所在，并不复杂的比较法却能出奇制胜。常用的比较法有整机比较、调整比较、旁路比较及排除比较等。

（1）**整机比较法**　整机比较法是将故障机与同一类型正常工作的机器进行比较，查找故障的方法。这种方法对缺乏资料而本身较复杂的设备，例如以微处理器为基础的产品尤为适用。

整机比较法是以检测法为基础的。对可能存在故障的电路部分进行工作点测定和波形观察，或者信号监测，比较好坏设备的差别，往往会发现问题。当然由于每台设备不可能完全一致，检测结果还要分析判断，这些常识性问题需要基本理论基础和日常工作的积累。

（2）**调整比较法**　调整比较法是通过整机设备可调元件或改变某些现状，比较调整前后电路的变化来确定故障的一种检测方法。这种方法特别适用于放置时间较长，或经过搬运、跌落等外部条件变化引起故障的设备。

正常情况下，检测设备时不应随便变动可调部件。但因为设备受外界力作用有可能改变出厂的整定而引起故障，因而在检测时在事先做好复位标记的前提下可改变某些可调电容、电阻、电感等元件，并注意比较调整前后设备的工作状况。有时还需要触动元器件引脚、导线、接插件或者将插件拔出重新插接，或者将怀疑印制板部位重新焊接等，注意观察和记录状态变化前后设备的工作状况，发现故障和排除故障。

运用调整比较法时最忌讳乱调乱动，而又不作标记。调整和改变现状应一步一步改变，随时比较变化前后的状态，发现调整无效或向坏的方向变化应及时恢复。

（3）**旁路比较法**　旁路比较法是用适当容量和耐压的电容对被检测设备电路的某些部位进行旁路的比较检查方法，适用于电源干扰、寄生振荡等故障。

因为旁路比较实际是一种交流短路试验，所以一般情况下先选用一种容量较小的电容，临时跨接在有疑问的电路部位和"地"之间，观察比较故障现象的变化。如果电路向好的方向变化，可适当加大电容容量再试，直到消除故障，根据旁路的部位可以判定故障的部位。

（4）**排除比较法**　有些组合整机或组合系统中往往有若干相同功能和结构的组件，调试中发现系统功能不正常时，不能确定引起故障的组件，这种情况下采用排除比较法容易确认故障所在。方法是逐一插入组件，同时监视整机或系统，如果系统正常工作，就可排除该组件的嫌疑，再插入另一块组件试验，直到找出故障。

例如，某控制系统用8个插卡分别控制8个对象，调试中发现系统存在干扰，采用比较排除法，当插入第五块卡时干扰现象出现，确认问题出在第五块卡上，用其他卡代之，干扰排除。

注意： ① 上述方法是递加排除，显然也可采用逆向方向，即递减排除。

② 这种多单元系统故障有时不是一个单元组件引起的，这种情况下应多次比较才可排除。

③ 采用排除比较法时注意每次插入或拔出单元组件都要关断电源，防止带电插拔造成系统损坏。

23.3.5 替换法修无图纸电路板

替换法是用规格性能相同的正常元器件、电路或部件，代替电路中被怀疑的相应部分，从而判断故障所在的一种检测方法，也是电路调试、检修中最常用、最有效的方法之一。

实际应用中，按替换的对象不同，可有三种方法。

（1）**元器件替换** 元器件替换除某些电路结构较为方便外（例如带插接件的 IC、开关、继电器等），一般都需拆焊，操作比较麻烦且容易损坏周边电路或印制板，因此元器件替换一般只作为其他检测方法均难判别时才采用的方法，并且尽量避免对电路板做"大手术"。例如，怀疑某两个引线元器件开路，可直接焊上一个新元件试验之；怀疑某个电容容量减小可再并上一只电容试之。

（2）**单元电路替换** 当怀疑某一单元电路有故障时，另用一台同样型号或类型的正常电路，替换待查机器的相应单元电路，可判定此单元电路是否正常。有些电路有相同的电路若干路，例如立体声电路左右声道完全相同，可用于交叉替换试验。

当电子设备采用单元电路多板结构时替换试验是比较方便的。因此对现场维修要求较高的设备，尽可能采用方便替换的结构，使设备维修性良好。

（3）**部件替换** 随着集成电路和安装技术的发展，电路的检测、维修逐渐向板卡级甚至整体方向发展，特别是较为复杂的由若干独立功能件组成的系统，检测时主要采用的是部件替换方法。

23.4 检修工业用变频器

变频器广泛应用于各种电机控制电路，可对电机实现启动、多种方式运行及频率变换调速控制，是目前工控设备应用比较普遍的控制器。变频器种类很多，但主电路结构大同小异，典型的外形及主电路结构如图 23-15 所示。它由整流电路、限流电路（浪涌保护电路）、滤波电路（储能电路）、高压指示电路、制动电路和逆变电路组成。对于变频器，一般小信号电路很少出故障，多为开关电源及主电路出故障，用万用表检测开关电源见 23.2 节介绍，本节主要以主电路检修为主，介绍用万用表检修变频器的方法。

（1）**变频器主电路的基本结构** 变频器的主电路结构如图 23-16 所示，是由交 - 直 - 交工作方式所决定的，由整流、储能（滤波）、逆变 3 个环节构成。从 R、S、T 电源端子输入的三相 380V 交流电压，经三相桥式整流电路整流成 300Hz 脉动直流，再经大容量储能电容平波和储能，输入到由 6 只 IGBT 构成三相逆变电路，在驱动电路的 6 路 PWM 脉冲激励下，6 只 IBGT 按一定规律导通和截止，将直流电源逆变为频率和电压可变的三相交流电压，输出到负载电路。变频电路的简单工作原理就是如此。

（2）**变频器主电路常见故障**

① 整流电路

• 整流电路中的一个或多个整流二极管开路，会导致主电路直流电压（P、N 间

(a) 外形

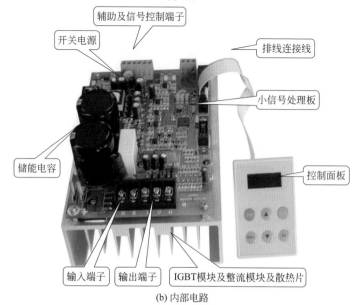

辅助及信号控制端子

开关电源

排线连接线

小信号处理板

储能电容

控制面板

输入端子　输出端子　IGBT模块及整流模块及散热片

(b) 内部电路

图23-15　变频器外形与内部电路

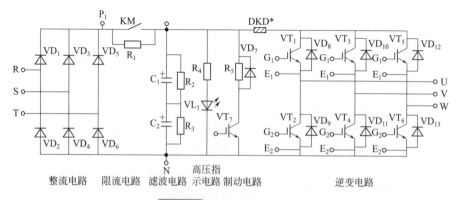

整流电路　限流电路　滤波电路　高压指示电路　制动电路　　　逆变电路

图23-16　典型的主电路结构

的电压）下降或无电压。

· 整流电路中的一个或多个整流二极管短路，会导致变频器的输入电源短路，如果变频器输入端接有断路器，断路器会跳闸，变频器无法接通输入电源。

② 充电限流电路　变频器在刚接通电源时，充电接触器触点断开，输入电源通过整流电路、限流电阻对滤波电容（或称储能电容）充电，当电容两端电压达到一定值时，充电接触器触点闭合，短接充电限流电阻。

限流电路的常见故障如下：

· 充电接触器触点接触不良，会使主电路的输入电流始终流过限流电阻，主电路电压会下降，使变频器出现欠电压故障，限流电阻会因长时间通过电流而易烧坏。

· 充电接触器触点短路不能断开，在开机时充电限流电阻不起作用，整流电路易被过大的开机电流烧坏。

· 充电接触器线圈开路或接触器控制电路损坏，触点无法闭合，主电路的输入电流始终流过限流电阻，限流电阻易烧坏。

· 充电器限流电阻开路，主电路无直流电压，高压指示灯不亮，变频器面板无显示。

对于一些采用晶闸管的充电限流电路，晶闸管相当于接触器触点，晶闸管控制电路相当于接触器线圈及控制电路，其故障特点与上前三点一致。

③ 滤波电路　滤波电路的作用是接受整流电路的充电而得到较高的直流电压，再将该电压作为电源供给逆变电路。

滤波电路常见故障如下：

· 滤波电容老化容量变小或开路，主电路电压会下降，当容量低于标称容量的85% 时，变频器的输出电压低于正常值。

· 滤波电容漏电或短路，会使主电路输入电流过大，易损坏接触器触点，限流电阻和整流电路。

· 匀压电阻损坏，会使两只电容承受电压不同，承受电压高的电容易先被击穿，然后另一个电容承受全部电压也被击穿。

④ 制动电路　在变频器减速过程中，制动电路导通，让再生电流回流电动机，增加电动机的制动转矩，同时也释放再生电流对滤波电容过充的电压。

制动电路常见故障如下：

· 制动管或制动电阻开路，制动电路失去对电动机的制动功能，同时滤波电容两端会充得过高的电压，易损坏主电路中的元器件。

· 制动电阻或制动管短路。主电路电压下降，同时增加整流电路负担，易损坏整流电路。

⑤ 逆变电路　逆变电路的功能是在驱动脉冲的控制下，将主电路直流电压变换成三相交流电压供给电动机。逆变电路是主电路中故障率最高的电路。

逆变电路常见故障如下：

· 6 个开关器件中的一个或一个以上损坏，会造成输出电压抖动、断相或无输出电压现象。

· 同一桥臂的两个开关器件同时短路，则会使主电路的 P、N 之间直接短路，充电接触器触点、整流电路会有过大的电流通过而被烧坏。

（3）万用表检测一体化 IGBT 模块　对用户送修的变频器，一定要先与用户交流，掌握使用和损坏的大致情况。变频器接手后，不要忙于通电检查，可先用万用表的电阻挡（数字式万用表的二极管挡、指针式万用表 R×100 或 R×1k 挡），分别测量 R、S、T 3 个电源端子对正、负端子之间的电阻值，如图 23-17 所示。

其他变频器直流回路正、负端标注为 P、N，打开机器外壳后在主电路或电路板上可找到测量点。另外，直流回路的储能电容是个比较显眼的元件，由 R、S、T 端子直接搭接储能电容的正、负极进行电阻测量，也比较方便。除此之外，还应检测输入与输出电阻，如图 23-18 所示。

图23-17　检测输入电路

图23-18　检测输入输出端子之间的电阻

R、S、T 3 个电源端子对正、负端子之间的电阻值，反映了三相整流电路的好坏。如图 23-19 所示。而 U、V、W 3 个输出端子对正、负端子之间的电阻值，则能基本上反映 IGBT 模块的好坏。将整流和逆变输出电路简化一下，输入、输入端子与直流回路之间的测量结果便会一目了然。如图 23-20 所示。

图23-19　检测输出端电阻

$VD_1 \sim VD_6$ 为输入三相整流电路，R 为充电电阻，KM 为充电接触器。C_1、C_2 为串联储能电容。$VD_7 \sim VD_{12}$ 为三相逆变电路中 6 只 IGBT 两端反向并联的 6 只二极管。IGBT 除非在漏电和短路状态能测出电阻的变化，对逆变输出的电路我们能实际测出的只是 6 只二极管的正、反向电阻值。这样一来，整个变频器主电路的输入整流和输出逆变电路，相当于两个三相桥式整流电路。

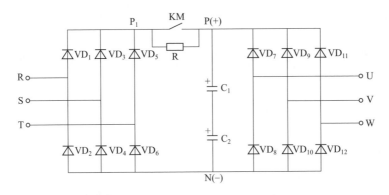

图23-20 变频器主电路端子正反向电阻等效图

用数字式万用表测量二极管，将 R、S、T 搭接红表笔，P（+）端搭接黑表笔，测得的是整流二极管 VD_1、VD_3、VD_5 的正向压降，为 0.5V 左右，数值显示为 .538；如将表笔反接，则所测压降为无穷大。如用指针式万用表黑表笔搭接 R、S、T 端，红表笔搭接 P（+）端，则显示 7kΩ 正向电阻；表笔反接，则显示数百 kΩ，因充电电阻的阻值一般很小，如图 23-21 所示，小功率机型为几十欧，测量中可将其忽略不计，但测其 R、P_1 正向电阻正常，而 R、P（+）之间正向电阻无穷大（或直接测量 KM 常开触点之间电阻为无穷大），则为充电电阻已经开路了。

图23-21 整流桥输入端

整流电路中 VD_2、VD_4、VD_6 及 U、V、W 端子对 P(+)、N(−) 端子之间的测量，也只能通过测量内部二极管的正反向电阻的情况来大致判定 IGBT 的好坏。

需说明的是，桥式整流电路用的是低频整流二极管模块，正向压降和正向电阻较大，同于一般硅整流二极管。而 IGBT 上反射并联的 6 只二极管是高速二极管。正向压降和正向电阻较小，正向压降为 0.35V 左右，指针式万用表测量正向电阻为 4kΩ 左右。

以上讲到对端子电阻的测量只是大致判定 IGBT 的好坏，尚不能最后认定 IGBT 就是好的 IGBT 的好坏还需进一步测量验证。如何检测 IGBT 的好坏，得首先从 IGBT 的结构原理入手，找到相应有效的测量方法，图 23-22 所示为 IGBT 等效电路和单/双管模块引脚图。

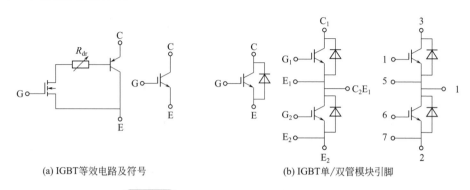

(a) IGBT等效电路及符号　　　　(b) IGBT单/双管模块引脚

图23-22　IGBT等效电路和单/双管模块引脚

单/双管模块常在中功率机型中得到应用。大功率机型将其并联使用，以达到扩流的目的。图 23-23 模块，将整流集成于一体。另外，有的一体化（集成式）模块，将制动单元和温度检测电路也集成在内。

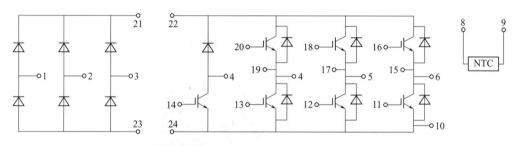

图23-23　FP25R12KE3单机模块原理图

① 在线测量

· 上述测量方式是仅从输入、输出端子对直流回路之间来进行的，是在线测量方法的一种，对整流电路的开路与短路故障则较明显，但对逆变电路还需进一步在线测量以判断好坏。

· 打开机器外壳，将 CPU 主板和电源/驱动板两块电路板取出，记住排线、插座的位置，插头上无标记的，应用油性记号笔等打上标记。取下两块电路板后，剩下的就是主电路了。直接测量逆变模块的 G_1、E_1 和 G_2、E_2 之间的触发端子电阻，都应为无穷大，如果驱动板未取下，模块是驱动电路相连接的，则 G_1、E_1 触发端子之间往往并接有 $10k\Omega$ 电阻。有了正反电阻值的偏差，在排除掉驱动电路的原因后，则证明逆变模块已经损坏。如图 23-24 所示。

· 触发端子的电阻测量也正常，一般情况下认为逆变模块基本上是好的，但此时宣布该模块绝无问题，仍为时过早。

② 脱机测量（详细测量参见第 10.11 章及视频）

• 此法常用于大功率单 / 双管模块和新购进一体化模块的测量。

图23-24 在线检测IGBT

将单 / 双管模块脱开电路后（或为新购进的模块），可采用测量场效应晶体管（MOSFET）的方法来测试该模块。MOSFET 的栅 - 阴极间有一个结电容存在，故由此决定了极高的输入阻抗和电荷保持功能。对于 IGBT 存在一个 G、E 极间的 C、E 极之间的结电容，利用其 G、E 极之间的结电容的充电、电荷保持、放电特性，可有效检测 IGTB 的好坏。

方法是将指针式万用表拨到 R×10k 挡，黑表笔接 C 极，红表笔接 E 极，此时所测量电阻值近乎无穷大；搭好表笔不动，用手指将 C 极与 G 极碰一下并拿开，指示由无穷大阻值降为 200kΩ 左右；过一二十秒钟后，再测一下 C、E 极间电阻（仍是黑表笔接 C 极，红表笔接 E 极），仍能维持 200kΩ 左右的电阻不变；搭好表笔不动，用手指短接一下 G、E 极，C、E 极之间的电阻又可重新接近无穷大。

实际上，用手指碰一下 C、G 极，是经人体电阻给栅、阴极结电容充电，拿开手指后，电容无放电回路，故电容上的电荷能保持一段时间。此电容上的充电电压为正向激励电压，使 IGBT 出现微导通，C、E 极之间的电阻减小，第二次用手指短接 G、E 极时，提供了电容的放电通路，随着电荷的泄放，IGBT 的激励电压消失，管子变为截止，C、E 极之间的电阻又趋于无穷大。

手指相当于一只阻值为数千欧级的电阻，提供栅阴极结电容充、放电的通路；因 IGBT 的导通需较高的正向激励电压（10V 以上），所以使用指针式万用表的 R×10k 挡（此挡位内部电池供电为 9V 或 12V），以满足 IGBT 激励电压的幅度。指针式万用表的电阻挡，黑表笔接内部电池的正极，红表笔接内部电池的负极，因而黑表笔为正，红表笔为负。这种测量方法只能采用指针式万用表。

对触发端子的测量，还可以配合电容表测其容量，以增加判断的准确度。往往功率容量大的模块，两端子间的电容值也稍大。

• 下面为双管模块 CM100DU-24H 和 SKM75GB128DE 及集成式模块 FP25R12KE3，用 MF47C 指针式万用表的 R×10k 挡测量出的数据。

CM100-24H 模块：主端子 C₁、C₂、E₁、E₂；触发端子 G₁、E₁、G₂、E₂；触发后 C、E 极间电阻为 250kΩ；用电容表 200nF 挡测量触发端子电容为 36.7nF，反测（黑笔搭 G 极，红表笔搭 E 极）为 50nF。

SKM75GB128DE 模块：主端子同上，触发后 C、E 极间电阻为 250kΩ。

触发端子电容：正测为 4.1nF，反测为 12.3nF。

FP25R12KE3 集成模块：也可采用上述方法，触发后为 C、E 极间电阻为 200kΩ 左右；触发端子电容正测为 6.9nF，反测为 10.1nF。

脱机测量得出的结果数值仅是一大概数值，不同批次的模块会有差异，只能基本上判定 IGBT 的好坏，但仍不是绝对的，因为半导体元件存在特性不良现象。

在线测量或脱机测量之后的通电测量，才能最后确定模块的好坏。通电后先空载测量三相输出电压，其中不含直流成分，三相电压平衡后，再带上一定负载，一般达到 5A 以上负载电路，逆变模块导通、内阻变大的故障便能暴露出来。

（4）主电路中其他主要元器件的万用表检测 变频器主电路中的主要器件有三相整流桥（模块）、限流（充电）电阻、充电接触器（或继电器）、储能（滤波）电容和逆变功率电路（由分立 IGBT、IGBT 功率模块等构成）五部分。其中三相整流电桥有三相和单相整流桥，三相整流桥为五端器件，三个端子输入三相 380V 交流电，从两个输出端子输出 300Hz 的脉冲直流，测量方法参见第 2 章及视频。

常见整流模块的外形及结构如图 23-25 所示。

标记图

图23-25 常见整流模块的外形及结构

储能电容多使用高耐压大容量的电解电容，外形见图 5-4，在线检测如图 23-26 所示，电容详细检测方法及操作视频详见第 5 章。

图23-26 在线检测储能电容

附录

检修实战视频讲解

空调器整机工作原理	空调器电气构成	电辅助加热器的判别	过流过热保护器判别	压缩机电机绕组的判别	压缩机启动电容检测
主板维修之主电路电源检修	主控板电路与故障检修	摆风步进电机判别	红外线接收头的判别	主电气供电电路检修	室外风机电机及运行电容判别
主板维修之内风机不转检修	空调器温度传感器判别	室温及蒸发温度传感器判别	四通阀的检测	洗衣机多开关定时器检测	洗涤电机检测
洗衣机单开关定时器检测	洗衣机脱水电机的检测	冰箱压缩机电机绕组的测量	电冰箱温控器的检测	电磁炉加热线圈与电饭锅加热盘的检测	电缆断线的检测
555时基电路的检测	相线与零线的检测	集成运算放大器的检测	数码管的检测	线材绝缘与设备漏电的检测	单相电机绕组好坏判断

低压电器的检测	三相电机绕组好坏判断	典型分立件开关电源无输出检修	多种开关电源实际线路板	分立件开关电源输出电压低检修	桥式开关电源原理与检修

参考文献

［1］ 任致程等.万用表测试电工电子元器件300例.北京：机械工业出版社，2003.

［2］ 李保宏.万用表使用技巧60例.北京：人民邮电出版社，2004.

［3］ 沙占友.新型数字万用表原理与应用.北京：机械工业出版社，2006.

［4］ 刘天成.家用电器维修技术.北京：高等教育出版社，1990.

［5］ 肖晓萍.电子测量仪器.北京：电子工业出版社，2005.

［6］ 毛端海等.常用电子仪器维修.北京：机械工业出版社，2005.

［7］ 朱锡仁等.电路与设备测试检修技术及仪器.北京：清华大学出版社，1997.

◆ 电气控制部件检测视频讲解

按钮开关的检测	保险在电检测2	保险在路检测1	带开关插座安装	倒顺开关的检测	电磁铁的检测
电子时间继电器的检测	断路器的检测1	断路器的检测2	多挡位凸轮控制器的检测	多联插座的安装	行程开关的检测
机械时间继电器的检测	接触器的检测1	接触器的检测2	接近开关的检测	热继电器的检测	声光控开关的检测
万能转换开关的检测1	万能转换开关的检测2	中间继电器的检测	主令开关的检测		